国家社会科学基金一般项目"家庭经济困难大学生的影响研究"（18BSH112）

# 时间自我对社会心态的影响

## 基于家庭经济困难大学生的研究

张　锋◎著

科学出版社

北京

## 内 容 简 介

本书通过综合研究方法（问卷调查法、内隐测量法、行为实验法、脑电实验法等），系统探讨了家庭经济困难大学生的时间自我与社会心态的现状与特点、关系与机制以及干预与培育等内容。本书不仅在理论上揭示了家庭经济困难大学生社会心态的心理结构与影响机制，而且在实践中有助于深入了解和全面把握新时代背景下家庭经济困难大学生的时间自我与社会心态，促使他们辩证而正面地认识过去自我和现在自我，并对未来自我怀有美好向往，从而助推"心理脱贫"，为培育积极向上的社会心态提供新的路径。

本书可为教育学、社会学和心理学等学科领域的专家、学者及相关研究人员提供重要学术参考，并为政府、高校和教育相关部门提供一定的决策参考。

### 图书在版编目（CIP）数据

时间自我对社会心态的影响：基于家庭经济困难大学生的研究 / 张锋著. -- 北京：科学出版社, 2024.12. -- ISBN 978-7-03-080542-3

I. B844.2

中国国家版本馆 CIP 数据核字第 202409YV28 号

责任编辑：崔文燕　冯雅萌 / 责任校对：王晓茜
责任印制：徐晓晨 / 封面设计：润一文化

科学出版社 出版
北京东黄城根北街 16 号
邮政编码：100717
http://www.sciencep.com

北京建宏印刷有限公司印刷
科学出版社发行　各地新华书店经销

\*

2024 年 12 月第 一 版　　开本：720×1000　1/16
2024 年 12 月第一次印刷　印张：15 1/2
字数：270 000

**定价：108.00 元**
（如有印装质量问题，我社负责调换）

# 前　言

我从事时间心理研究已有 20 多年，主要涉及时间认知、时间管理与时间自我等主题。2018 年，我有幸获批国家社会科学基金一般项目"家庭经济困难大学生的时间自我对社会心态的影响研究"。此项目主要探讨了家庭经济困难大学生的社会心态的心理结构与特点，揭示了时间自我对家庭经济困难大学生社会心态的影响机制（包括中介、调节机制以及认知神经机制等），为提升家庭经济困难大学生的积极社会心态提供了理论框架与实践路径，并最终形成了本书的研究成果，期待能够助推家庭经济困难大学生实现"心理脱贫"并走向共同富裕，成为自信自立自强、具有积极社会心态、堪当民族复兴大任的时代新人。

在实证研究上，本书主要包括四部分内容，分别是家庭经济困难大学生社会心态的现状与特点研究、家庭经济困难大学生时间自我的现状与特点研究、家庭经济困难大学生时间自我与社会心态的关系研究，以及家庭经济困难大学生的时间自我与社会心态的干预研究。

第一部分，首先，在以往研究的基础上，采用问卷法探讨家庭经济困难大学生的社会公平感、社会安全感和社会幸福感的现状与特点，包括家庭经济困难大学生的社会公平感与社会安全感的调查研究、家庭经济困难大学生的社会幸福感的调查研究。其次，从外显和内隐层面，开展大学生家庭经济地位对亲社会倾向影响的行为与脑电实验研究，探讨家庭经济困难大学生的亲社会倾向的现状与特点，包括大学生家庭经济地位对亲社会外显行为影响的实验研究、大学生家庭经济地位对亲社会内隐态度影响的实验研究、家庭经济困难大学生的亲社会倾向的 ERP 研究。

第二部分，首先，在现有人格形容词的基础上，编制出可供研究使用的时间自我评价词表。其次，采用脑电技术，从外显与内隐层面，探讨家庭经济困难大学生的时间自我评价的特点及其神经生理基础，包括家庭经济困难大学生的外显时间自我评价的 ERP 研究、家庭经济困难大学生的内隐时间自我评价的 ERP 研究。

第三部分，首先，自编了大学生社会心态量表，并开展家庭经济困难大学生的时间自我对社会心态的影响与机制研究，包括"大学生社会心态量表的编制""家庭经济困难大学生的现在自我与社会心态：应对方式和心理弹性的中介作用""家庭经济困难大学生的时间自我与社会心态：人生目的的中介作用""家庭经济困难大学生的时间自我与社会心态：积极心理资本的中介作用"。其次，以中文版未来自我连续性问卷为工具，开展家庭经济困难大学生的未来自我连续性对社会心态的影响与机制研究，包括"大学生未来自我连续性问卷的信效度检验""家庭经济困难大学生的未来自我连续性与社会心态：心理韧性的作用""家庭经济困难大学生的未来自我连续性与社会心态：自尊和社会支持的作用"。再次，从社会价值观的视角，开展家庭经济困难大学生的未来自我对共赢观的影响与机制研究，包括"共赢观量表的编制""家庭经济地位对共赢观的影响：未来自我的中介作用"。最后，从社会行为的视角，开展家庭经济困难大学生的未来自我对亲社会倾向的影响研究，包括家庭经济困难大学生的未来自我对亲社会外显行为影响的 ERP 研究、家庭经济困难大学生的未来自我对亲社会内隐态度影响的 ERP 研究。

第四部分，首先，从时间自我与共赢观的提升视角开展干预研究，包括书写任务提升家庭经济困难大学生的未来自我连续性的干预实验、意义摄影提升家庭经济困难大学生的时间自我与共赢观的干预实验。其次，从时间自我与社会心态的提升视角，开展意义摄影提升家庭经济困难大学生的时间自我、未来自我连续性与社会心态的干预实验。

在研究创新上，本书主要体现在三个方面。

一是理论建构的创新。首先，在以往社会心态研究的基础上，本书进一步发展了社会心态的心理结构与成分，建立了四因子模型（社会公平感、社会安全感、社会获得感、社会美好感),并据此编制了高信度和高效度的大学生社会心态量表。其次,基于社会价值观的角度,本书建构了大学生共赢观的五因子模型(诚信性、先进性、利他性、和谐性、协同性),编制了高信度和高效度的共赢观量表。再次,在时间自我评价理论的基础上,本书对未来自我连续性的心理结构与维度进行了检验,进一步验证了三因子(相似性、生动性、积极性)模型的理论构想在中国文化背景下的适用性。最后,在实证研究的基础上,本书建构了时间自我对社会心态影响的中介效应模型、调节效应模型等关系模型,对家庭经济困难大学生的时间自我对社会心态的作用机制进行了理论解释。

二是研究内容的创新。首先,在社会心态的研究上,本书不仅对家庭经济困难大学生的社会心态进行了深入探讨,而且进一步拓展了相关研究内容,即从社会行为的角度开展了亲社会倾向(外显行为与内隐态度)的研究,并从社会价值观的角度开展了共赢观(诚信性、先进性、利他性、和谐性、协同性)的研究。其次,在时间自我的研究上,本书不仅从时间维度上探讨了过去自我、现在自我、未来自我,而且从自我认同的角度出发,进一步开展了未来自我连续性(即未来自我与现在自我之间的联系程度)的相关研究。最后,从系统分析入手,考虑到社会心理的多层次性,本书关于时间自我与社会心态的研究内容不仅包括外显层面的研究,而且涉及内隐层面的研究。

三是研究结果的创新。首先,家庭经济困难大学生的时间自我与社会心态具有积极与消极共存的双重特点。与家庭经济良好大学生相比,家庭经济困难大学生的社会公平感、社会安全感、社会获得感、社会美好感以及整体社会心态处于弱势地位,但他们对未来自我有着积极认知与评价以及较高的亲社会倾向。这说明,家庭经济困难大学生的社会心态并不总是消极的,也存在积极的方面,我们需要辩证地看待并积极挖掘他们的积极潜能,促进其身心全面健康发展。其次,家庭经济困难大学生的时间自我对社会心态具有显著影响,并且存在多种作用路径。本书采用大数据调查研究,结果发现了应对方式、心理弹性、人生目的、心理资本等变量的中介效应,心理韧性、自尊在未来自我连续性对社会心态影响中的中介机制,以及社会支持在未来自我连续性对社会心态影响中的调节机制。最后,基于时间自我提升的干预任务能够有效促进家庭经济困难大学生的积极社会心态，本书采用信件书写任务和意义摄影任务开展了一系列干预实验。研究结果一致表明，这些干预方案均能有效提升家庭经济困难大学生的积极自我及社会心态，从而为弱势群体的积极社会心态培育工作提供了新路径。

在研究不足上，本书对揭示时间自我对社会心态的影响机制，激发家庭经济困难大学生自我发展的内生动力，并使其形成积极向上的社会心态进行了深入而系统的有益探索，但所取得的成果可能还存在一些局限，有些内容仍需在未来研究中加以不断改进与完善。

本书能够顺利出版，非常感谢国家社会科学基金和河南大学教育学部的资助，十分感谢科学出版社的大力支持与付艳分社长、崔文燕等编辑的辛苦付出！还要感谢参与本书科研项目的研究生靳凯歌、张赛男、张乐、张杉、朱豫敏、高旭、皮瑜、王宇阳以及博士后李小保所做的重要工作。书中参考并引用了国内外学者同仁的研究成果与资料，在此谨向这些作者表示衷心感谢。在撰写过程中，由于本人学识与水平有限，书中难免存在不足之处，敬请专家同仁与读者朋友批评指正。

张　锋

# 目 录

前言

第一章 绪论 ……………………………………………………………………… 1
    第一节 研究的背景与意义 ……………………………………………… 1
    第二节 社会心态的研究 ………………………………………………… 4
    第三节 时间自我的研究 ………………………………………………… 7
    第四节 家庭经济困难大学生的时间自我与社会心态 ……………… 10

第二章 家庭经济困难大学生的社会心态的调查研究 ………………………… 14
    第一节 家庭经济困难大学生的社会公平感与社会安全感的调查研究 … 14
    第二节 家庭经济困难大学生的社会幸福感的调查研究 …………… 20

第三章 家庭经济困难大学生的亲社会倾向的实验研究 ……………………… 27
    第一节 大学生家庭经济地位对亲社会外显行为影响的实验研究 …… 27
    第二节 大学生家庭经济地位对亲社会内隐态度影响的实验研究 …… 31
    第三节 家庭经济困难大学生的亲社会倾向的 ERP 研究 …………… 35

第四章 家庭经济困难大学生的时间自我评价的实验研究 …………………… 45
    第一节 时间自我评价词表的编制 ……………………………………… 45
    第二节 家庭经济困难大学生的外显时间自我评价的 ERP 研究 …… 48
    第三节 家庭经济困难大学生的内隐时间自我评价的 ERP 研究 …… 58

## 第五章　家庭经济困难大学生的时间自我与社会心态的关系与机制研究 …… 68

第一节　大学生社会心态量表的编制 …………………………………… 68

第二节　家庭经济困难大学生的现在自我与社会心态：
应对方式和心理弹性的中介作用 ………………………………… 76

第三节　家庭经济困难大学生的时间自我与社会心态：
人生目的的中介作用 ……………………………………………… 87

第四节　家庭经济困难大学生的时间自我与社会心态：
积极心理资本的中介作用 ………………………………………… 97

## 第六章　家庭经济困难大学生的未来自我连续性对社会心态的影响研究 …109

第一节　大学生未来自我连续性问卷的信效度检验 ……………………109

第二节　家庭经济困难大学生的未来自我连续性
与社会心态：心理韧性的作用 ……………………………………116

第三节　家庭经济困难大学生的未来自我连续性
与社会心态：自尊和社会支持的作用 ……………………………125

## 第七章　家庭经济困难大学生的未来自我对共赢观的影响研究 …………135

第一节　共赢观量表的编制 ………………………………………………135

第二节　家庭经济地位对共赢观的影响：未来自我的中介作用 ………146

## 第八章　家庭经济困难大学生的未来自我对亲社会倾向的影响研究 ……153

第一节　家庭经济困难大学生的未来自我对亲社会外显行为影响的
ERP 研究 ……………………………………………………………153

第二节　家庭经济困难大学生的未来自我对亲社会内隐态度影响的
ERP 研究 ……………………………………………………………161

## 第九章　家庭经济困难大学生的时间自我与社会心态的干预研究 ………170

第一节　书写任务提升家庭经济困难大学生的未来自我连续性的
干预实验 ……………………………………………………………170

第二节　意义摄影提升家庭经济困难大学生的时间自我与共赢观的
　　　　　　干预实验……………………………………………………… 176
　　第三节　意义摄影提升家庭经济困难大学生的时间自我、未来自我
　　　　　　连续性与社会心态的干预实验……………………………… 180

**第十章　研究结论、实践启示与未来展望**……………………………… 186

**参考文献**………………………………………………………………… 202

# 第一章 绪 论

## 第一节 研究的背景与意义

### 一、研究的背景

我国非常重视积极向上的社会心态的培育和引导。2006年10月，党的十六届六中全会通过的《中共中央关于构建社会主义和谐社会若干重大问题的决定》提出要"塑造自尊自信、理性平和、积极向上的社会心态"。《中华人民共和国国民经济和社会发展第十二个五年规划纲要》明确提出要"培育奋发进取、理性平和、开放包容的社会心态"，这是"社会心态"一词首次出现在国民经济和社会发展规划中。党的十八大报告和党的十九大报告都明确提出了"培育自尊自信、理性平和、积极向上的社会心态"的要求，党的二十大报告则进一步提出，要"重视心理健康和精神卫生"，并"完善社会治理体系"。因此，培养良好的社会心态，对于提高我国民众的积极心理品质、促进社会和谐发展以及实现中华民族伟大复兴均具有十分重要的意义。

随着我国进入社会主义新时代，由贫富差距带来的社会心态问题成为当前广受关注的社会问题。2020年底，我国成功完成了新时代脱贫攻坚目标任务，消除了绝对贫困与区域性整体贫困，不过，相对贫困仍然存在。在后扶贫时代，弱势群体面对相对贫富差距，容易产生失衡的社会心态，出现非理性的个人过激行为和群体极端事件。而且，实地调研结果也发现，相对贫困是多维结构，涉及社会心理性相对贫困，可以培育理性化的社会认知体系，从而调节相对贫困群体的社会心态（董帅兵，郝亚光，2020）。因此，在精准扶贫的基础上，重点关注相对贫困群体的社会心态问题，激发他们自我发展的内生动力，培养他们理性、积极的社会心态，成为后扶贫时代重要的研究议题。

教育部统计数据表明，党的十八大以来，我国累计有514.05万建档立卡贫困学生接受高等教育，数以百万计的贫困家庭有了大学生[①]。不过，仍有一些家庭经济困难大学生存在心理健康、精神贫困等问题。研究表明，经济压力与社会关系、社会幸福感存在十分紧密的联系（Fang et al.，2016）。家庭经济困难学生的社会心态往往具有功利性以及不确定性等特点（欧旭理等，2012）。因此，作为高校中广受社会关注的弱势群体，家庭经济困难大学生不仅需要物质与经济方面的援助，而且需要理性平和的社会心态的培育，从而引导其以积极向上的态度正视相对贫困，学会自立、自强、自助，努力实现"自我解困"和成长成才。

家庭经济困难大学生的社会心态是保持社会和谐稳定与实现共同富裕的重要基础与前提。党的十九大报告提出要"弱有所扶"，并"坚持大扶贫格局，注重扶贫同扶志、扶智相结合"。党的十九届四中全会审议通过的《中共中央关于坚持和完善中国特色社会主义制度 推进国家治理体系和治理能力现代化若干重大问题的决定》指出，要"巩固脱贫攻坚成果，建立解决相对贫困的长效机制"。党的二十大报告强调，要"巩固拓展脱贫攻坚成果，增强脱贫地区和脱贫群众内生发展动力"。在新时代背景下，家庭经济困难大学生的社会心态的培育问题备受关注，许多研究者开展了相关的研究工作。例如，欧旭理等（2012）基于家庭经济困难大学生的社会心态调查结果，提出了加强资助、健全制度、规范行为和提升素质等对策；郭丹和郑永安（2020）则从社会心态培育活动的认知水平、价值理解程度、培育内容的感染力和舆论环境等方面探析了大学生积极社会心态的培育路径。

不过，研究者目前尚未从时间自我（temporal self）的视角对家庭经济困难大学生的社会心态培育进行深入探讨。杨宜音（2012）认为，个体的心理和行

---

[①] 十八大以来514万建档立卡贫困学生接受高等教育．https://www.gov.cn/xinwen/2021-03/02/content_5589585.htm．（2021-03-02）[2024-09-29].

为会影响其社会心态的形成。王俊秀（2014）指出，社会心态是在微观水平上进行的，社会心理学将社会学的研究范围进一步延伸到个体内部，包括对个体认知的关注。申燕（2016）强调，大学生对自身认知不足是不良社会心态的主要成因之一，自我意识过强的大学生具有过强的自尊心，一旦受到挫折就容易产生人际退缩、自卑、颓废，如果得不到及时调节，则易转化为消极的社会心态。此外，有研究综述还发现，家庭经济困难大学生在自尊、自我效能感、自我认知与自我控制等方面均存在不同程度的不足之处（张锋，朱豫敏，2021）。这意味着，培养积极的社会心态的前提是对个体有正确的认知和评价。从时间维度来看，自我由过去自我（past self）、现在自我（present self）以及未来自我（future self）三个方面构成（黄希庭，夏凌翔，2004；张锋等，2021）。每个人的自我都是以现在自我为基础，从过去自我而来，并延伸到未来自我。因此，有必要从时间自我的新视角，系统开展时间自我对社会心态的影响及其机制的研究，深入探索家庭经济困难大学生的积极社会心态培育的新路径。

## 二、研究的意义

对家庭经济困难大学生的社会心态与时间自我的关系进行系统研究，有助于深入了解家庭经济困难大学生在新时代背景下的心理与行为特征，把握社会变化或社会转型所引起的社会心态的改变，从而加深对该群体的社会行为和社会问题的认识，保持社会的长治久安。首先，社会心态研究可以帮助我们了解家庭经济困难大学生对社会问题的态度、观点和行为，有助于预测和解析他们对这些问题的看法，为解决这些问题提供指导和资源。其次，社会心态研究有助于我们了解家庭经济困难大学生参与社会行为的动机和意愿，可以揭示个体对社会参与的态度、信念和期望，从而促进他们更积极地参与社会活动，如社会公益、志愿服务等活动。最后，社会心态研究还能够提供对社会政策和干预项目的有效指导。通过了解家庭经济困难大学生对社会问题的态度和行为倾向，决策者可以制定更有效的政策和采取更有效的干预措施，以促进社会变革和改善社会环境，从而营造积极向上的社会心态。

理论上，本研究将探讨家庭经济困难大学生的社会心态的心理结构与维度，揭示时间自我对社会心态的影响机制，对时间自我与社会心态之间的直接和间接关系进行建模，为优化和调适家庭经济困难大学生的社会心态提供理论框架与实践操作模型。

实践应用上，本研究有助于我们深入了解和全面把握新时代背景下家庭经济困难大学生的时间自我与社会心态的现状特点及其关系，不仅有利于我们及时建立社会心态引导与预防机制，促进社会整体良性发展，而且有利于促使家庭经济困难大学生辩证而正面地认识过去自我和现在自我，并对未来自我怀有美好向往，助推实现"心理脱贫"，为培育家庭经济困难大学生积极向上的社会心态探索新的路径与方法。

## 第二节 社会心态的研究

社会心态指的是在某时期内的整个社会或特定群体中的宏观、变动以及突生的社会心理态势（周晓虹，2014），主要涵盖社会认知、社会情感、社会价值观念、社会行为意向等内容（王俊秀，2013a，2013b，2014；马广海，2008），对于中国特色的社会心理服务与社会心理建设具有重要作用（俞国良，2017）。

在国外，"心态"源于17世纪的英国哲学。但是，社会心理学的学术传统主要是从个体的角度来建构社会心理学研究的体系与领域，超越个体并以社会整体为分析单位的社会心态则不被视为研究的对象（杨宜音，2006）。在国内，"社会心态"一词从20世纪80年代开始在学术研究中频繁出现。研究者主要采用理论分析、调查研究、实地研究与文献研究等方法进行社会心态研究，并开发了一些测量工具，如中国人社会心态量表（王益富，潘孝富，2013），该量表包括生活满意感、社会压力感、政府信任感、社会公平感、社会安全感和社会问题感等维度，以探讨社会心态的概念、结构、影响因素以及优化路径等问题。

### 一、社会心态的含义与结构

"心态"是一个比较广泛而含糊的概念，学界对于"社会心态"的含义尚未有一致的定论。目前，在社会心态的研究中，有些学者将"社会心态"当作一个约定俗成的词语来使用,而另一些学者则从学术研究的角度来探究社会心态的含义与结构。

从哲学角度来看,社会心态被当作一种社会存在和社会意识之间的精神文化现象(程家明,2009),或被认为是社会意识的感性阶段和初级形式(石孟磊,2016)。例如,孙伟平(2013)将社会心态定义为"社会存在和社会意识之间的精神纽带"。从社会学角度来看,社会心态被视为社会心理的重要构成部分。例如,杨宜音(2006)从社会学角度将社会心态定义为一定时期内社会群体的心境状态,马广海(2008)将社会心态定义为一段时间内社会群体认知、情感和价值取向的总和,而王俊秀(2014)认为社会心态是社会群体共同的心理特征和行为特点。在心理学的研究中,社会心态多从认知、态度和价值观的角度被理解,如王益富和潘孝富(2013)将社会心态定义为在给定时间内社会成员拥有的普遍性的心理感受和行为倾向。然而,在实际的社会心态研究中,社会心态和社会态度是密不可分的。例如,马广海(2008)认为社会态度和社会心态紧密相关并且很难加以区分,王俊秀(2014)将人们对待社会的认知和态度作为社会心态的核心组成部分。而且,无论是社会调查研究还是心理调查研究,主要衡量的都是社会成员对待事物的态度。所以,从社会态度的角度来理解社会心态可能更为合理(石孟磊,2016)。基于上述分析,本书提出,社会心态是人们在一定时期内对待社会的态度或持有的积极或消极的认知、体验和社会行为意向。

对于社会心态结构,不同学科领域的研究结果不尽相同。哲学研究侧重理论构建,社会心态的结构更多地被当作一个能容纳很多内容的大系统,这些结构包括文化要素、心理要素和思想要素(张二芳,1996),还包括社会舆论、社会风俗、社会时尚等(胡红生,2004)。社会学研究往往依据不同社会群体的特点来划分社会心态结构,其结果较为零散和杂乱(石孟磊,2016),其中较为典型的是杨宜音(2006)从社会学角度对社会心态结构的划分。杨宜音(2006)将社会心态结构分为社会情绪基调、社会共识及社会价值取向三个方面,其他学者又在此基础上增加了社会行为意向和社会需要两个维度(马广海,2008;王俊秀,2014),还有学者将其拓展到其他领域,如政治、文化、经济、道德、生活等(马向真,2015)。基于信度与效度的测量学的考量,社会心理学对于社会心态结构的划分具有统一性,往往从人们的社会感受或者社会认知和态度入手来衡量社会心态。此外，还有学者把社会心态分为6个维度，即生活满意感、政府信任感、社会压力感、社会安全感、社会公平感、社会问题感（王益富，潘孝富，2013）。

## 二、社会心态的测量

社会心态研究的重要主题是了解人们社会心态的现状和变化情况，这就需要考虑社会心态的测量工具。目前，研究者主要根据社会心态的含义和结构开发了相应的自陈式量表，进而考察人们对于社会各方面的不同看法和态度。

王俊秀（2013a，2013b，2014）提出了五维度的社会心态衡量体系，包括社会需要、社会认知、社会情绪、社会价值以及社会行为，并用于全国性的社会心态调查。王益富和潘孝富（2013）编制了中国人社会心态量表，包含6个维度：生活满意感、政府信任感、社会压力感、社会安全感、社会公平感、社会问题感。Keyes（1998）编制的社会幸福感量表包括社会融合（social integration）（如"我在我的学校里感到舒适"）、社会贡献（social contribution）（如"我为这个世界做了一些有价值的事情"）、社会实现（social actualization）（如"世界正变得对我们每个人都更美好"）、社会接纳（social acceptance）（如"我相信人们是善良的"）和社会和谐（social coherence）（如"这个世界对我来说太复杂了"）等5个维度，该量表也常被用于社会心态的测量。

此外，实地研究主要依据观察法和访谈法来深入系统地了解某一典型地区和某一典型群体的社会心态。例如，为探讨社会底层群体对社会交往、政府行为以及未来发展等方面的社会心态，研究者通过对访谈资料进行分析来加以评价（何颖颖，2013）。

## 三、社会心态的影响因素

目前，我国学者对社会心态影响因素的研究主要在理论层面进行，仅有少部分学者开展了实证研究。马广海（2008）探讨了贫富差距对社会心态的影响，结果发现，人们对于当前存在贫富差距状况的价值判断持否定态度，并且大多数人对处于高社会经济地位的群体持负面反应。有学者将社会心态的影响因素主要分为经济、社会和个体三个方面（程家明，2009）。研究发现，改革开放以来的几十年中，国内居民的社会幸福感出现了严重下降（Brockmann et al.，2009），这可能是经济的不均衡发展引起了人们更大的相对剥夺感，从而使人们产生了负面的社会心态（黄梓航等，2021）。

社会心态的形成与社会文化环境密切相关。例如，在我国社会转型的过程中，人们存在社会心态失衡的现象，在公平感、信任感和安全感等方面均出现了下降（高文珺等，2013；李路路，王鹏，2018）。王俊秀和张跃（2023）对新冠疫情期间人们的社会心态变动进行了调查，结果发现，人们在疫情期间对社会总体安全感和美好生活的体验感呈显著下降的态势。这一结果反映了不稳定的社会环境对社会心态的负面影响。

个体因素是社会心态形成的不可或缺的关键内容。社会心态由众多单个个体的态度汇聚而成，人们对于社会问题的认知偏差、个体本身存在的心理特性是社会心态形成的重要内因（陈洪，2022；杨宜音，2012）。例如，杨宜音（2012）提出的社会心态形成的心理机制认为，个体价值观和社会价值观的相互构建是社会心态形成的基础，个人情感、需要和特性等可以通过人们的社会卷入过程向上影响社会心态的形成。然而，目前鲜有探讨个人特性因素对社会心态形成的影响的实证研究。

## 第三节 时间自我的研究

自我在时间维度上的研究始于20世纪80年代，即"时间流逝中的自我"（self in time）。时间自我是以现在为基础，并在过去的基础上发展而来的，同时也延伸至未来。时间自我指的是个体对在不同时间维度上的自我的认知与评价（孙炯雯，郑全全，2004；黄希庭，夏凌翔，2004）。研究表明，时间自我对动机、行为和心理健康均具有影响（罗扬眉，黄希庭，2011）。时间自我的研究主要采用问卷调查法、内容分析法和实验法，探讨时间自我的内容与特点（陈幼贞，苏丹，2009；Yang et al.，2017）、相关影响因素（如乐观、自立、文化、自我价值感）以及神经机制（Luo et al.，2010）等问题，并发展出了时间自我评价理论（temporal self-appraisal theory，TSA）（Ross & Wilson，2003；Sokol et al.，2017）。

## 一、时间自我的含义与结构

自我是人格系统的核心成分。自我的结构有个体自我、集体自我与社会自我的划分，也可以分为物质自我与精神自我（Van Nunspeet et al., 2012; James, 1950; Northoff & Bermpohl, 2004）。近年来，在时间维度上区分自我越来越受到研究者的关注，因为不同时间维度的自我存在不同的意义和价值。例如，研究者发现，人们对未来自我的加工更倾向于高抽象性的解释水平，而对现在自我的加工更倾向于低层次的解释水平（Liberman & Trope, 2014; Trope & Liberman, 2003）。目前，研究者对于时间自我的含义已达成共识，即它是指个体对自己的过去、现在、未来特性的认知与评价（黄希庭，夏凌翔，2004；罗扬眉，黄希庭，2011；张锋等，2021）。

在时间自我的结构上，时间自我可以被划分为过去自我、现在自我和未来自我。不同维度的时间自我存在可比较性和差异性。早期的自我理论更多地关注社会比较对自我认知的影响（Festinger, 1954），但是忽略了时间比较在确立自我同一性方面的作用。时间比较理论认为，人们对过去自我、现在自我和未来自我的纵向比较也是认识自我的重要途径（Albert, 1977）。研究发现，在认识自我的过程中，时间角度的自我比较甚至比与他人的比较还多（Wilson & Ross, 2000），社会比较可能还会对自我概念产生较大的威胁，而对过去自我到未来自我的时间角度的连续认知更有利于积极自我概念的发展（Pronin, 2008）。根据个体对时间维度上自我评价的倾向差异，研究者提出了时间自我评价理论来深入解释个体对过去自我、现在自我和未来自我评价上的差异性（Wilson & Ross, 2001）。时间自我评价理论认为，人们有可能通过贬低过去自我而提升对现在自我的体验（Ross & Wilson, 2002）。此外，时间维度自我的差异性还体现在对未来自我的积极倾向上，即相较于过去自我和现在自我，人们更倾向于从积极的角度来看待未来自我（Kanten & Teigen, 2008；罗扬眉，黄希庭，2011）。因此，通过时间维度来划分自我结构有助于我们更好地了解个体对自我的认知和评价。

此外，时间自我还可以被划分为外显时间自我和内隐时间自我（Peetz et al., 2014）。外显时间自我指个体从意识层面进行的时间自我认知和评价，内隐时间自我指个体从潜意识层面进行的时间自我认知和评价。外显时间自我容易受到社会赞许性的影响，个体更容易关注提升自我的积极信息，存在一定的自我认知偏差；内隐时间自我受社会赞许性的影响较小，更具有直接性和自发性（Peetz et al.，2014）。目前，罗扬眉（2011）通过内隐联想测验（implicit association test，IAT）发现，个体对未来自我的评价在内隐和外显测验中是一致的，但是对过去自我的态度是存在差异的。Yang 等（2017）的研究发现，从内隐的态度来讲，相较于过去自我，个体更容易将现在自我与积极效价联系起来。因此，将内隐和外显时间自我研究结合起来，有助于我们更全面地了解时间自我的差异性及其作用。

## 二、时间自我的测量

当前对时间自我进行测量的典型方法包括测量外显时间自我的自我参照范式（self-reference paradigm，SRP）和测量内隐时间自我的 Go/No-go 联想任务（Go/No-go association task，GNAT）等（张锋等，2021）。

自我参照范式包括时间自我启动阶段和词汇判断任务。在时间自我启动阶段，被试要在规定的时间范围内对过去自我、现在自我或未来自我进行描述；在词汇判断任务中，被试要判断呈现的积极和消极人格形容词与过去自我、现在自我或未来自我的符合程度（Luo et al.，2010）。

内隐联想任务主要通过个体对所呈现目标词和属性词之间的反应时，来衡量个体的过去自我、现在自我或未来自我与积极词、消极词的联系强度，从而测量出个体内隐的时间自我认知和态度（罗扬眉，2011）。

## 三、时间自我的影响因素

当前，研究者对时间自我的影响因素的探讨主要集中在自我提高倾向、主观时间距离和社会经济地位等变量上（张锋等，2021）。

自我提高倾向指的是个体存在维护自我价值的需要，这种需要会促使个体通过建构消极的过去自我来提升当前自我的积极体验（Ross & Wilson，2002）。然而，国内研究发现，过去自我和现在自我之间不存在效价差异（尧国靖，张锋，2013；Luo et al.，2010），这可能说明，自我提高倾向对时间自我评价的影响存在文化差异性。

时间自我的影响因素还包括主观时间距离。研究发现，人们通常认为，近期的未来自我与现在自我有更大的相似性，但远期的未来自我更像是陌生人一样（Perunovic & Wilson，2008）。

鉴于社会经济地位对于个体认知、情绪和行为倾向的普遍影响，也有研究者认为个体的时间自我存在社会阶层差异。例如，已有研究发现贫困大学生对现在自我的评价最低，而非贫困大学生对过去自我的评价最低（陈幼贞，苏丹，2009）。

## 第四节　家庭经济困难大学生的时间自我与社会心态

### 一、家庭经济困难大学生的时间自我

家庭经济困难大学生的时间自我评价与家庭生活环境和经济水平密切相关。在物质资源匮乏、社会压力大的贫困处境中，个体的身体和心理发展都会受到影响（Manstead，2018），因此，社会经济地位对自我的影响也不容忽视。

问卷调查研究发现，社会经济地位与自我概念呈正相关（Maqsud & Rouhani，1991）。质性访谈研究发现，寒门大学生的自我概念更多地表现为消极倾向（蔡翩飞等，2020）。研究发现，贫困大学生对自我的评价更消极，对自我的认识水平及自尊水平也更低（康育文，陈青萍，2006）。陈艳红等（2014）的研究发现，低社会经济地位可以通过主观地位感知而负面影响大学生的自尊。而且，社会经济地位水平较低还会使个体的自我调节能力变差（胡小勇等，2022）。

根据上述研究结果可知，家庭经济困难也可能会阻滞大学生的时间自我发展。陈幼贞（2013）首次调查了家庭经济困难大学生的时间自我，结果发现他们有着积极的未来自我，这与对普通大学生的研究结果（周畅等，2009）是一致的；但他们的过去自我的积极得分高于现在自我，现在自我的消极得分高于过去自我和未来自我，这与普通大学生的现在自我好于过去自我的研究结果是不同的（陈幼贞，苏丹，2009）。

目前，我国经济社会发展已迈入新时代，现有的少量研究无法反映新时代

背景下家庭经济困难大学生群体的时间自我。因此,有必要深入探讨家庭经济困难大学生对自己的时间自我有着怎样的认知与评价,以及如何让这些学生拥有更加积极的时间自我等问题。

## 二、家庭经济困难大学生的社会心态

促进今后社会快速发展的主力军还是大学生这一群体,大学生良好的社会心态是社会积极向上发展的重要动力。然而,家庭经济困难大学生的社会心态发展可能受到限制,因为家庭经济困难可能是威胁社会心态发展的重要风险因素。

由于占有的资源限制,家庭经济困难大学生常处于充满压力的稀缺环境,而长期的资源稀缺会促使个体形成稀缺心态(scarcity mindset)(Haushofer & Fehr, 2014),从而对当前处境和未来处境持有消极态度(Fieulaine & Apostolidis, 2015)。物质贫困也极易引发心理贫困,表现为"抱负失灵"(aspiration failures)和"行为失灵"(behavioral failures)(Dalton et al., 2016;胡小勇等, 2019),使得家庭经济不利处境的大学生缺乏足够的心理资源来形成良好的社会心态。

作为一种充满威胁和不稳定性的生活方式,经济不利处境会给人们带来很多负面的心理和身体健康结果,如焦虑、抑郁、心境障碍、认知障碍等(Adamkovič & Martončik, 2017;徐富明等, 2017),这些结果可能会导致个体产生社会认知偏差,不利于其社会幸福感和社会性行为的发展。此外,当低社会阶层群体知觉到自身与富裕阶层的差距时,其也会产生相对剥夺感,即体验到社会不公平感和被剥夺感(熊猛,叶一舵, 2016a),而且相对剥夺感会使低社会阶层的个体更加关注自我而不是社会的发展,从而产生更少的亲社会行为(Callan et al., 2017)。结合上述分析可知,家庭经济困难大学生的社会心态会受到家庭经济困难因素的极大影响。

目前,有研究者对新生代农民工、大学生、青年白领等青年人(胡洁, 2017)以及三峡移民、基督徒、高校教师等群体的社会心态进行了探讨。欧旭理等(2012)还对家庭经济困难大学生的社会心态进行了调查,结果发现,他们在政治心态、职业心态、婚恋心态和社交心态上呈现一定弱势,存在被边缘化的现象且有不断发展的趋势。不过,现有研究仍缺乏对新时代背景下家庭经济困难大学生群体的社会心态的结构维度、现状特点以及影响机制等进行深入探讨与系统分析。

## 三、时间自我对社会心态的影响

首先，社会心态形成的向上模型认为，社会心态是由众多个体的兴趣、态度、情绪体验和心理特性等自下而上融合汇聚而成的群体间的社会心境状态，个体价值观可以通过社会卷入过程而促进社会心态的形成（杨宜音，2006，2012）。个体对自己的现在、过去和未来时间的认知与评价会影响其心态与生活满意度（Laghi et al., 2016; Stolarski & Matthews, 2016; Garcia et al., 2017）。由此来看，个体的自我认知与社会认知是密不可分的。一方面，个体可能通过社会比较过程来认识和评价自我，进而影响个体的行为模式（王俊秀，2014）；另一方面，个体对自我的认知也会影响其对社会问题的看法和态度（陈洪，2022）。因此，个体的心理特性和情绪态度是社会心态形成的基础。

其次，从心态一致性的角度来看，个人情绪状态会弥散到其对社会问题看法的心境状态。心态一致性效应指的是个体倾向于知觉与自己当前心境状态相符合的环境刺激（岑延远，郑雪，2004）。当个体持有稳定良好的情绪状态时，他们就会更容易知觉到社会环境中的积极信息，从而形成积极向上的社会心态，而个体情绪状态会受到自我认知和自我评价的调节。自我价值感良好的个体通常有较高的生活满意度，能保持更高水平的积极情绪（Diener et al., 2003; 严标宾，郑雪，2006），从而促进其正向社会心态的发展。但是，自我认知不足、自我评价较低的个体往往有较差的心理健康水平，有更多的焦虑、抑郁等负性情绪（Sadeh & Karniol, 2012; Santo et al., 2018），不利于其社会心态的积极向好发展。

最后，自我结构良好的个体有更强的应对环境变化的弹性能力，从而维持良好的社会心态。社会心态会随着社会环境的变化而变化。例如，在新冠疫情期间，我国民众的社会心态发生了很大变化，安全感和美好感显著下降（王俊秀，张跃，2023）。个体自我特性的差别会影响其对环境变动的知觉和应对能力，从而使其产生不同的社会心态。研究发现，自尊水平高的个体有更高的乐观倾向，自我效能高、自我调控能力强的个体更容易采取积极的应对策略来应对环境变化或负面的生活事件（胡兴蕾等，2019；李育辉，张建新，2004；刘志军，白学军，2008）。由此来看，自我结构良好的个体更有可能乐观地看待社会环境，拥有良好的心理弹性能力来应对社会危机事件，从而促进积极社会心态的形成。

综上可以看出，时间自我对社会心态具有显著影响。不过，目前鲜有实证研究探讨家庭经济困难大学生的时间自我对社会心态的影响，也缺乏干预研究来探索积极时间自我与社会心态的有效提升路径。

# 第二章 家庭经济困难大学生的社会心态的调查研究

## 第一节 家庭经济困难大学生的社会公平感与社会安全感的调查研究

社会公平感与社会安全感是我国民众的社会心态的重要方面（王俊秀，2021），也是民众矛盾遭遇影响基层政府评价的中介变量（朱志玲，2018）。在社会心理学领域，公平感是指民众对于社会各层面公平性的感知，这是社会稳定的安全阀（谢熠，2016）。安全感是指民众在一定社会环境下对确定性与安全性的感知。而且，风险社会是以群体焦虑与普遍的社会不安全感为标志的，安全感更加关注的是一种不安全感（王俊秀，2008），社会安全感是社会稳定与和谐的晴雨表（王俊秀，2021）。

我国现处于社会转型阶段，社会变革必然引起人们的心态发生改变（王大为等，2002）。社会公正是国家治理与社会生活的核心议题（李培林，2020）。随着我国经济社会快速发展，社会贫富差距有所增大，经济不平等程度有所升高（Xie & Zhou，2014）。严重的经济不平等会对社会公平与稳定产生负面影响（Alvaredo et al.，2018），收入差距也会引发民众的不安全感（卢汉龙，1996）。有研究者从社会公平感、社会安全感方面分析了转型期青年的社会心态，发现中国青年的社会公平感与社会安全感均低于平均水平（谢熠，2018）。2017年中国社会心态调查数据分析结果显示，总体而言，优势群体与弱势群体的公平感均处于中等及以下水平，具体来说，生活水平公平感水平最高，其次是收入公平感水平，社会公平感水平最低（陈满琪，2018）。2019年和2020年中国社会心态调查数据分析结果显示，现阶段民众的社会公平感水平较高，具体来说，优势群体的社会公平感均较高，收入与主观阶层越高的群体的社会公平感则越高（张衍，2021）。而且，2020年中国社会心态调查数据分析结果显示，我国民众的社会安全感总体上处于较高水平，具体来说，人身安全和财产安全感水平较高，食品安全和信息安全感水平较低，农村地区的安全感高于城市，中部和东部地区的安全感高于西部和东北地区（崔雨晴，2021）。

家庭经济困难大学生是社会关注的弱势群体之一。改革开放后，随着经济的快速增长，贫富差距也在逐渐加大。我国尽管在2020年取得了脱贫攻坚战的全面胜利，历史性地解决了绝对贫困问题，朝着实现共同富裕的道路迈出了一大步，但是仍然需要解决相对贫困问题，习近平总书记也多次强调要实现全体人民的共同富裕。2021年8月，习近平在中央财经委员会第十次会议上强调，"共同富裕是社会主义的本质要求，是中国式现代化的重要特征，要坚持以人民为中心的发展思想，在高质量发展中促进共同富裕"[①]。因此，提升低收入群体（尤其是家庭经济困难大学生）的社会公平感与社会安全感，对我国社会的发展与稳定具有十分重要的现实价值与意义。但是，以往的相关研究的调查对象主要是普通民众（陈满琪，2018；崔雨晴，2021；谢熠，2018；张衍，2021），忽略了对家庭经济困难大学生的社会公平感与社会安全感的研究。所以，新时代背景下的家庭经济困难大学生作为高校中特殊的弱势群体，有必要对其社会公平感与社会安全感的现状特点进行调查与分析，以促进这些大学生的理性平和、积极向上的社会心态的塑造与培育。

## 一、研究方法

### （一）研究对象

通过方便取样法，对3所高校的1600名大学生进行问卷调查，回收有效问

---

① 党的十九大以来大事记. http://politics.people.com.cn/n1/2022/1014/c1001-32544932.html.（2022-10-14）[2024-09-29].

卷 1586 份。有效被试样本基本情况见表 2.1。

表 2.1 有效被试样本基本情况（N=1586）

| 变量 | 类别 | 人数/人 | 百分比/% |
| --- | --- | --- | --- |
| 性别 | 男 | 715 | 45.08 |
|  | 女 | 871 | 54.92 |
| 年级 | 大一 | 306 | 19.29 |
|  | 大二 | 295 | 18.60 |
|  | 大三 | 308 | 19.42 |
|  | 大四 | 677 | 42.69 |
| 生源地 | 城市 | 782 | 49.31 |
|  | 农村 | 804 | 50.69 |
| 是否独生子女 | 是 | 639 | 40.29 |
|  | 否 | 947 | 59.71 |

## （二）研究工具

### 1. 社会经济地位问卷

采用社会经济地位问卷对家庭经济状况进行测量，具体指标包括父母的职业、受教育程度和家庭月收入（任春荣，2010；师保国，申继亮，2007；Bradley & Corwyn，2002）。

根据有关研究（徐夫真等，2009；石雷山等，2013）并结合当前经济发展状况，将家庭月收入分为如下水平：①2000 元以下；②2000—2999 元；③3000—3999 元；④4000—4999 元；⑤5000—5999 元；⑥6000—6999 元；⑦7000—7999 元；⑧8000—8999 元；⑨9000—9999 元；⑩10000—10999 元；⑪11000—11999 元；⑫12000 元及以上。

参考以往的研究（Bradley & Corwyn，2002；徐夫真等，2009；师保国，申继亮，2007），将家庭月收入、父母受教育程度和父母职业的得分转化为标准分数。分数越高，代表家庭经济状况越好。

### 2. 社会公平感与社会安全感量表

采用社会心态量表中的社会公平感与社会安全感量表进行施测（王益富，

潘孝富，2013）。社会公平感量表包括 5 个题项，如"总的来说，当今社会是公平的"，同质性信度系数为 0.91。社会安全感量表包括 8 个题项，涉及社会生活安全维度和个人生活安全维度，如"总的来说，当今社会是安全的"，同质性信度系数为 0.88。量表使用利克特 5 点计分，从"不赞同"到"非常赞同"分别计为 1—5 分。

在本研究中，社会公平感量表与社会安全感量表的 Cronbach's α 系数分别为 0.86 与 0.84，总量表的 Cronbach's α 系数是 0.88。

### （三）研究程序

以班级为单位进行团体施测，被试按照统一的指导语进行作答。对回答不认真或存在反应偏向的数据予以剔除，把调查数据录入电脑，运用 SPSS 22.0 软件进行统计分析。

## 二、结果与分析

### （一）描述统计和相关分析

所有被试在社会经济地位问卷、社会公平感与社会安全感量表上的描述统计和变量之间的相关分析结果见表 2.2。从表 2.2 中可以看出，社会经济地位与社会安全感呈显著正相关（$p<0.01$），即家庭经济困难程度越高，社会安全感就越低。然而，社会经济地位与社会公平感之间不存在显著的相关关系（$p>0.05$）。

表 2.2　描述统计与相关矩阵（$N$=1586）

| 变量 | $M±SD$ | 最小值 | 最大值 | 社会公平感 | 社会安全感 |
| --- | --- | --- | --- | --- | --- |
| 社会公平感 | 14.00±4.06 | 5 | 25 | 1.00 | |
| 社会安全感 | 27.06±4.99 | 8 | 40 | 0.48** | 1.00 |
| 社会经济地位 | 0.00±3.77 | −6.72 | 11.48 | 0.01 | 0.07** |

注：*$p<0.05$，**$p<0.01$，***$p<0.001$，下同

### （二）独立样本 $t$ 检验

将所有被试的社会经济地位问卷得分从高到低进行排序，把得分高的前

27%的被试（得分≥2.38，共428人）作为家庭经济良好组[①]，把得分低的前27%的被试（得分≤-2.78，共428人）作为家庭经济困难组，比较两组在社会公平感和社会安全感上是否具有显著差异。

独立样本 $t$ 检验结果显示，家庭经济良好组的社会安全感得分（27.51±5.16）显著高于家庭经济困难组的社会安全感得分（26.65±5.06），$t$=2.46，$p$<0.05；家庭经济良好组的社会公平感得分（14.01±4.28）与家庭经济困难组的社会公平感得分（13.81±3.83）不存在显著差异，$t$=0.73，$p$>0.05。

（三）人口学变量的差异分析

对428名家庭经济困难大学生的社会公平感与社会安全感在性别、年级、生源地、是否独生子女等人口学变量上的差异分别进行方差分析，结果见表2.3。

表2.3　家庭经济困难大学生的社会公平感与社会安全感的人口学变量差异检验结果（$N$=428）

| 变量 | 选项 | 社会公平感（$M±SD$） | $F$ | $p$ | 社会安全感（$M±SD$） | $F$ | $p$ |
| --- | --- | --- | --- | --- | --- | --- | --- |
| 性别 | 男（133） | 12.99±3.43 | 8.99 | 0.003 | 26.95±4.52 | 0.66 | 0.418 |
|  | 女（295） | 14.18±3.94 |  |  | 26.52±5.29 |  |  |
| 年级 | 大一（52） | 13.00±3.64 | 3.19 | 0.024 | 27.31±4.75 | 2.44 | 0.064 |
|  | 大二（71） | 14.13±3.95 |  |  | 26.52±5.16 |  |  |
|  | 大三（108） | 13.12±3.60 |  |  | 25.59±5.23 |  |  |
|  | 大四（197） | 14.29±3.88 |  |  | 27.11±4.95 |  |  |
| 生源地 | 城市（60） | 14.28±4.38 | 1.07 | 0.303 | 27.28±4.90 | 1.09 | 0.298 |
|  | 农村（368） | 13.73±3.73 |  |  | 26.55±5.08 |  |  |
| 是否独生子女 | 是（65） | 13.00±3.41 | 2.49 | 0.115 | 26.13±4.79 | 1.64 | 0.201 |
|  | 否（363） | 13.97±3.94 |  |  | 27.14±5.05 |  |  |

注："选项"一列中，括号内数据为各类别所包含的人数，单位为"人"

在社会公平感方面，被试在年级之间存在显著差异（$p$<0.05）。进一步的多重比较检验（采用LSD[②]法）结果显示，大四学生的社会公平感得分显著高于大

---

[①] 本书研究中，"家庭经济良好组"指的就是"高家庭经济地位组"，"家庭经济困难组"指的就是"低家庭经济地位组"，为行文方便，本书对此不做统一，特此说明。

[②] 最小显著差异（least significant difference，LSD）法。

一和大三学生（$p<0.05$）。此外，在性别方面，被试的社会公平感得分也存在显著差异（$p<0.01$），男生的社会公平感得分显著低于女生。但是，在生源地、是否独生子女这两个方面，被试的社会公平感得分均不存在显著差异（$ps>0.05$）。

在社会安全感方面，被试在年级之间的差异边缘显著（$p=0.064$），进一步的多重比较检验（采用 LSD 法）结果显示，大一学生的社会安全感得分显著高于大三学生（$p<0.05$），大四学生的社会安全感得分显著高于大三学生（$p<0.05$）。但在性别、生源地、是否独生子女这三个方面，被试的社会安全感得分均不存在显著差异（$ps>0.05$）。

## 三、讨论与结论

社会公平感与社会安全感是大学生社会心态的重要方面与体现。本研究选取王益富和潘孝富（2013）的中国人社会心态量表中的社会公平感分量表与社会安全感分量表，调查了中国家庭经济困难大学生的社会心态。结果表明，家庭经济地位与社会安全感之间存在显著的正相关关系，家庭经济良好组和家庭经济困难组在社会安全感上存在显著的组间差异。这表明，与家庭经济状况较好的大学生相比，家庭经济困难大学生的社会安全感较低，这与卢汉龙（1996）的观点相符合，即大学生的家庭经济水平会对其社会安全感有显著影响。此外，在社会公平感方面，家庭经济地位与社会公平感之间虽存在正相关关系，但并未达到显著水平；而且，尽管家庭经济困难组的社会公平感得分低于家庭经济良好组的社会公平感得分，但两者之间的差异也没有达到显著水平。这说明，尽管我国存在着相对贫困问题，但可以通过改善家庭经济困难大学生的经济条件，在一定程度上提升他们的社会公平感。

本调查结果还发现，在社会公平感方面，家庭经济困难大学生在大一、大二和大三年级之间未显示出显著差异，但大四学生的社会公平感得分显著高于大一和大三学生；在社会安全感方面，大一和大四学生的社会安全感得分显著高于大三学生。这说明，家庭经济困难大学生的社会公平感与社会安全感在低、中年级阶段处于相对稳定水平，到高年级阶段才有显著提升。此外，从性别这一因素来看，女生的社会公平感水平高于男生。

因此，教育工作者要积极提升家庭经济困难大学生的社会公平感与社会安全感，尤其是大一、大二与大三学生的社会安全感，进一步塑造他们的良好社会心态。

总之，在本研究条件下，社会经济地位与大学生的社会安全感呈显著正相关，家庭经济良好组的社会安全感水平显著高于家庭经济困难组，家庭经济困难大学生的社会公平感与社会安全感存在年级差异，而且女生的社会公平感水平显著高于男生。

## 第二节 家庭经济困难大学生的社会幸福感的调查研究

社会幸福感也是反映我国民众社会心态的特点与变化的一个重要指标。社会幸福感比较关注个体与社会的关系，体现了社会环境中的人的一种良好存在状态，要求个体与他人、社会进行整合，表现为同情、利他以及为高尚目标做贡献等（严标宾，郑雪，2007）。Keyes（1998）将这种个人与社会之间的整合关系划分为五个方面：社会融合、社会贡献、社会实现、社会接纳和社会和谐。社会幸福感是对个体与他人、集体与社会之间的关系及其质量的自我评价，可用于评估个体的社会功能健康与否，是社会生活质量的重要指标，体现了个人与社会之间的和谐、统一关系（苗元江，王青华，2009；严标宾，郑雪，2008）。

社会幸福感与主观幸福感（subjective well-being）有所不同。以快乐论（hedonic）为哲学基础的主观幸福感，指的是一种对生活的快乐体验和对生活的满意感（俞国良，2022）。不过，有研究者认为主观幸福感具有主观性、相对稳定性、整体性三个特点，主要包括认知与情感两个维度（Diener，1984），但也有研究者把积极情感与消极情感两个维度合并为统一的情感平衡度（Suh et al.，1998）。

社会幸福感还与心理幸福感（psychological well-being）有所区别。以实现论（eudaimonia）为哲学基础的心理幸福感指的是不以人的主观意志为转移的自我完善和自我实现，是心理潜能的充分再现，其还被认为具有客观性（张陆，佐斌，2007）。快乐是一种幸福，"至善即幸福"，但幸福不能归结为快乐；人们要达到至善，就必须下定决心克服一切困难，朝着崇高的目标奋斗，再苦再难再险亦是幸福的，这种幸福论也被称为完善论（perfectionism）（冯俊科，1992）。

Ryff（1989）注重实现人类潜能，强调积极心理功能，认为心理幸福感可分为个人成长、自我接纳、积极人际关系、生活目标、环境掌控以及自主性等6个维度。Ryan和Deci（2000）提出了自我决定理论（self-determination theory，SDT），认为幸福感的根本是三种基本需要，即胜任的需要（need for competence）、关系的需要（need for relatedness）以及自主的需要（need for autonomy）。因此，心理幸福感与自我实现（self-realization）、意义性（meaningfulness）、生命力（vitality）等密切相关（Ryan & Deci，2001）。

总之，主观幸福感与心理幸福感分别强调幸福感的主观性与客观性，却忽略了社会性。我们每个人都是嵌入到社会中的"人"。因此，主观幸福感关注个体的主观感受，心理幸福感关注个体在群体中互动与发展的客观体验，社会幸福感应该关注个体的社会功能、社会价值和社会表现（俞国良，2022）。Keyes（1998）提出了"社会幸福感"的概念，并将其划分为5个维度，包括社会融合、社会接纳、社会实现、社会贡献、社会和谐。社会融合维度偏重个体对其与社会的关系质量的看法，社会接纳维度是指个体对他人的诚信、友善与勤奋的感知程度，社会实现维度强调个体对社会潜力与发展进步的评价，社会贡献维度注重个体对社会的重要价值，社会和谐维度是指个体对社会的特征、结构与运行的认识。由此，社会幸福感从"社会适应"角度被概念化为个体对其环境和社会功能的认知与评价，其实质就是一种适应性的社会心态。

目前关于社会幸福感的实证研究大多以普通大学生（陈浩彬，苗元江，2012；苗元江，王青华，2009）、老年人（姚若松等，2018）与社会居民（陈志霞，于洋航，2019）为调查对象，鲜有研究对家庭经济困难大学生的社会幸福感予以探讨。燕玉霞（2017）对江西省四所高校大学生进行了调查研究，结果发现，贫困大学生的社会幸福感各维度得分都低于非贫困大学生。但是，该研究的调查样本数量有限，而且大学生被试的贫困情况是通过自我主观评估而得出的，在一定程度上缺乏客观标准。因此，本研究采用客观的社会经济地位问卷（Bradley & Corwyn，2002；任春荣，2010）以及Keyes（1998）的社会幸福感量表，对家庭经济困难大学生的社会幸福感进行深入探讨。

## 一、研究方法

### （一）研究对象

采用方便取样法，对四所高校的 2200 名大学生进行问卷调查，回收有效问卷 2128 份。有效被试样本基本情况见表 2.4。

表 2.4  有效被试样本基本情况（N=2128）

| 变量 | 类别 | 人数/人 | 百分比/% |
| --- | --- | --- | --- |
| 性别 | 男 | 921 | 43.28 |
|  | 女 | 1207 | 56.72 |
| 年级 | 大一 | 280 | 13.16 |
|  | 大二 | 370 | 17.39 |
|  | 大三 | 529 | 24.86 |
|  | 大四 | 949 | 44.59 |
| 生源地 | 城市 | 968 | 45.49 |
|  | 农村 | 1160 | 54.51 |
| 是否独生子女 | 是 | 741 | 34.82 |
|  | 否 | 1387 | 65.18 |

### （二）研究工具

#### 1. 社会经济地位问卷

采用社会经济地位问卷对家庭经济状况进行测量，具体指标包括父母的职业、受教育程度和家庭月收入（任春荣，2010；师保国，申继亮，2007；Bradley & Corwyn，2002）。

根据有关研究（徐夫真等，2009；石雷山等，2013）并结合当前经济发展状况，将家庭月收入分为如下水平：①2000 元以下；②2000—2999 元；③3000—3999 元；④4000—4999 元；⑤5000—5999 元；⑥6000—6999 元；⑦7000—7999 元；⑧8000—8999 元；⑨9000—9999 元；⑩10000—10999 元；⑪11000—11999 元；⑫12000 元及以上。

参考以往的研究（Bradley & Corwyn，2002；徐夫真等，2009；师保国，申继亮，2007），将家庭月收入、父母受教育程度和父母职业的得分转化为标准分数。分数越高，代表家庭经济状况越好。

### 2. 社会幸福感量表

选取 Keyes（1998）编制的社会幸福感量表对社会幸福感进行调查，该量表分为社会融合、社会贡献、社会实现、社会接纳和社会和谐 5 个维度，每个维度包括 3 个题项，共有 15 个题项（包含 7 个反向题）。该量表使用利克特 5 点计分，从"不赞同"到"非常赞同"分别计为 1—5 分。得分越高，说明社会幸福感水平越高。在本研究中，该量表的 Cronbach's $\alpha$ 系数是 0.83。

### （三）研究程序

以班级为单位进行团体施测，被试按照统一的指导语进行作答。对回答不认真或存在反应偏向的数据予以剔除，把调查数据录入电脑，使用 SPSS 22.0 软件进行统计分析。

## 二、结果与分析

### （一）描述统计和相关分析

大学生被试在社会幸福感量表和社会经济地位问卷的得分均值与标准差，以及变量之间的相关矩阵见表 2.5。

表 2.5 描述统计与相关矩阵（N=2128）

| 变量 | M±SD | 1 | 2 | 3 | 4 | 5 | 6 |
|---|---|---|---|---|---|---|---|
| 1 社会幸福感 | 44.27±5.72 | 1.00 | | | | | |
| 2 社会融合 | 9.33±1.45 | 0.64** | 1.00 | | | | |
| 3 社会贡献 | 8.90±1.67 | 0.70** | 0.26** | 1.00 | | | |
| 4 社会实现 | 7.75±1.68 | 0.72** | 0.35** | 0.42** | 1.00 | | |
| 5 社会接纳 | 8.60±1.73 | 0.64** | 0.34** | 0.29** | 0.28** | 1.00 | |
| 6 社会和谐 | 8.69±1.79 | 0.72** | 0.33** | 0.43** | 0.40** | 0.30** | 1.00 |
| 7 社会经济地位 | 0.00±3.81 | 0.06** | 0.05* | 0.06** | 0.06* | 0.04 | 0.01 |

从表 2.5 中可以看出，社会经济地位与社会幸福感之间存在显著的正相关关系（$p<0.01$），也就是说，家庭经济水平越低，大学生的社会幸福感水平也就越

低。而且，社会经济地位分别与社会融合（$p<0.05$）、社会贡献（$p<0.01$）、社会实现（$p<0.05$）存在显著的正相关关系，也就是说，家庭经济情况越困难，大学生的社会融合、社会贡献与社会实现得分就越低。

## （二）独立样本 $t$ 检验

将所有被试的社会经济地位量表得分从高到低进行排序，把得分高的前27%的被试（得分≥2.47，共575人）作为家庭经济良好组，把得分低的前27%的被试（得分≤−2.90，共575人）作为家庭经济困难组，比较两组在社会幸福感上是否具有显著差异。

独立样本 $t$ 检验结果显示，家庭经济良好组的社会幸福感得分（44.60±5.82）显著高于家庭经济困难组的社会幸福感得分（43.90±5.45），$t=2.09$，$p=0.037$。而且，家庭经济良好组的社会贡献感维度得分（9.03±1.76）显著高于家庭经济困难组的社会贡献感维度得分（8.74±1.57），$t=2.86$，$p=0.004$。两组被试在其他维度上均不存在显著差异（$ps>0.05$）。

## （三）人口学变量的差异分析

对 575 名家庭经济困难大学生的社会幸福感在性别、年级、生源地、是否独生子女等人口学变量上的差异分别进行检验，结果见表2.6。

表 2.6　家庭经济困难大学生的社会幸福感的人口学变量差异检验结果（$N=575$）

| 变量 | 选项 | 社会幸福感 | 社会融合 | 社会贡献 | 社会实现 | 社会接纳 | 社会和谐 |
|---|---|---|---|---|---|---|---|
| 性别 | 男（177） | 43.80±5.33 | 9.19±1.50 | 8.89±1.58 | 7.72±1.59 | 9.33±1.78 | 8.67±1.70 |
|  | 女（398） | 43.95±5.51 | 9.30±1.45 | 8.68±1.57 | 7.65±1.65 | 9.67±1.71 | 8.66±1.81 |
|  | $F$ | 0.09 | 0.65 | 2.28 | 0.27 | 4.72 | 0.01 |
|  | $p$ | 0.769 | 0.419 | 0.132 | 0.600 | 0.030 | 0.946 |
| 年级 | 大一（72） | 43.97±5.57 | 9.32±1.36 | 8.76±1.69 | 7.51±1.78 | 9.81±1.80 | 8.57±1.96 |
|  | 大二（84） | 42.86±5.74 | 9.12±1.58 | 8.60±1.61 | 7.49±1.57 | 9.07±1.63 | 8.58±1.81 |
|  | 大三（166） | 43.08±5.01 | 9.08±1.51 | 8.55±1.48 | 7.48±1.54 | 9.39±1.72 | 8.58±1.68 |
|  | 大四（253） | 44.77±5.48 | 9.42±1.41 | 8.92±1.58 | 7.90±1.65 | 9.77±1.74 | 8.76±1.76 |
|  | $F$ | 4.52 | 2.10 | 2.14 | 3.08 | 4.61 | 0.48 |
|  | $p$ | 0.004 | 0.099 | 0.094 | 0.027 | 0.003 | 0.698 |

续表

| 变量 | 选项 | 社会幸福感 | 社会融合 | 社会贡献 | 社会实现 | 社会接纳 | 社会和谐 |
|---|---|---|---|---|---|---|---|
| 生源地 | 城市（78） | 44.78±4.88 | 9.37±1.41 | 8.87±1.46 | 7.95±1.45 | 9.71±1.58 | 8.88±1.93 |
|  | 农村（497） | 43.76±5.53 | 9.25±1.47 | 8.72±1.59 | 7.63±1.65 | 9.54±1.77 | 8.62±1.75 |
|  | F | 2.36 | 0.47 | 0.59 | 2.65 | 0.60 | 1.46 |
|  | p | 0.125 | 0.493 | 0.442 | 0.104 | 0.440 | 0.227 |
| 是否独生子女 | 是（97） | 44.77±6.10 | 9.41±1.60 | 8.71±1.64 | 8.21±1.92 | 9.52±1.85 | 8.91±1.87 |
|  | 否（478） | 44.18±5.57 | 9.28±1.50 | 8.85±1.57 | 7.70±1.62 | 9.65±1.74 | 8.70±1.81 |
|  | F | 0.53 | 0.37 | 0.39 | 4.75 | 0.30 | 0.69 |
|  | p | 0.467 | 0.546 | 0.535 | 0.030 | 0.583 | 0.405 |

由此可以看出，在社会幸福感量表总分上，年级差异显著（$p=0.004$），进一步的多重比较检验（采用 LSD 法）结果显示，大四的社会幸福感得分分别显著高于大二（$p=0.005$）和大三（$p=0.002$）。在性别、生源地与是否独生子女这三个方面，被试的社会幸福感得分均不存在显著差异（$ps>0.05$）。

在社会实现维度上，年级差异显著，进一步的多重比较检验（采用 LSD 法）结果显示，大四的社会实现得分显著高于大二（$p=0.044$）和大三（$p=0.009$）。社会实现在是否独生子女方面也存在显著差异，独生子女的社会实现得分显著高于非独生子女（$p=0.030$）。不过，在性别和生源地这两个方面，被试的社会实现均不存在显著差异（$p_{性别}=0.600$，$p_{生源地}=0.104$）。

在社会接纳维度上，年级差异显著，进一步的多重比较检验（采用 LSD 法）结果显示，大四的社会接纳得分显著高于大二（$p=0.001$）和大三（$p=0.024$），大一的社会接纳得分显著高于大二（$p=0.008$）。而且，社会接纳在性别方面也存在显著差异，男生的社会接纳得分显著低于女生（$p=0.030$）。但社会接纳在生源地和是否独生子女两个方面不存在显著差异（$p_{生源地}=0.440$，$p_{是否独生子女}=0.583$）。

在社会融合、社会贡献和社会和谐维度上，被试在年级、性别、生源地与是否独生子女方面均不存在显著差异（$ps>0.05$）。

## 三、讨论与结论

社会幸福感是反映大学生的社会心态的一个重要方面。为深入探讨家庭经济困难大学生的社会幸福感，本研究以 Keyes（1998）编制的社会幸福感量表为工具进行了问卷调查，结果发现，社会经济地位与社会幸福感密切相关。具体来说，社会经济地位不仅与社会幸福感及其社会融合、社会贡献与社会实现维度具有显著的正相关关系，而且，与家庭经济良好组相比，家庭经济困难组的社会幸福感较低，这与燕玉霞（2017）的研究结论是一致的。

对于家庭经济困难大学生而言，社会幸福感在年级方面存在显著差异。从年级发展趋势来看，大一学生入学后的社会幸福感水平较高，在大二年级有所下降，然后在大三年级又逐步上升，最后在大四年级达到更高水平，而且大四学生的社会幸福感水平显著高于大二、大三学生。这说明，大学生经过高中阶段的努力学习而实现了大学梦，他们的社会幸福感水平比较高，不过，由于家庭经济困难等原因，家庭经济困难大学生面临学校适应问题，这会在一定程度上降低他们的幸福感水平，随后经过积极调整与奋斗进取并在大学生活中有了获得感与成就感，这些学生的社会幸福感水平得以不断提升，直至大四达到较高水平。而且，社会实现维度与社会接纳维度的年级发展趋势与社会幸福感的总体发展趋势是一致的，表现为大四学生的社会幸福感水平显著高于大二和大三学生。

因此，教育工作者要积极通过多种途径，努力提升家庭经济困难大学生，尤其是大二与大三学生的社会幸福感，促使家庭经济困难大学生在物质条件相对匮乏的情况下能够持续在大学生活中拥有较高的幸福感水平，从而使其形成积极向上的社会心态。

总之，在本研究条件下，大学生的社会经济地位与其社会幸福感呈显著正相关，家庭经济良好组的社会幸福感比家庭经济困难组的社会幸福感显著较高，家庭经济困难大学生的社会幸福感在年级方面有显著差异。因此，家庭经济困难大学生的社会幸福感水平有待进一步提升，并需要根据不同年级的特点采取科学合理的教育对策。

# 第三章　家庭经济困难大学生的亲社会倾向的实验研究

## 第一节　大学生家庭经济地位对亲社会外显行为影响的实验研究

亲社会行为是个体积极向上的社会心态的外显行为趋向与重要体现。亲社会行为指的是有益于他人的自愿行为（Eisenberg & Fabes，1998），它有多种表现方式（如合作、信任和帮助）(Penner et al.，2005)。亲社会行为对个体和社会都具有重要影响。对于许多青少年和成年人，亲社会行为能提升健康和幸福水平（Le et al.，2018）；对于社会而言，亲社会行为能增加社会财富（Knack & Keefer，1997）。而且，亲社会行为还能为许多社会关系提供支持（Thielmann et al.，2020）。

目前，研究者提出了一些关于亲社会行为起源的理论。亲缘选择理论（kin selection theory）提出，相比于非亲属，人类更有可能帮助亲属，因为这种行为有利于其基因的发展和生存（Hamilton，1964）。社会规范理论（social norm theory）认为，人类在社会化进程中要学习社会规范，以便得到社会认可。同时，亲社会行为对社会有益，能内化和规范人们的行为模式。社会规范能引导人们在必要情况下展现亲社会行为（Berkowitz，1972）。互惠理论（reciprocity theory）提出，人们乐于帮助那些曾经帮助过他们的人（Tsang，2006）。当人们有同理心时，人们常常会为他人的幸福提供帮助（Zaki，2020）。共情-利他理论

（empathy-altruism theory）认为，作为社会分类的一个易感性因素，共情对内群体的亲社会行为具有积极影响，而不影响群体间的亲社会行为（Batson，1997；Stürmer & Siem，2017）。这意味着，当助人者与受助者的社会经济地位相同时，他们更可能由于同理心而表现出亲社会行为。

亲社会行为与社会经济地位之间存在密切的关系。对于绝大多数人来说，社会经济地位是我们社会生活中的重要方面（Kraus et al.，2012）。社会经济地位与金钱、职业声望以及受教育程度关系密切（Piff et al.，2018）。研究结果表明，在日常生活中，社会经济地位对个体的思想、感情和行为都有显著影响（Carey & Markus，2017；Koenig & Al-Zaben，2020；Manstead，2018；Martinsson et al.，2015；Piff et al.，2012；Shafir，2017；Anosike et al.，2020）。

现有研究发现，与高社会经济地位相比，低社会经济地位的个体更具有亲社会性的特点，来自低收入家庭的学生在遇到困难的时候更有可能互相帮助（Piff et al.，2010；Hui et al.，2020）。低社会经济地位个体更有可能参与利他的亲社会行为（Piff & Robinson，2017）。根据社会认知理论（Kraus et al.，2012），亲社会行为是低社会经济地位群体的一种适应性策略。低社会经济地位个体的财富和受教育程度是不确定的，他们会经历更多不可控的风险因素。因此，他们会表现出较低的自主性，并倾向于与他人合作，从而产生更多的亲社会行为（Kraus et al.，2012；Martinsson et al.，2015；Piff & Robinson，2017）。

不过，还有证据显示，相较于低社会经济地位个体，高社会经济地位个体更易于表现出亲社会行为的倾向（Andreoni et al.，2021；Korndörfer et al.，2015；Kosse et al.，2020）。研究发现，高社会经济地位的人更愿意做慈善捐赠以及志愿工作，也更容易信任他人（Korndörfer et al.，2015）。此外，研究者发现，高社会经济地位个体在公共场合比私人场合更具亲社会倾向，而低社会经济地位的人则与之相反（Kraus & Callaghan，2016）。

在外显亲社会行为研究中，独裁者博弈、捐赠任务和信任博弈是常用的实验范式（Callan et al.，2017；Korndörfer et al.，2015；Stamos et al.，2020；Van Doesum et al.，2021）。为了深入了解家庭经济困难大学生的外显亲社会行为特点，本研究借鉴先前研究（Carlson，2016），采用捐赠任务测量个体的外显亲社会行为。基于前人研究结果（Piff & Robinson，2017），本研究提出实验假设：家庭经济困难大学生的捐赠金额显著高于家庭经济良好大学生的捐赠金额。

## 一、研究方法

### （一）研究对象

在某高校以网络形式招募 46 名大学生被试，其中男生 24 名，女生 22 名，平均年龄为 20.54±1.19 岁。所有被试的视力或矫正视力正常，并在实验前签署知情同意书。

### （二）研究工具与实验任务

**1. 主观社会经济地位量表**

采用 Adler 等（2000）的主观社会经济地位量表来测量大学生的家庭经济状况。该量表在测量时给被试呈现一个 10 级阶梯层级，每个阶梯层级代表了不同收入水平、职业声望与受教育程度的人所处的位置，要求被试判定自己家庭的实际情况（家庭收入、父母职业与受教育程度）位于该阶梯上的哪一个层级。数字越大表示家庭经济状况越好，数字越小表示家庭经济状况越差（杨沈龙等，2016；张赛男，2021）。研究显示，该量表的重测信度系数是 0.62（解晓娜，李小平，2018）。

**2. 捐赠实验任务**

采用捐赠任务测量被试的亲社会水平，包括 20 种捐赠方式（自己—福利院）：0—100，5—95，10—90，15—85，20—80，25—75，30—70，35—65，40—60，45—55，50—50，55—45，60—40，65—35，70—30，75—25，80—20，85—15，90—10，95—5。如果被试同意该捐赠方式，则按照该方案进行捐赠；如果被试不同意该捐赠方式，则所有钱由被试自己保管。

### （三）研究程序

首先，被试到实验室后被随机分为两组（高家庭经济地位启动组和低家庭经济地位启动组），利用 10 级阶梯图（Adler et al., 2000）启动被试的家庭经济地位。被试会看到一张包含 10 级阶梯的图片，这个梯子代表着不同的家庭经济地位：梯级越低代表家庭经济地位越低，梯级越高代表家庭经济地位越高。此外，高家庭经济地位启动组的被试要想象与最低梯级的人进行比较并与其交谈，低家庭经济地位启动组的被试要想象与最高梯级的人进行比较并与之交谈。接着，两组被试均报告其当前感知到的家庭经济地位。最后，两组被试均在实验室完成捐赠实验任务。

在捐赠实验任务中，先在屏幕中心呈现注视点 800ms，随后呈现一个捐赠方案。如果被试同意该捐赠方式则按"F"键，不同意则按"J"键，两种反应按键在被试中进行了平衡。接着，在 800ms 空屏后，呈现结果反馈 1500ms。该任务包括两个组块，每个组块各有 80 个试次，被试在两个组块之间有 5—10 分钟的休息时间。

## 二、结果与分析

### （一）家庭经济地位启动操作的有效性

启动操作后，两组被试感知到的家庭经济地位得分分别为 5.88±1.25 和 4.05±1.03。独立样本 $t$ 检验结果表明，高家庭经济地位启动组的社会经济地位显著高于低家庭经济地位启动组，$t=5.42$，$p<0.001$。这说明，本研究对大学生家庭经济地位的启动操作是有效的。

### （二）不同组别的捐赠金额的差异比较

高家庭经济地位启动组与低家庭经济地位启动组的捐赠金额分别是 23.34±13.45 元与 31.99±12.80 元。独立样本 $t$ 检验结果显示，两组被试之间的捐赠金额具有显著差异，$t=2.23$，$p=0.031$。这说明，低家庭经济地位启动组大学生的捐赠金额显著大于高家庭经济地位启动组大学生的捐赠金额。

## 三、讨论与结论

为揭示大学生的家庭经济地位与亲社会行为之间的因果关系，本研究参考以往研究者所采用的启动实验法（Piff et al.，2010；Stamos et al.，2020）对大学生进行家庭经济地位的启动操作，以探索家庭经济地位对大学生外显亲社会行为的影响。

本研究结果发现，低家庭经济地位启动组的捐赠金额显著高于高家庭经济地位启动组，这与以往研究结果是一致的（Martinsson et al.，2015；Piff et al.，2010；Piff & Robinson，2017；Hui et al.，2020），说明家庭经济困难大学生表现出相对较多的亲社会行为，这证实了本研究的假设。目前，有研究表明，资源、情境以及社会经济地位刻板印象都与亲社会行为有关（Dovidio et al.，2017；Kraus & Callaghan，2016；Tanjitpiyanond et al.，2022），未来研究可以探索这些潜在变量与大学生的家庭经济地位的交互作用，进一步验证本研究的结果。

本研究结果进一步支持了共情-利他理论。首先，该理论（Batson，1997）认为，共情情绪（如怜悯、同情）能激发利他动机。Batson 和 Moran（1999）认为，共情能使人们理解他人的需要。这可能是因为共情会诱发人们的利他需要，以增加他人的利益。而且，共情还能激发个体的利他动机，改善需求者的福祉（Penner et al.，2005）。此外，共情在内群体互助方面具有积极作用（Stürmer & Siem，2017），人们更可能帮助自己群体中的其他人（Nowak，2006）。其次，低社会经济地位的个体比高社会经济地位的个体具有更多同理心的特点（Stellar et al.，2012）。与高社会经济地位个体相比，低社会经济地位个体在看到消极、痛苦的图片时会产生更强烈的同情（Stellar et al.，2012；Varnum et al.，2015）。因此，作为低家庭经济地位个体，家庭经济困难大学生在面对处于困境中的人时更容易表现出亲社会行为，从而捐赠金额更大。

总之，在本研究条件下，相对于家庭经济良好大学生，家庭经济困难大学生可能具有相对较多的外显亲社会行为。

## 第二节 大学生家庭经济地位对亲社会内隐态度影响的实验研究

亲社会态度是个体积极向上的社会心态的内隐行为趋向与重要体现。在以往关于社会经济地位对个体的亲社会性影响的研究中，内隐和外显测量往往是分离的（Van Doesum et al.，2021；Fu & Liu，2017；Yue et al.，2022）。而且，有研究结果显示,外显测量与内隐测量之间不存在显著的相关关系,蕴含着两个相对独立的心理结构与成分(艾传国,佐斌,2011)。考虑到外显的捐赠任务可能会受到被试的自我表现动机的影响,导致对其亲社会行为的测量结果不够可靠和稳定,有必要采用内隐实验任务来进一步探讨家庭经济困难大学生的亲社会性,从外显行为与内隐态度层面来系统分析社会经济地位对大学生亲社会倾向的影响及其机制。

单类内隐联想测验(single category implicit association test,SC-IAT)能较好地预测被试的自发行为(Dunton & Fazio,1997)。IAT 是 Greenwald 等(1998)提出的一种基于反应时范式的内隐社会认知研究范式,即通过考察两类词(概念词与属性词)之间的自动化联结程度,来测量被试内隐的社会态度。但因 IAT 本身具有一定局限性,Karpinski 和 Steinman(2006)对其进行了优化与修正,并开发出了单类内隐联想测验。该任务是对单一态度对象的内隐测量,在很大程度上可以弥补 IAT 只测量相对态度的不足(艾传国,佐斌,2011)。

因此,本研究采用单类内隐联想测验(Karpinski & Steinman,2006)作为内隐实验任务,探讨家庭经济困难状况对大学生的内隐亲社会态度的影响。基于先前的有关研究结果(Piff & Robinson,2017)以及本章第一节的研究结果,本研究提出假设:家庭经济困难大学生的自我概念与亲社会态度之间的联结显著强于家庭经济良好大学生的自我概念与亲社会态度之间的联结。

## 一、研究方法

### (一)研究对象

通过线上方式招募某高校 50 名大学生被试,其中男生 27 名,女生 23 名,平均年龄为 20.74±1.48 岁。所有被试的视力或矫正视力正常,并在实验前签署知情同意书。

### (二)研究工具与实验任务

**1. 主观社会经济地位量表**

同本章第一节。

### 2. 单类内隐联想测验

该测验包括一致任务以及不一致任务,每项任务包括20次练习实验以及80次测试实验。在一致任务中,被试看到自我词汇或亲社会词汇时按"F"键,看到非亲社会词汇时按"J"键;在不一致任务中,被试看到亲社会词汇时按"F"键,看到自我词汇或非亲社会词汇时按"J"键。

该测验使用 E-prime 2.0 编程,测量大学生被试在5个自我词语、5个亲社会词语以及5个非亲社会词语之间的内隐联结强度。其中,自我词语是"我""我的""我们""自己""咱们",亲社会词语是"捐款""捐资""捐钱""资助""救济",非亲社会词语是"索要""索取""索拿""抢占""讨要"。

### (三)研究程序

所有被试均在隔音且环境良好的实验室内完成实验。首先,被试到实验室之后被随机分为两组(高家庭经济地位启动组和低家庭经济地位启动组),并看到一张有10级阶梯的图片,这个梯子代表着不同的家庭社会经济地位:梯级越低代表家庭经济地位越低,说明在收入、受教育程度以及生活条件等各方面越差;梯级越高代表家庭经济地位越高,说明在收入、受教育程度以及生活条件等各方面越好。而且,高家庭经济地位启动组的被试要与最低层的人进行比较,并想象与其交谈;低家庭经济地位启动组的被试要与最高层的人进行比较,并想象与其交谈。然后,两组被试均报告其当前感知到的家庭经济地位,并完成单类内隐联想测验。

在单类内隐联想测验的每个试次中,在屏幕中心呈现注视点500ms后,呈现一个词语让被试进行判断并进行按键反应。在一致任务中,被试看到自我词语或亲社会词语时按"F"键,看到非亲社会词语时按"J"键;在不一致任务中,被试看到亲社会词语时按"F"键,看到自我词语或非亲社会词语时按"J"键。接着,在500ms空屏后,呈现结果反馈200ms。当被试正确反应时,呈现绿色的"√";反之,呈现红色的"×"(Karpinski & Steinman,2006)。一致任务和不一致任务的顺序在被试间加以平衡。不同试次之间的时间间隔是500ms。

为避免反应偏差,自我词语、亲社会词语和非亲社会词语在一致任务和不一致任务中分别以 1∶1∶2 和 1∶2∶1 的比例呈现，以使正确反应在"F"键和"J"键之间得到平衡。

## 二、结果与分析

### （一）家庭经济地位启动操作的有效性检验

启动后的家庭经济地位的 $t$ 检验结果表明，高家庭经济地位启动组感知到的家庭经济地位（5.96±1.24）显著高于低家庭经济地位启动组（3.96±1.10），$t=6.03$，$p<0.001$。这说明，本研究对大学生家庭经济地位的启动操作是有效的。

### （二）不同组别的两种任务反应时的差异比较

低家庭经济地位启动组在一致任务与不一致任务中的反应时分别是 646.35±84.23ms 和 711.50±131.81ms，高家庭经济地位启动组在一致任务与不一致任务中的反应时分别是 659.15±104.13ms 和 684.11±110.17ms。

配对样本 $t$ 检验结果显示，在低家庭经济地位启动组中，一致任务的反应时显著小于不一致任务（$t=-3.87$，$p<0.001$），但两种任务的反应时在高家庭经济地位启动组中的差异没有达到显著水平（$t=-1.93$，$p=0.066$）。这说明，家庭经济困难大学生被试的自我概念和内隐亲社会倾向存在密切联结，这支持了本研究的实验假设。

## 三、讨论与结论

亲社会态度反映了个体积极向上的社会心态在内隐层面的行为趋向。Greenwald 等（1998）首次运用 IAT 测量个体的内隐态度。不过，经典 IAT 存在的突出问题是其只能测量个体的相对态度。Karpinski 和 Steinman（2006）在研究中采用单类内隐联想测验并发现其具有良好的内隐效应。采用单类内隐联想测验能够测量个体对单一对象的内隐态度（艾传国，佐斌，2011）。因此，本研究采用单类内隐联想测验作为实验任务，探讨大学生家庭经济地位对内隐亲社会态度的影响。

本研究结果发现，低家庭经济地位启动组比高家庭经济地位启动组的自我概念和亲社会态度之间的联结关系更强，说明家庭经济困难大学生的内隐亲社会态度更积极，支持了本章第一节的家庭经济困难大学生表现出较多外显亲社会行为的实验结果，进一步深化和拓展了现有研究内容（Piff et al.，2010；Piff & Robinson，2017）。

本研究结果显示，高家庭经济地位启动组的大学生的内隐亲社会态度较为消极。社会经济地位的社会认知理论（Kraus et al.，2012）认为，社会经济地位高的个体拥有丰富的资源和较高的地位，这为其提供了一种能增强自由度和诱发唯我独尊的社会认知模式的背景。从这个意义上来说，高社会经济地位个体更关注个人内部的目标、情绪和动机，而非外部环境的力量或他人的情绪（Kraus et al.，2012）。因此，与低家庭经济地位启动组相比，高家庭经济地位启动组的大学生存在更多的消极内隐亲社会态度。

总之，在本研究条件下，与家庭经济良好大学生相比，家庭经济困难大学生的内隐亲社会态度更积极。

## 第三节　家庭经济困难大学生的亲社会倾向的 ERP 研究

亲社会倾向是家庭经济困难大学生的社会心态的重要方面，是指个体对社会所持有的比较持久而一致的积极认知评价、情感与行为倾向，包括外显层面的亲社会行为与内隐层面的亲社会态度。外显亲社会行为是个体自愿表现出来的对别人、群体、社会有益并符合社会期望的行动（Callan et al.，2017）。内隐亲社会态度是个体对社会交往中的谦让、助人、合作、共享或奉献等利他行为所持有的稳定的内在积极倾向。有研究者认为，高社会经济地位个体有更多的亲社会行为（Korndörfer et al.，2015；Matsuba et al.，2007；Van Doesum et al.，2017）。但是，许多研究（Kraus et al.，2012；Piff & Robinson，2017）发现，低社会经济地位者拥有较少的物质资源和社会资源，常常体验到受限制感，所以他们难以独立完成生活目标，这导致低社会经济地位者更关注他人的行为和外部环境，倾向于通过亲社会行为与他人建立良好的社会联结，使自己能够在社会生活中更好地生存下来。这说明，低社会经济地位个体需要依靠外部力量解决生活困境，更加关注他人需要而表现出更多的亲社会行为（Campbell et al.，

2004；Dubois et al.，2015；Piff，2014；Piff et al.，2010）。研究显示，在被试被启动低社会经济地位后，他们捐献给慈善机构的金额占总收入的比例大于高社会经济地位者（Guinote et al.，2015；Piff et al.，2010）。本章第一节和第二节中通过两个行为实验分别探讨了家庭经济地位对大学生的外显亲社会行为与内隐亲社会态度的影响，结果发现，家庭经济困难大学生不仅表现出更多的亲社会行为，而且具有更积极的亲社会态度。这说明，家庭经济困难大学生比家庭经济良好大学生的亲社会性更高。

不过，行为实验的结果有时候会因受到社会赞许性等因素的影响而不够稳定。Baumert 等（2014）在一项研究中发现，被试在捐款任务中的捐赠和现实生活中的捐赠之间的相关性非常弱。而且，以往多采用虚拟情境任务进行实验，没有在真实的情况下考察被试的亲社会行为，这很有可能会影响研究的生态效度。所以，本研究将被试在捐款任务中的捐款选择与自己的酬劳联系起来，由此可以增加被试反应的真实性，从而提高研究的生态效度。综上，本研究将运用事件相关电位（event-related potential，ERP）技术采集被试的脑电数据，并采用真实情景，探讨家庭经济困难大学生的亲社会倾向的神经生理机制，从而更客观地探讨家庭经济地位对亲社会倾向的影响。

在 ERP 实验中，本研究通过启动大学生家庭经济地位来操纵自变量的变化。研究发现，当个体的经济能力达到一定水平时，客观社会经济地位对个体的心理和行为预测能力就会降低（Steptoe & Marmot，2002）。许多研究表明，个体所感知到的主观社会经济地位与其心理和行为有着更紧密的联系，发挥着更强的预测能力（胡小勇等，2014；Gallo et al.，2005；Kraus et al.，2013；Wolff et al.，2010）。因此，本研究采用家庭经济地位启动的方法，从而更有效地探究家庭经济地位对亲社会倾向的预测关系，揭示家庭经济困难大学生的亲社会倾向的特点及其神经生理机制。

## 一、研究方法

### （一）研究对象

采用方便取样法，选取 60 名大学生，见表 3.1。被试之前均没有参加过类似实验,并在实验前签署知情同意书。其中有 4 个被试的脑电数据漂移较大,在统计处理时予以剔除。

表 3.1 被试基本信息（N=60）

| 组别 | 性别 男/人 | 性别 女/人 | 年龄/岁（M±SD） |
| --- | --- | --- | --- |
| 低家庭经济地位启动组 | 15 | 15 | 21.03±1.54 |
| 高家庭经济地位启动组 | 15 | 15 | 20.60±1.30 |

（二）研究工具与实验任务

**1. 主观社会经济地位量表**

同本章第一节。

**2. 捐赠实验任务**

同本章第一节。

**3. 单类内隐联想测验**

同本章第二节。

（三）研究程序

所有被试均在隔音且环境良好的实验室内完成实验。首先,被试到实验室后被随机分为两组（高家庭经济地位启动组和低家庭经济地位启动组）,并看到一张包括 10 级阶梯的图片,阶梯代表着家庭经济地位,梯级越低代表家庭经济地位越低。此外,高家庭经济地位启动组的被试要想象与最低梯级的人进行比较并与其交谈,低家庭经济地位启动组的被试要想象与最高梯级的人进行比较并与之交谈。然后,两组被试均报告其当前感知到的家庭经济地位。

最后,两组被试均完成捐赠实验任务与单类内隐联想测验任务,两种实验任务的顺序是随机的,时间间隔是 20 分钟。

（四）脑电数据的收集与处理

采用德国 Brain Product 公司生产的 BrainCap 64 导 Ag/AgCl 电极帽收集被

试的 EEG 数据，电极位置采用国际 10-20 扩展系统。参考电极为 FCz，接地点为 FPz。在线记录时的滤波带通为 0.05—100Hz，采样频率为 500Hz，电极与头皮之间的阻抗在 10kΩ 以下。对记录的连续数据采用离线分析，以 FCz 为参考电极进行校正，并利用独立成分分析（independent components analysis，ICA）方法校正眼电干扰，剔除波幅超过±100μV 的试次，滤波带通为 0.1—30Hz。分析时程为每次刺激呈现前 200ms 到刺激呈现后 800ms，用-200—0ms 的平均波幅作为基线。

在捐赠实验任务中，根据前人研究（Carlson et al.，2016）以及本研究的平均波形图，本研究选取 N2（180—250ms）和 P3（300—400ms）两个脑电成分进行分析，分别选择 Cz 与 Pz 两个电极点以计算 N2 和 P3 成分的脑电数据。

在单类内隐联想测验任务中，根据本研究的平均波形图以及前人研究（Pfabigan et al.，2014；Xiao et al.，2015），本研究选取 N1（80—150ms）、P2（150—250ms）、N2（250—400ms）和 P3（400—600ms）四个脑电成分进行统计分析，分别选择相应的电极点分析脑电数据：N1（F3，Fz，F4，C3，Cz，C4，P3，Pz，P4）；P2（F3，Fz，F4，C3，Cz，C4，P3，Pz，P4）；N2（F3，Fz，F4，C3，Cz，C4，P3，Pz，P4）和 P3（CPz，Pz，POz）。

本研究使用 SPSS 20.0 软件进行数据分析，统计结果根据 Greenhouse-Geisser 法加以校正（Greenhouse & Geisser，1959）。

## 二、结果与分析

### （一）家庭经济地位启动操作的有效性检验

对两组被试进行启动操作后的家庭经济地位得分见表 3.2。独立样本 $t$ 检验结果表明，高家庭经济地位启动组被试的得分比低家庭经济地位组显著较高，$t$=3.68，$p$=0.001。这表明，本研究有效启动了被试的家庭经济地位。

表 3.2　两组被试的家庭经济地位得分

| 组别 | $n$ | $M$ | $SD$ |
| --- | --- | --- | --- |
| 低家庭经济地位启动组 | 28 | 4.63 | 1.07 |
| 高家庭经济地位启动组 | 28 | 5.70 | 1.18 |

## （二）行为结果

在捐赠任务中，低家庭经济地位启动组的捐款额（$M$=28.23，$SD$=14.9）大于高家庭经济地位启动组的捐款额（$M$=27.31，$SD$=15.68）。不过，独立样本 $t$ 检验结果显示，两组被试的捐款额差异并未达到显著水平，$t$=0.22，$p$=0.823。

在单类内隐联想测验中，根据 Karpinski 和 Steinman（2006）在研究中采用的方法计算 $D$ 值（该值越大意味着内隐亲社会态度越积极）。结果显示，低家庭经济地位启动组的 $D$ 值（0.33±0.35）大于高家庭经济地位启动组的 $D$ 值（0.11±0.38）。独立样本 $t$ 检验结果表明，两者存在显著差异，$t$=2.18，$p$=0.034。这说明，两组被试的内隐亲社会态度具有显著不同，低家庭经济地位启动组被试的内隐亲社会态度更积极。

## （三）脑电结果

### 1. 外显亲社会行为

两组被试的N2和P3波幅的平均数和标准差见表3.3，脑电的平均波形图见图3.1。

表 3.3　两组被试的脑电成分　　　　　　　　　　　　　单位：μV

| 成分 | 低家庭经济地位启动组 | 高家庭经济地位启动组 |
| --- | --- | --- |
| N2 | −0.90±2.31 | −1.05±3.05 |
| P3 | 4.19±3.47 | 2.67±2.65 |

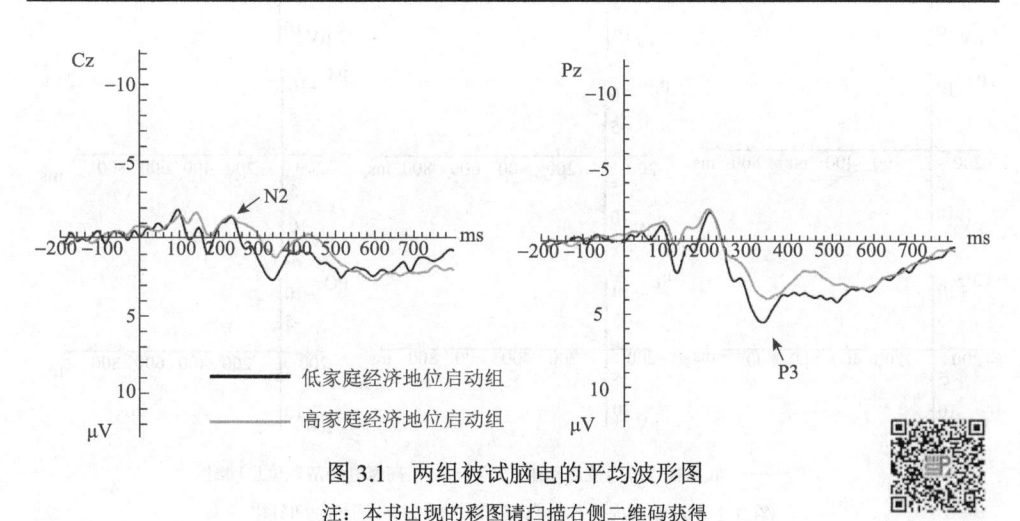

图 3.1　两组被试脑电的平均波形图

注：本书出现的彩图请扫描右侧二维码获得

方差分析统计分析结果显示，N2 波幅的组别效应不显著，$F(1, 53)=0.06$，$p=0.815$；P3 波幅的组别效应边缘显著，$F(1, 53)=3.51$，$p=0.067$，$\eta^2=0.062$。这说明，低家庭经济地位启动组大学生比高家庭经济地位启动组大学生的 P3 波幅要大。

### 2. 内隐亲社会态度

两组被试 N1、P2、N2 和 P3 成分的平均波幅在不同条件下的平均数和标准差见表 3.4，在相容条件与不相容条件下脑电的平均波形图分别见图 3.2 和图 3.3。

表 3.4　不同条件下被试的脑电成分　　　　　　　　单位：μV

| 成分 | 低家庭经济地位启动组-相容 | 低家庭经济地位启动组-不相容 | 高家庭经济地位启动组-相容 | 高家庭经济地位启动组-不相容 |
| --- | --- | --- | --- | --- |
| N1 | −1.25±1.54 | −1.57±1.58 | −1.36±1.33 | −1.39±1.31 |
| P2 | 4.47±2.35 | 3.64±3.14 | 4.14±2.37 | 3.89±2.47 |
| N2 | 2.61±1.71 | 1.36±2.75 | 1.20±2.32 | 1.11±2.56 |
| P3 | 6.03±4.15 | 4.83±4.82 | 4.19±2.92 | 4.19±3.07 |

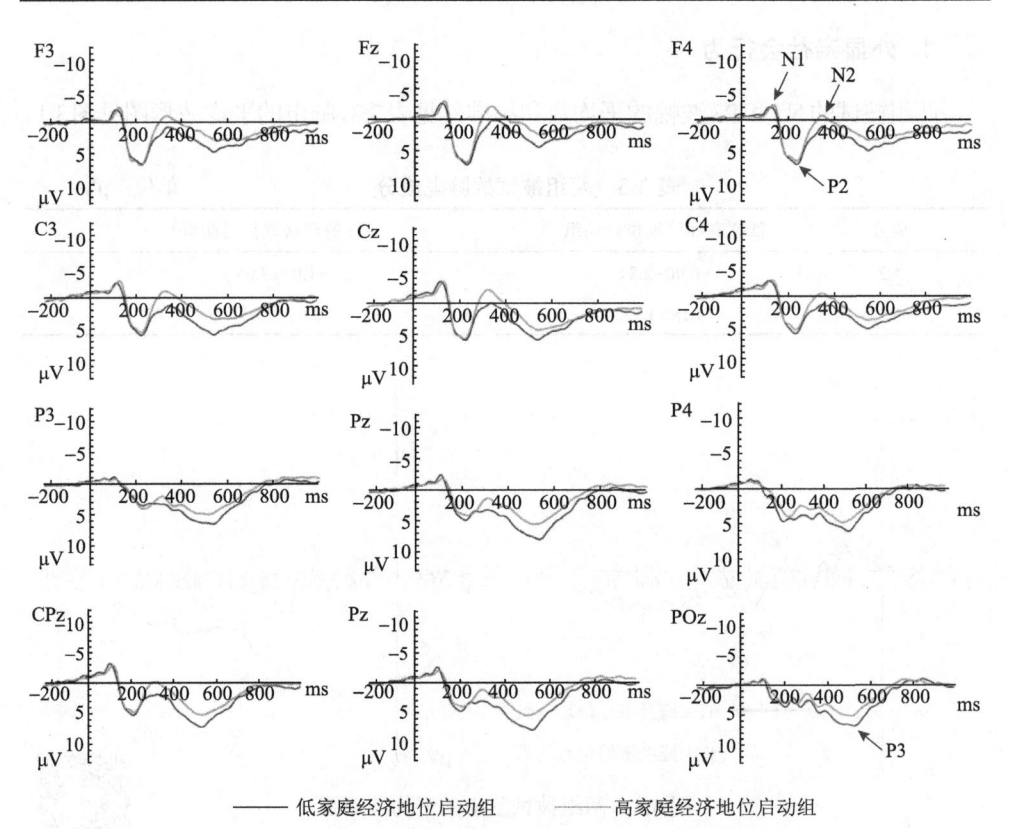

图 3.2　两组被试在相容条件下脑电的平均波形图

第三章 家庭经济困难大学生的亲社会倾向的实验研究 | 41

―――― 低家庭经济地位启动组    ―――― 高家庭经济地位启动组

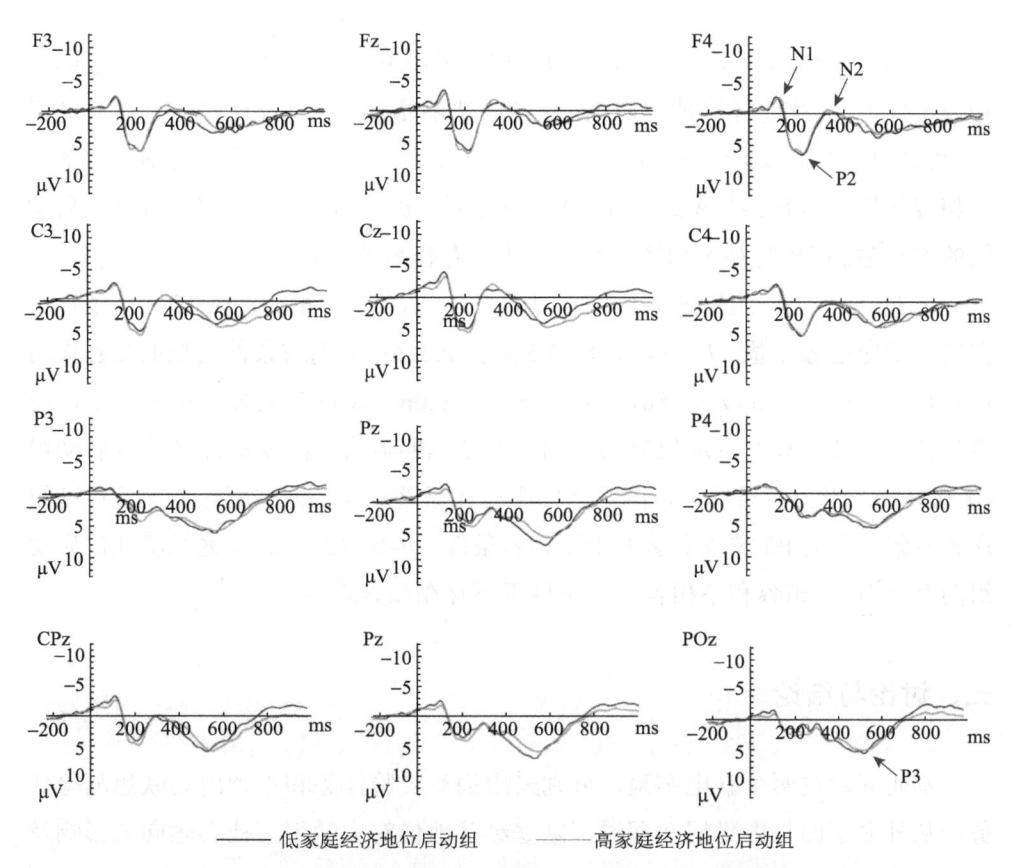

图 3.3 两组被试在不相容条件下脑电的平均波形图

对不同脑电成分进行 2（组别：低家庭经济地位启动组、高家庭经济地位启动组）×2（条件类型：相容条件、不相容条件）的重复测量方差分析，结果如下。

在 N1 成分上，组别的主效应不显著，$F(1, 53)=0.01$，$p=0.927$；条件类型的主效应不显著，$F(1, 53)=1.75$，$p=0.192$；组别与条件类型的交互作用不显著，$F(1, 53)=1.27$，$p=0.264$。

在 P2 成分上，组别的主效应不显著，$F(1, 53)=0.004$，$p=0.947$；条件类型的主效应显著，$F(1, 53)=5.65$，$p=0.021$，$\eta^2=0.10$，低家庭经济地位启动组的 P2 波幅显著大于高家庭经济地位启动组；组别与条件类型的交互作用不显著，$F(1, 53)=1.65$，$p=0.204$。

在 N2 成分上，组别的主效应不显著，$F(1, 53)=1.99$，$p=0.164$；条件类型的主效应显著，$F(1, 53)=8.09$，$p=0.006$，$\eta^2=0.13$；组别与条件类型的交

互作用显著，$F(1, 53)=6.11$，$p=0.017$，$\eta^2=0.10$。简单效应分析结果表明，相容条件下，高家庭经济地位启动组的 N2 波幅显著大于低家庭经济地位启动组（$p=0.013$）；不相容条件下，两组之间不存在显著差异。低家庭经济地位启动组在相容条件下的 N2 波幅显著小于不相容条件（$p=0.001$），高家庭经济地位启动组的 N2 波幅在相容和不相容两种条件下不存在显著差异。

在 P3 成分上，组别的主效应不显著，$F(1, 53)=1.62$，$p=0.209$；条件类型的主效应边缘显著，$F(1, 53)=3.53$，$p=0.066$；组别与条件类型的交互作用边缘显著，$F(1, 53)=3.56$，$p=0.065$，$\eta^2=0.06$。简单效应分析结果显示，相容条件下，低家庭经济地位启动组的 P3 波幅明显大于高家庭经济地位启动组（$p=0.062$）；不相容条件下，两组之间不存在显著差异。低家庭经济地位启动组在相容条件下的 P3 波幅显著大于不相容条件（$p=0.012$），高家庭经济地位启动组的 P3 波幅在相容和不相容两种条件下不存在显著差异。

## 三、讨论与结论

本研究通过两个脑电实验，分别采用捐款实验任务和单类内隐联想测验任务，从外显层面与内隐层面探讨了家庭经济地位对大学生亲社会倾向的影响及其神经生理基础。

### （一）家庭经济地位对外显亲社会行为的影响

在外显亲社会行为方面，本研究结果显示，高家庭经济地位启动组与低社会经济地位启动组的 N2 波幅没有显著差异，但是，低家庭经济地位启动组的 P3 波幅显著大于高社会经济地位组。

N2 成分对反应冲突监测比较敏感。N2 波幅和冲突程度呈正相关，当刺激与个人的期望冲突时，N2 波幅会明显增大，且刺激材料之间的冲突越大，其所诱发的 N2 波幅就越大（Folstein & Van Petten，2008；Hilgard et al.，2015；Ponomarev et al.，2019）。Xiao 等（2015）采用 IAT 任务探索个体的内隐亲社会行为，结果显示，不相容条件诱发的 N2 波幅显著大于相容条件。在本研究中，两组被试的 N2 波幅不存在显著差异，说明两组被试做出亲社会决策时没有明显的反应冲突差异。

研究发现，P3 波幅与更高水平的认知和共情决策有关（Fan & Han，2008；Luo et al.，2015；Nieuwenhui et al.，2005）。相对于不需要帮助的情境，需要帮助的情境会诱发出更大的 P3 波幅（Carlson et al.，2016；Chiu Loke et al.，2011；Xiao et al.，2015）；动机意义更强的目标会优先获得心理资源，进而也会诱发出更大的 P3 波幅（Holroyd et al.，2006；Nieuwenhuis et al.，2005）。而且，低社会经济地位个体更易感知到他人的情绪和需求，对他人痛苦具有更高的关注度和同情心，表现出更高的共情水平（Stellar et al.，2012）。因此，本研究结果显示，与高家庭经济地位启动组相比，低家庭经济地位启动组具有相对较高的认知共情以及捐款动机。

（二）家庭经济地位对内隐亲社会态度的影响

在内隐亲社会态度方面，本研究结果表明，低家庭经济地位启动组的 $D$ 值显著大于高家庭经济地位启动组，说明相比于高家庭经济地位启动组，低家庭经济地位启动组的自我词语与亲社会词语的语义关联程度更紧密。而且，相容条件下，低家庭经济地位启动组比高家庭经济地位启动组的 P2 和 P3 波幅更大，N2 波幅更小；低家庭经济地位启动组在相容条件下的 N2 波幅显著小于不相容条件，而在相容条件下的 P3 波幅显著大于不相容条件。这些结果表明，相对于不相容条件，低家庭经济地位启动组对相容条件（自我词语和亲社会词语）投入了更多的注意力资源。

在相容条件下，与低家庭经济地位启动组相比，高家庭经济地位启动组的 N2 波幅更大。这说明，对于高家庭经济地位启动组而言，相容任务（自我词语和亲社会词语的联结）是一种冲突加工过程，因而诱发了更大的 N2 波幅。此外，相对于不相容条件，低家庭经济地位启动组在相容条件下的 N2 波幅较小，说明相容任务对于低家庭经济地位启动组而言不是一种冲突加工过程。这表明，低家庭经济地位启动组在不相容条件下（自我词语与非亲社会词语）引起的内心冲突更大。

在相容条件下，低家庭经济地位启动组的 P3 和 P2 波幅都显著大于高家庭经济地位启动组。P3 波幅与刺激评估和分类过程中的注意力资源分配有关（Gray et al., 2004), 与任务相关的刺激会诱发更大的 P3 波幅 (Polich, 2007)。而且, P2 成分与个体无意识的注意资源投入有关 (Huang & Luo, 2006)。因此, 本研究结果表明, 相对于高家庭经济地位启动组, 低家庭经济地位启动组将更多的注意力资源分配到相容任务上, 其自我词汇和亲社会词汇之间的联系更为紧密。

总之, 本研究通过 ERP 技术, 探讨了家庭经济地位对外显亲社会行为与内隐亲社会态度的影响, 结果发现, 相较于高家庭经济地位启动组, 低家庭经济地位启动组具有较高的共情水平和捐赠动机, 而且其自我词语与亲社会词语之间的联结显著紧密。这说明, 低家庭经济地位启动组的亲社会倾向水平更高, 这可能与其情境主义 (contextualism) 的社会认知风格有关。研究证据显示, 具有情境主义认知风格的低社会经济地位者比具有唯我主义 (solipsism) 认知风格的高社会经济地位者表现出的亲社会行为更多 (Piff et al., 2010, 2012)。与他人相比, 家庭经济困难大学生的物质资源贫乏, 更容易受到外部环境的影响, 这使其产生较多的公共性自我概念, 在社会交往中更多采取公共取向, 更容易知觉他人的状态。而且, 家庭经济困难学生时常感知到较低的社会经济地位, 认为需要依赖外部去维系生活, 较为关注他人需求, 乐于同他人相处, 所以具有较高水平的亲社会倾向 (苑明亮等, 2019)。而高家庭经济地位个体的社会认知风格是唯我主义, 具有个人定向的特点, 倾向于认为个体的发展更多受自身因素的影响 (Kraus et al., 2012)。因此, 高家庭经济地位者拥有良好的社会地位、物质资源以及较高的控制感, 其生存发展无须他人的过多帮助, 不会过多关注他人的生存状态, 表现出较少的亲社会行为。

总之, 在本研究条件下, 相对于高家庭经济地位启动组, 低家庭经济地位启动组的亲社会倾向水平更高。这表明, 家庭经济困难大学生具有相对更高的亲社会倾向水平。

# 第四章 家庭经济困难大学生的时间自我评价的实验研究

## 第一节 时间自我评价词表的编制

自我，是心理学领域中"最难解的谜题"（James，1890），包括物质自我（material self）、社会自我（social self）、精神自我（spiritual self）和纯粹自我（pure ego），是关于"我"的一切的总和，属于"经验的我"（empirical me）。物质自我是指个体对自己的身体、衣物、财产等物质方面的知觉，社会自我是指个体对自己在社会关系中的认知，精神自我是指个体对自己内部主观存在的认知，纯粹自我是指个体通过抽象、假定、概念化等觉知到的自我。

实际上，当人们在思考"当前的自我"时，他们很少把这个经验的自我局限在当前的时间。人们所体验到的自我是一个向两个时间方向延伸的自我的复合体。正如 James（1890）所述，现在"不是刀锋，而是一个有一定宽度的鞍背，我们可以坐在上面，从两个方向眺望着时间"。因此，现在自我不仅是在当下建构的，也是通过回顾过去的自我和展望未来的自我而建构的（Peetz & Wilson，2008）。

时间自我是指不同时间维度上的自我，即过去自我、现在自我和未来自我。过去自我是个体对过去自己的特性的认知与评价；现在自我是个体对现在自己的特性的认知和评价，这与现实自我（real self）类似；未来自我是个体对未来自己的特性的认知与评价，类似于理想自我（ideal self）、可能自我（possible self）（黄希庭，夏凌翔，2004）。根据以往研究（D'Argembeau et al.，2010；Luo et al.，

2010），现在自我是大学阶段的自我，过去自我是五年前的自我，未来自我是五年以后的自我。大学生在五年前刚好在中学时代，五年后大都参加了工作，因而不同时间维度上的自我产生了足够大的变化，个体能够区分出不同时间段内的时间自我（D'Argembeau et al.，2010）。

形容词表在心理学研究中经常被用来作为自我评价的工具。有研究者开发了形容词检核表（adjective check list，ACL）来评价个体的创造性（Domino，1970），还有研究者编制了 ACL 来评价焦虑与抑郁（McLachlan，1976）。肖丰（1994）在研究中选取 80 个中文特质形容词（40 个积极词与 40 个消极词）进行启动实验，结果发现，我国被试的自我评价偏低，消极自我内容所占百分比偏高。肖丰（1994）还发现，所有被试的自我是由积极自我与消极自我共同构成的，将抑郁者与普通人分别标以"消极自我"和"积极自我"是不够恰当的。因此，本研究将编制出包括积极词与消极词的时间自我评价词表，从而为探讨家庭经济困难大学生的时间自我提供测评工具。

## 一、研究方法

### （一）研究工具

从黄希庭和张蜀林（1992）的人格特质形容词表中选取 15 个积极词和 15 个消极词。

积极词包括自尊的、刻苦的、自觉的、负责的、自信的、真诚的、守信的、独立的、热情的、礼貌的、善良的、机智的、宽容的、冷静的、健谈的。

消极词包括粗心的、软弱的、自负的、悲观的、无礼的、易怒的、懒惰的、武断的、孤独的、焦虑的、嫉妒的、固执的、肤浅的、多疑的、虚荣的。

### （二）研究程序

首先，从 562 个人格特质形容词中（黄希庭，张蜀林，1992）随机选取 30 个词（包括 15 个积极词与 15 个消极词）。

其次，根据黄希庭和张蜀林（1992）等所测定的每个词的好恶度、熟悉度、意义度、笔画数，采用独立样本 $t$ 检验对两种类型词进行差异分析。

最后，对符合要求的形容词进行随机排列，组成时间自我评价词表，要求被试对每个词与自己的实际情况是否相符进行判断，采用 3 点计分（0="否"；1="不确定"；2="是"）。

## 二、研究结果

两类词在好恶度、熟悉度、意义度以及笔画数上的平均数与标准差见表 4.1。

表 4.1　时间自我评价词的统计检验结果

| 比较项 | 积极词（$M±SD$） | 消极词（$M±SD$） | $t$ | $p$ |
| --- | --- | --- | --- | --- |
| 好恶度 | 5.64±0.25 | 2.75±0.41 | 48.59 | <0.001 |
| 熟悉度 | 3.55±0.14 | 3.39±0.14 | 2.85 | 0.276 |
| 意义度 | 3.27±0.12 | 3.14±0.09 | 2.95 | 0.218 |
| 笔画数 | 25.60±2.59 | 25.67±4.43 | −0.06 | 0.220 |

独立样本 $t$ 检验结果（表 4.1）显示，积极词与消极词在词的好恶度上具有显著差异（$p<0.001$），说明这两组词的情绪效价差异达到统计学上的显著水平，能够对个体的时间自我评价进行有效区分。

此外，积极词与消极词在词的熟悉度、意义度以及笔画数上均不存在显著差异（$ps>0.05$），说明这些词在熟悉度、意义度与笔画数等方面是等同的，可用于时间自我的评价。

## 三、讨论与结论

对时间自我进行评价的方法主要有二十句法、画圆测验法、句子完成法、问卷法与形容词表检核法。二十句法要求被试对"我是谁"（who am I，WAI）这一问题进行回答，例如，陈幼贞和苏丹（2009）在郑涌和黄希庭（1997）研究的基础上，在研究一中采用 WAI 技术要求被试分别写至少 15 个以"过去、现在或未来的我"开头的句子，从而对不同时间维度上的自我进行评价。画圆测验法和句子完成法是黄希庭和郑涌（2000）在时间洞察力的自我整合研究中所采用的研究方法，前者要求被试在方框内自由画出 3 个圆来表达个体对自己的过去、现在与未来的感受,并根据三个圆的大小和相互位置关系来分析时间支配、时间定向与时间关联性;后者要求被试结合自己过去、现在与未来的情形,各造出五个以"我过去____""我现在____""我将来____"开头的句子。问卷法是以有信效度的量表、问卷为工具进行时间自我评价,例如,隆莉等(2009)采用郑涌和黄希庭(1998)编制的大学生自我概念问卷,考察了大学生的现在自我与未来自我。形容词表检核法是要求被试对人格特质形容词是否符合现在、过去与未来的自己进行评断的一种研究方法。罗扬眉(2011)从 Anderson (1968) 编制的人格形容词表中选取两字的 80 个形容词,要求大学生被试判断这些词是否适合描述过去自我、现在自我和未来自我并进行按键反应,以探讨大学生的时间自我态度。

本研究借鉴罗扬眉(2011)的研究程序,从黄希庭和张蜀林(1992)测定的中国大学生的 562 个人格特质形容词中选取出 30 个词,包括 15 个积极词和 15 个消极词,并对两类词的好恶度、熟悉度、意义度、笔画数等进行了组间差异检验,结果表明,积极词和消极词在熟悉度、意义度、笔画数上的差异不显著,在好恶度上具有显著差异。因此,这 30 个形容词可用于对时间自我进行积极或消极评价。根据不同时间维度上的自我,本研究编制的时间自我评价词表可以测量出过去积极自我、过去消极自我、现在积极自我、现在消极自我、未来积极自我、未来消极自我 6 个方面。

总之,本研究所编制的时间自我评价量表包括 15 个积极自我词和 15 个消极自我词,能够作为大学生的时间自我评价的有效测量工具。

## 第二节　家庭经济困难大学生的外显时间自我评价的 ERP 研究

自我是一个复杂而开放的系统。在时间维度上,自我包括过去自我、现在自我及未来自我。时间自我评价是指个体对自己过去、现在、未来的特性的认知与评价(黄希庭,夏凌翔,2004)。时间自我评价理论认为,个体为了维持当前积极的自我概念,使现在自我的感觉良好,便会构建消极的过去自我,有意地贬低过去自我(Ross & Wilson, 2002, 2003; Wilson & Ross, 2001)。陈幼贞

（2013）采用积极/消极自评问卷与大学生自我同一性状态量表进行调查，结果发现，家庭经济困难大学生具有积极的未来自我，与普通大学生基本相同（陈幼贞，苏丹，2009）。不过，家庭经济困难大学生的现在自我比过去自我更消极，这与普通大学生有所不同（陈莹，2008）。

自我还可以分为外显自我和内隐自我。外显自我是指能被意识知觉与控制的自我，内隐自我是指不能被意识知觉与控制的自我（杨治良，孙连荣，2009）。在社会认知研究中，社会心理学家通过引入认知加工任务来考察社会信息的加工，比较关注自我、态度以及受态度影响的行为模式的加工机制（杨治良，孙连荣，2009）。外显时间自我的研究主要采用自我参照范式，即让被试用纸笔对某个时间维度上的自我进行两分钟的描述，然后在屏幕中间呈现一个注视点，并在呈现一个时间自我词（如"五年前的我"）后再呈现一个人格形容词，让被试判断该词是否适合描述该时间维度的自我（D'Argembeau et al.，2008，2009；Luo et al.，2010）。

近年来，关于大脑处理自我相关信息的认知神经科学研究取得了重大进展，尤其是当个体反思自己的个性特征时，皮质中线结构（cortical midline structures，CMS），如内侧前额叶皮层（medial prefrontal cortex，MPFC）和后扣带皮层（posterior cingulate cortex，PCC）等被激活（D'Argembeau et al.，2007；Johnson et al.，2006；Pfeifer et al.，2007）。D'Argembeau 等（2008）对时间自我进行了脑功能成像研究，让被试判断形容词是否符合对自己（包括现在自我和过去自我）或他人的描述，结果发现，相比于对过去自我和他人进行判断，被试在对现在自我进行判断时的后扣带回和腹侧、背内侧前额叶皮层的激活更大。D'Argembeau 等（2009）使用同样的研究范式对过去自我、现在自我和未来自我进行研究，结果发现，被试在对现在自我进行判断时比对过去自我和未来自我进行判断时的内侧前额叶的激活更大，被试在对过去自我和未来自我进行判断时比对现在自我进行判断时的右顶下回的激活更大。

时间自我 ERP 研究发现，N1 与早期注意有关（Slagter et al.，2016；Harris et al.，2013；章鹏程等，2019），认知加工越困难，个体所需要的注意资源越多，N1 波幅也越大（李文辉等，2015）。N2 成分与认知控制有关，反映了个体对刺激反应前的冲突监控（即反应抑制）（Yang et al.，2007；Ponomarev et al.，2019；Vuillier et al.，2016）。尹天子（2016）让被试对未来自我的可能性进行判断，结果发现，N2 在冲突条件下比一致条件下具有更大的波幅。李文辉等（2015）的研究发现，个体在符合自我条件下的 N2 波幅更小，而在不符合自我条件下的 N2 波幅增大、潜伏期变长。此外，自我参照编码任务诱发的晚期正电位（late positive potential，LPP）也被称为晚期正成分（late positive component，LPC）（Auerbach et al.，2015），反映了精细阐述与编码过程（Shestyuk & Deldin，2010）。一般认为，被试对任务，尤其是带有情感刺激性的词语和图片任务的持续参与会增大 LPP 波幅（Fischler & Bradley，2006），并在顶叶区域达到最大波幅（Foti et al.，2009）。从功能角度看，LPP 涉及认知过程（Naumann et al.，1992）。Luo 等（2010）让被试采用形容词对过去自我、现在自我和未来自我进行评价，结果发现，在采用消极形容词描述过去自我和现在自我的条件下，LPC 在 650—800ms 内引发了更大的负性偏转。

为了更好地探讨家庭经济困难大学生的外显时间自我评价的特点及其认知神经基础，本研究采用自我参照范式进行了研究。

## 一、研究方法

### （一）研究对象

参考以往研究（顾红磊等，2017；师保国，申继亮，2007；石雷山等，2013），采用社会经济地位问卷（Bradley & Corwyn，2002；任春荣，2010）对 300 名大学生进行施测，剔除无效问卷后得到 287 份有效问卷。将问卷总分由低到高进行排序，按照男女比例 1∶1 的原则，在总分为前与后 27%的学生中分别选取 30 人作为高家庭经济地位组以及低家庭经济地位组被试，基本信息见表 4.2。

表 4.2 被试基本信息

| 组别 | 性别 男/人 | 性别 女/人 | 年龄/岁（$M±SD$） |
|---|---|---|---|
| 低家庭经济地位组 | 15 | 15 | 19.07±0.91 |
| 高家庭经济地位组 | 15 | 15 | 18.87±0.86 |

对两组被试的问卷总分进行独立样本 $t$ 检验，结果显示，两组被试的家庭经

济地位差异显著，$t=-21.88$，$p<0.001$。

### （二）研究工具

采用自编的时间自我评价词表进行外显时间自我评价，要求被试对每个形容词与自己的实际情况是否相符进行判断。

在时间自我评价中，与以往研究（罗扬眉，2011；Zang et al.，2021）一致，过去自我指五年前的我，现在自我指本科时期的我，未来自我指五年后的我。

### （三）实验设计

采用 2（组别：低家庭经济地位组、高家庭经济地位组）×3（时间自我：过去自我、现在自我、未来自我）的混合实验设计，组别是被试间因素，时间自我是被试内因素。

### （四）研究程序

采用 E-Prime 软件编制实验程序。每个被试在安静的房间内进行实验，其头部与电脑屏幕相距约 60cm。实验任务分为三个组块，即过去自我、现在自我、未来自我。在每个组块实验开始前，让被试用两分钟时间，使用纸笔描述该时间维度上的自我。每个组块的顺序是随机的，在正式实验之前均有练习实验，以便被试熟悉实验流程。

在时间自我评价实验中，首先在屏幕中央呈现一个持续时间为 750—1000ms 的注视点，然后呈现时间自我词 250ms（如五年前的我/现在的我/五年后的我）。接着，在空屏 400—800ms 后呈现一个形容词 3000ms，让被试判断这个形容词是否适合描述该时间维度上的自我，并在数字键盘上快速准确地进行按键反应，"1"表示"是"，"2"表示"否"，或者"1"表示"否"，"2"表示"是"，不同按键在被试之间加以平衡。

### （五）EEG 数据采集与处理

采用德国 Brain Product 公司生产的 BrainCap64 导 Ag/AgCl 电极帽收集 EEG

数据,右眼眼眶下的电极点记录眼电。电极点阻抗在 5kΩ 以下,采样率为 500Hz。使用 Brain Vision Analyzer 软件对脑电数据进行处理,采用双侧乳突电极点(TP9、TP10)为重参考电极,滤波带通为 0.1—30Hz,利用 ICA 方法半自动化矫正眼电干扰,去伪迹后对原始数据进行分段,分析时程为刺激呈现前的 200ms 到刺激呈现后 800ms,选取刺激呈现前的 200ms 作为基线,以进行基线校正。采用 SPSS 20.0 软件对 ERP 波形进行 2(组别:低家庭经济地位组、高家庭经济地位组)×3(时间自我:过去自我、现在自我、未来自我)的两因素重复测量方差分析,对不满足球形检验的统计效应采用 Greenhouse-Geisser 法校正 $p$ 值。

根据本研究波形图以及已有研究(尹天子,2016;李文辉等,2015;Auerbach et al.,2015),选取以下脑电成分进行统计分析:N1(Cz、C1、C2),时间窗为 60—140ms;N2(FCz、FC1、FC2),时间窗为 280—380ms;LPP(Pz、P1、P2),时间窗为 460—660ms。

## 二、结果与分析

### (一)行为结果

两组被试在不同条件下选择积极词和消极词的比例分别见表 4.3 和表 4.4。

表 4.3 积极词的"是"选择比例($M±SD$)

| 组别 | 过去自我 | 现在自我 | 未来自我 |
| --- | --- | --- | --- |
| 低家庭经济地位组 | 0.75±0.19 | 0.81±0.19 | 0.89±0.17 |
| 高家庭经济地位组 | 0.80±0.19 | 0.83±0.16 | 0.93±0.07 |

表 4.4 消极词的"是"选择比例($M±SD$)

| 组别 | 过去自我 | 现在自我 | 未来自我 |
| --- | --- | --- | --- |
| 低家庭经济地位组 | 0.27±0.22 | 0.26±0.25 | 0.17±0.22 |
| 高家庭经济地位组 | 0.25±0.17 | 0.19±0.16 | 0.10±0.09 |

对积极词的"是"选择比例进行 2×3 的重复测量方差分析,结果显示,组别的主效应不显著,$F(1, 58)=1.15$,$p=0.287$。时间自我的主效应显著,$F(2,$

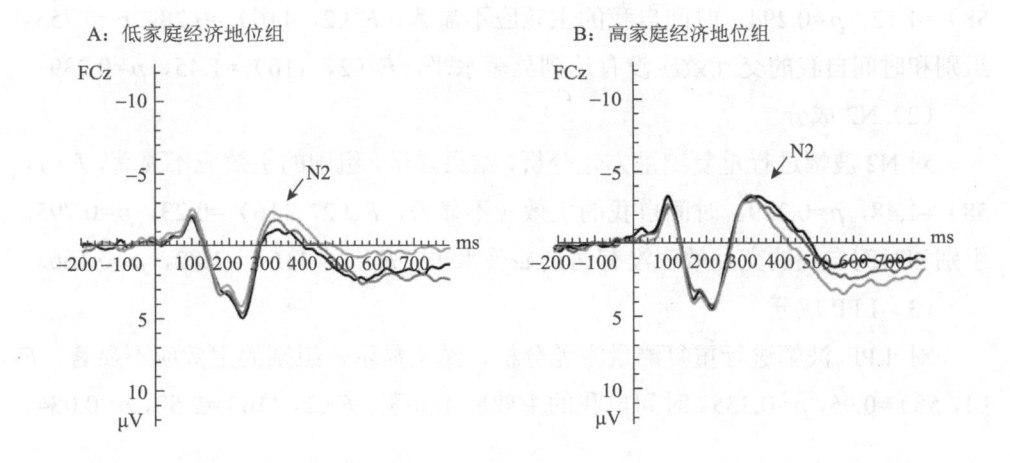

116）=14.98，$p$<0.001，$\eta^2$=0.21，未来自我条件下被试对积极词选"是"的比例均显著大于过去自我和现在自我条件下（$p$s<0.001）。组别和时间自我的交互效应没有达到显著水平，$F$（2，116）=0.10，$p$=0.904。

对消极词的"是"选择比例进行 2×3 的重复测量方差分析，结果显示，组别的主效应不显著，$F$（1，58）=1.82，$p$=0.182。时间自我的主效应显著，$F$（2，116）=13.84，$p$<0.001，$\eta^2$=0.19，未来自我条件下被试对消极词选"是"的比例均显著低于过去自我和现在自我条件下（$p$s<0.001）。组别和时间自我的交互效应没有达到显著水平，$F$（2，116）=0.81，$p$=0.449。

（二）脑电结果

**1. 积极时间自我评价的脑电结果**

两组被试在不同时间自我条件下的积极词所诱发的脑电成分的平均波幅的平均数与标准差见表 4.5，不同组别的积极时间自我评价的波形图见图 4.1。

表 4.5　积极时间自我评价的脑电成分平均波幅（$M±SD$）　　　单位：μV

| 成分 | 过去自我 | | 现在自我 | | 未来自我 | |
| --- | --- | --- | --- | --- | --- | --- |
| | 低家庭经济地位组 | 高家庭经济地位组 | 低家庭经济地位组 | 高家庭经济地位组 | 低家庭经济地位组 | 高家庭经济地位组 |
| N1 | -1.12±1.83 | -2.09±2.58 | -1.11±2.34 | -1.76±2.67 | -1.48±2.54 | -1.65±2.54 |
| N2 | -0.49±5.34 | -2.56±4.24 | -0.89±4.74 | -2.46±4.83 | -1.51±5.36 | -2.08±4.27 |
| LPP | 3.57±4.10 | 3.69±4.60 | 3.67±4.22 | 4.64±3.97 | 3.82±4.42 | 5.44±3.18 |

A：低家庭经济地位组　　　　　　　　B：高家庭经济地位组

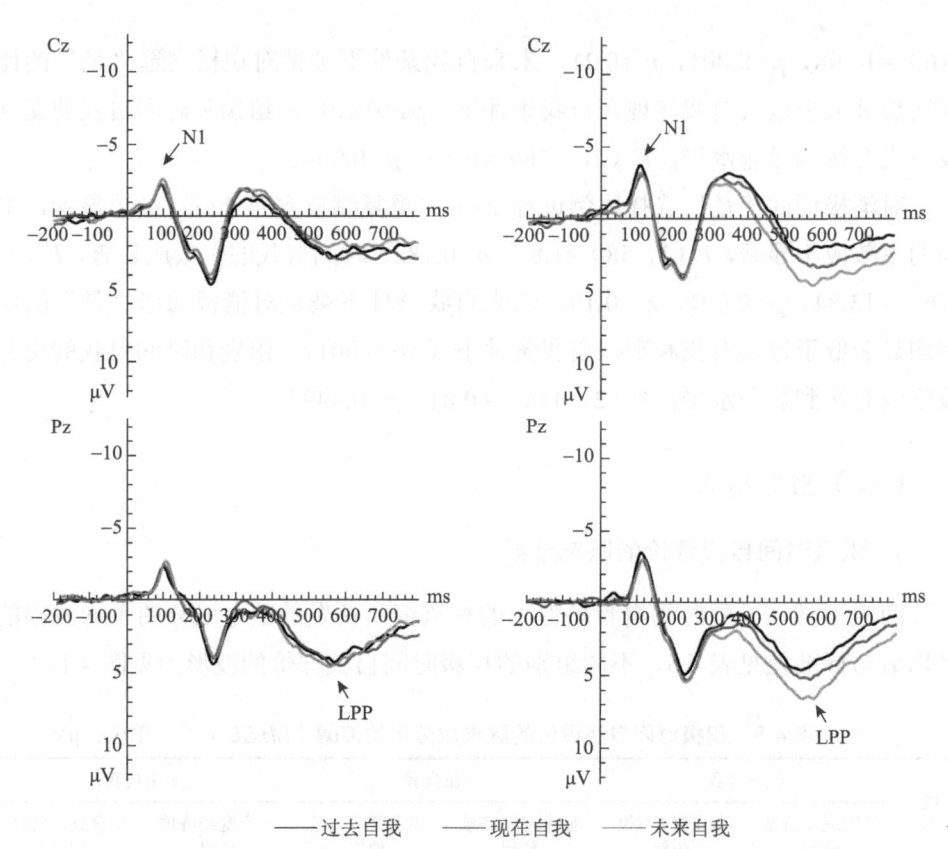

图 4.1 不同组别的积极时间自我评价的波形图

（1）N1 成分

对 N1 波幅进行重复测量方差分析，结果显示，组别的主效应不显著，$F(1, 58)=1.12$，$p=0.294$。时间自我的主效应不显著，$F(2, 116)=0.28$，$p=0.753$。组别和时间自我的交互效应没有达到显著水平，$F(2, 116)=1.45$，$p=0.239$。

（2）N2 成分

对 N2 波幅进行重复测量方差分析，结果显示，组别的主效应不显著，$F(1, 58)=1.48$，$p=0.229$。时间自我的主效应不显著，$F(2, 116)=0.23$，$p=0.795$。组别和时间自我的交互效应没有达到显著水平，$F(2, 116)=1.82$，$p=0.166$。

（3）LPP 成分

对 LPP 波幅进行重复测量方差分析，结果显示，组别的主效应不显著，$F(1, 58)=0.95$，$p=0.335$。时间自我的主效应不显著，$F(2, 116)=2.53$，$p=0.084$。

组别和时间自我的交互效应没有达到显著水平，$F(2, 116)=1.43$，$p=0.243$。

### 2. 消极时间自我评价的脑电结果

两组被试在不同时间自我条件下的消极词所诱发的脑电成分的平均波幅见表4.6，不同组别的消极外显时间自我评价的波形图见图4.2。

表4.6 消极时间自我评价的脑电成分平均波幅 （$M±SD$）　　单位：μV

| 成分 | 过去自我 低家庭经济地位组 | 过去自我 高家庭经济地位组 | 现在自我 低家庭经济地位组 | 现在自我 高家庭经济地位组 | 未来自我 低家庭经济地位组 | 未来自我 高家庭经济地位组 |
|---|---|---|---|---|---|---|
| N1 | −0.81±1.75 | −2.00±2.86 | −1.03±2.45 | −2.49±2.58 | −1.42±2.17 | −1.80±2.71 |
| N2 | −0.59±5.29 | −1.99±4.56 | −0.46±5.39 | −3.06±5.20 | −1.45±4.81 | −2.01±4.60 |
| LPP | 3.72±3.96 | 4.98±5.14 | 4.01±4.62 | 4.85±4.05 | 4.05±4.43 | 5.76±3.84 |

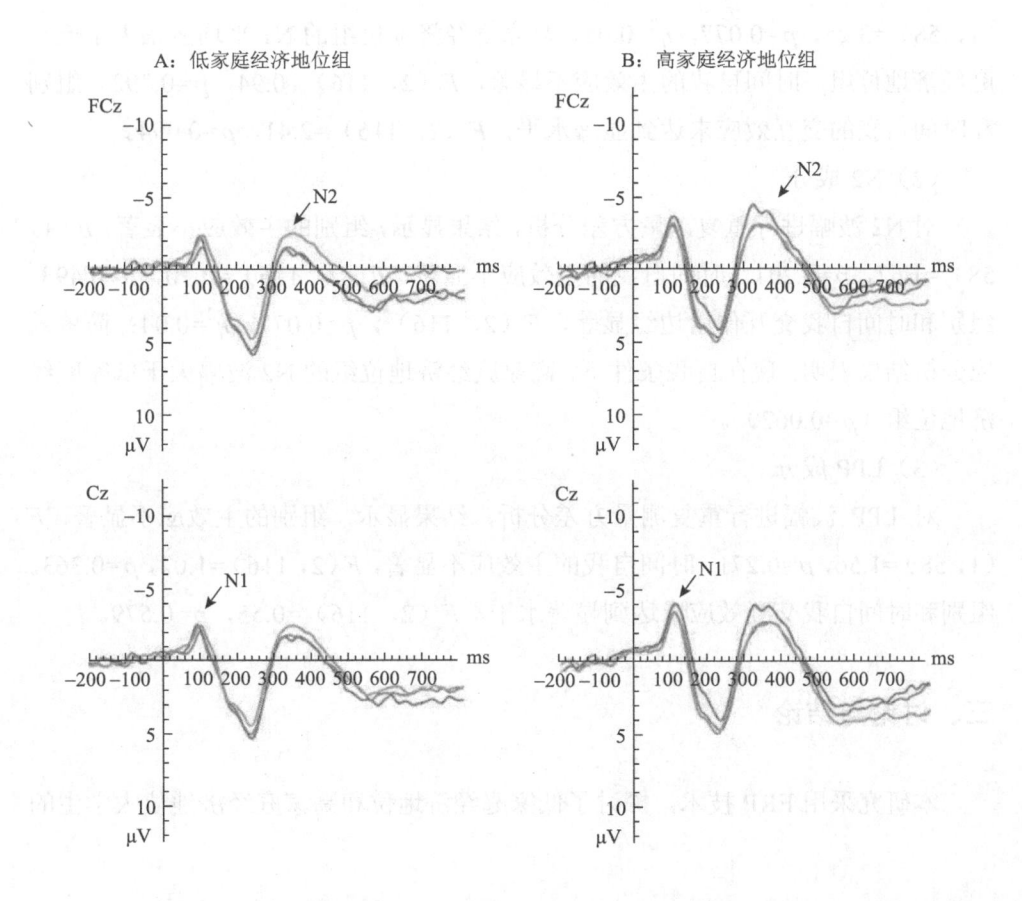

——过去自我　　——现在自我　　——未来自我

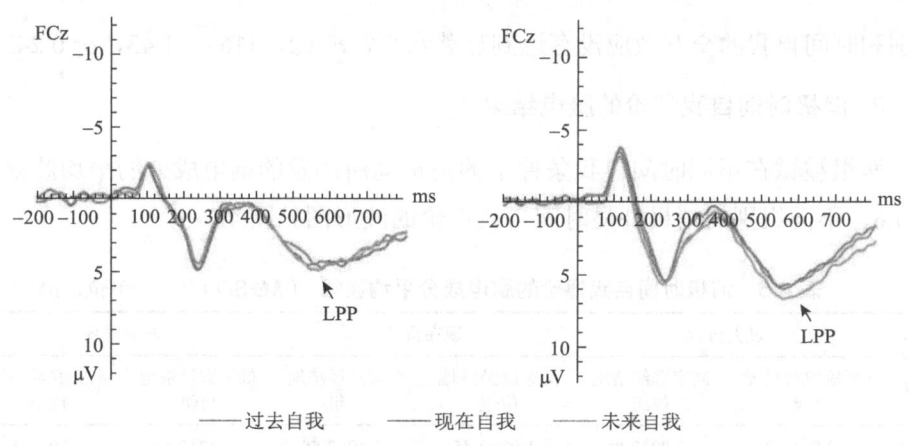

图 4.2　不同组别的消极外显时间自我评价的波形图

（1）N1 成分

对 N1 波幅进行重复测量方差分析，结果显示，组别的主效应边缘显著，$F$（1，58）=3.25，$p$=0.077，$\eta^2$=0.05，高家庭经济地位组的 N1 平均波幅大于低家庭经济地位组。时间自我的主效应不显著，$F$（2，116）=0.94，$p$=0.392。组别和时间自我的交互效应未达到显著水平，$F$（2，116）=2.41，$p$=0.094。

（2）N2 成分

对 N2 波幅进行重复测量方差分析，结果显示，组别的主效应不显著，$F$（1，58）=1.67，$p$=0.201。时间自我的主效应不显著，$F$（2，116）=0.70，$p$=0.498。组别和时间自我交互作用边缘显著，$F$（2，116），$p$=0.077，$\eta^2$=0.04；简单效应分析结果表明，现在自我条件下，高家庭经济地位组的 N2 波幅大于低家庭经济地位组（$p$=0.062）。

（3）LPP 成分

对 LPP 波幅进行重复测量方差分析，结果显示，组别的主效应不显著，$F$（1，58）=1.56，$p$=0.271。时间自我的主效应不显著，$F$（2，116）=1.02，$p$=0.363。组别和时间自我交互效应未达到显著水平，$F$（2，116）=0.55，$p$=0.579。

## 三、讨论与结论

本研究采用 ERP 技术，探讨了低家庭经济地位和高家庭经济地位大学生的外显时间自我评价的特点及其神经生理基础。

行为数据结果显示，在积极自我评价任务中，两组被试在未来自我条件下对积极词选择"是"的比例显著高于现在自我和过去自我条件下，而在现在自我和过去自我条件下对积极词选择"是"的比例并没有显著差异。这说明，两组被试均倾向于选择积极词对未来自我进行评价。在消极自我评价任务中，两组被试在未来自我条件下对消极词选择"是"的比例显著低于过去自我和现在自我条件下，而在现在自我和过去自我条件下对消极词选择"是"的比例并没有显著差异。这些结果与以往许多研究结果一致（Kanten & Teigen，2008；Luo et al.，2010；尹天子，2016）。这说明，两组被试都倾向于用更少的消极词来描述未来自我。因此，与高家庭经济地位大学生相比，低家庭经济地位大学生的时间自我评价具有类似的特点，即在对未来自我进行评价时倾向于用更多的积极词与更少的消极词，这意味着存在未来自我积极偏向。

脑电数据结果显示，在消极时间自我评价任务中，高家庭经济地位组的 N1 波幅大于低家庭经济地位组。N1 与早期注意有关（Slagter et al.，2016；Harris et al.，2013；章鹏程等，2019），认知加工越困难，个体所需要的注意资源越多，N1 波幅也越大（李文辉等，2015）。这说明，家庭经济地位会影响被试对消极词的早期注意，消极词对高家庭经济地位组被试来说是一个新异刺激，他们需要更多的前期注意资源和早期加工资源来加工消极词，因而引发了更大的 N1 波幅。高家庭经济地位组大学生在成长中享有更好的环境和教育条件等，更少受到负面因素的影响，所以对于消极词的敏感度更高。

脑电数据结果还显示，在消极时间自我评价任务中，在现在自我条件下，高家庭经济地位组的 N2 波幅大于低家庭经济地位组。N2 通常被认为是人脑对外界信息偏差的自动加工，反映了正确反应前的冲突监控（Yang et al.，2007；Ponomarev et al.，2019；Vuillier et al.，2016）。这表明，高家庭经济地位组在使用消极词对现在自我进行描述时产生了更大的冲突和更大的反应抑制，即高家庭经济地位组对现在自我的消极评价存在更大的信息偏差加工。这可能是因为高家庭经济地位组的成长环境更优越，因而自我感觉良好，认为大部分消极词都不能描述自我。

总之，在本研究条件下，家庭经济困难大学生的外显时间自我评价总体上呈现积极特点，未来自我的积极程度显著高于现在自我与过去自我。而且，家庭经济困难大学生在消极自我评价任务中的 N1 和 N2 波幅显著较小，说明其对消极词的敏感度相对较低。

## 第三节　家庭经济困难大学生的内隐时间自我评价的 ERP 研究

外显时间自我评价的研究结果可能会受到社会期望等因素的影响，而内隐研究则受此影响较小。在不少研究中，外显社会认知和内隐社会认知并非一致，且相关性也很弱（Fazio & Olson，2003；Jordan et al.，2003）。例如，外显自尊比内隐自尊更容易受到社会期望和自我提升过程的影响，人们在评价自己时会更有选择性地关注积极想法，更容易否定消极想法（Deutsch et al.，2006；Gawronski & Bodenhausen，2011）。因此，Greenwald 和 Banaji（1995）提出了"内隐社会认知"的概念，认为内隐社会认知是指个体不能在意识层面明确回忆起社会认知过程中的经验，但这一经验仍对个体产生潜在影响。随后，内隐社会认知的研究内容不断扩展到越来越多的领域，如自我、自尊、刻板印象等（Greenwald et al.，1998，2002）。

内隐社会认知的研究范式有很多，其中 IAT 是一种基于反应时范式的研究方法，并得到了广泛应用（Greenwald & Farnham，2000），而且研究者不断对这一方法进行改进与完善，先后发展出了 GNAT、外在情感西蒙任务（extrinsic affect Simon task，EAST）等。IAT 是一种相对测量方法，考察的对象一般是成对概念，但其结果不能说明人们对某一对象的态度，而只能被解释为一种相对于其他对象的相对态度。GNAT 是对目标类别和属性维度概念之间的联结强度进行测量，弥补了 IAT 不能对某一对象进行评价的不足。而且，GNAT 以反应时和正确率为指标，可以使速度和精确性得到平衡（Nosek & Banaji，2001；梁宁建等，2003；张珂，张大均，2009）。

GNAT 范式的实验程序包含 5 个练习任务和 6 个实验任务。首先，在屏幕中央出现一个注视点，之后出现一个词，该词可能是目标词，也可能是干扰词，被试只需要在出现目标词时进行按键反应，在出现其他词时则不进行反应，信噪比为 1∶1。以时间自我评价实验为例，在 5 个练习任务中，被试分别以积极词、消极词、过去我、现在我、未来我为目标词进行反应。在 6 个实验任务中，目标词汇分别为"积极词和过去我""积极词和现在我""积极词和未来我""消极词和过去我""消极词和现在我""消极词和未来我"（De Houwer，2003；罗扬眉，2011）。

因此，为更好地揭示家庭经济困难大学生的内隐时间自我评价的特点及其认知神经基础，本研究采用 GNAT 和自我参照范式进行研究。

## 一、研究方法

### （一）研究对象

采用社会经济地位问卷（Bradley & Corwyn，2002；任春荣，2010）对 300 名大学生进行施测，剔除无效问卷后得到 287 份有效问卷。将问卷总分由低到高进行排序，在总分为前与后 27% 的学生中分别选取 30 人作为高与低家庭经济地位组被试进行实验。

对两组被试的家庭经济地位总分进行独立样本 $t$ 检验，结果显示，高家庭经济地位组的量表得分（5.52±2.33）显著高于低家庭经济地位组（−4.25±0.75），$t=21.88$，$p<0.001$。

### （二）研究工具

从本章第一节编制的时间自我评价词表中选取 20 个词（包括积极词和消极词各 10 个）作为实验材料，并招募 30 名大学生对这些词汇的好恶度、熟悉度、意义度和笔画数进行测量，结果发现，两类词在好恶度上存在显著差异，但在熟悉度、意义度以及笔画数上无显著差异，见表 4.7。

表 4.7　人格词的好恶度、熟悉度、意义度和笔画数

| 比较项 | 积极词（$M±SD$） | 消极词（$M±SD$） | $t$ | $p$ |
| --- | --- | --- | --- | --- |
| 好恶度 | 5.53±0.28 | 2.65±0.39 | 33.87 | 0.001 |
| 熟悉度 | 3.40±0.37 | 3.27±0.12 | 1.48 | 0.203 |
| 意义度 | 3.33±0.26 | 3.18±0.08 | 0.53 | 0.531 |
| 笔画数 | 25.15±4.98 | 24.98±5.32 | 0.21 | 0.879 |

## （三）实验设计

采用 2（组别：低家庭经济地位组、高家庭经济地位组）×3（时间自我：过去自我、现在自我、未来自我）的混合实验设计，组别为被试间因素，时间自我为被试内因素。

## （四）研究程序

采用 E-Prime 软件编制实验程序。实验任务分为三个组块，即过去自我、现在自我、未来自我。在每个组块实验开始前，让被试用两分钟时间，使用纸笔描述自己在该时间维度上的自我。

GNAT 包含 5 个练习任务和 6 个实验任务，见表 4.8。每个实验任务包括 80 个试次，其中 40 个试次为目标词，需要按键反应；40 个试次为非目标词，不需要按键反应。40 个目标词分别由积极词或消极词（10 个词）以及时间自我词组成，这 10 个形容词出现 2 次，共 20 次，时间自我词重复出现 20 次，作为非目标词的另外的消极词或积极词（10 个词）出现 4 次。在每个实验任务开始前，屏幕上首先会提示哪些词属于目标词，需要被试进行按键反应。6 个实验任务的目标词分别为"积极词和过去自我词""消极词和过去自我词""积极词和现在自我词""消极词和现在自我词""积极词和未来自我词""消极词和未来自我词"。

表 4.8　每个实验组块的目标词和非目标词

| 区组 | 试次 | 模块 | 积极词 | 消极词 | 过去自我 | 现在自我 | 未来自我 |
| --- | --- | --- | --- | --- | --- | --- | --- |
| 1 | 8 | 练习 | ● | ○ | | | |
| 2 | 8 | 练习 | ○ | ● | | | |
| 3 | 8 | 练习 | | | ● | ○ | ○ |
| 4 | 8 | 练习 | | | ○ | ● | ○ |
| 5 | 8 | 练习 | | | ○ | ○ | ● |
| 6 | 80 | 实验 | ● | ○ | ● | | |
| 7 | 80 | 实验 | ○ | ● | ● | | |
| 8 | 80 | 实验 | ● | ○ | | ● | |
| 9 | 80 | 实验 | ○ | ● | | ● | |
| 10 | 80 | 实验 | ● | ○ | | | ● |
| 11 | 80 | 实验 | ○ | ● | | | ● |

注：●表示目标词；○表示非目标词

在具体的试次流程中，首先在屏幕中央出现一个持续时间为 500—800ms 的注视点，随后再呈现一个词 750ms：若是目标词，被试要既快又准确地按"J"键进行反应；若是非目标词，被试则不做任何反应。不同试次之间的时间间隔为 500ms。

（五）EEG 数据采集与处理

脑电信号数据采集与处理同本章第二节。根据已有研究（尹天子，2016；李文辉等，2015；Auerbach et al.，2015）和本研究的波形图，选取以下脑电成分进行统计分析：N1 成分（Cz、C1、C2），时间窗为 60—140ms；N2 成分（FCz、FC1、FC2），时间窗为 280—380ms；LPP 成分（Pz、P1、P2），时间窗为 460—660ms。

## 二、结果与分析

### （一）行为结果

正确的 Go 为击中率，不正确的 No-go 为虚报率，计算两组被试在不同条件下的击中率与虚报率。比如，$n=80$，信噪比为 1∶1，当正确 Go 次数为 37 次时，命中率为 37/40；当错误 No-go 次数为 5 次时，虚报率为 5/40。将击中率和虚报率分别转化为标准分数，把两者的差值作为辨别力指数（d 分数）。

两组被试对时间自我词与积极词联结的 d 分数的平均数与标准差见表 4.9。对 d 分数进行 2（组别：低家庭经济地位组、高家庭经济地位组）×3（时间自我：过去自我、现在自我、未来自我）的重复测量方差分析，结果显示，组别的主效应不显著，$F(1, 58)=0.39$，$p=0.535$。时间自我的主效应不显著，$F(2, 116)=2.04$，$p=0.135$。组别和时间自我的交互效应未达到显著水平，$F(2, 116)=0.03$，$p=0.969$。

表 4.9　时间自我词和积极词联结的 d 分数（M±SD）

| 组别 | 过去自我 | 现在自我 | 未来自我 |
| --- | --- | --- | --- |
| 低家庭经济地位组 | 3.29±0.42 | 3.40±0.37 | 3.33±0.38 |
| 高家庭经济地位组 | 3.25±0.25 | 3.37±0.13 | 3.27±0.45 |

两组被试对时间自我词与消极词联结的 $d$ 分数的平均数与标准差见表 4.10。对 $d$ 分数进行 2（组别：低家庭经济地位组、高家庭经济地位组）×3（时间自我：过去自我、现在自我、未来自我）的重复测量方差分析，结果显示，组别的主效应不显著，$F(1, 58)=3.03$，$p=0.087$。时间自我的主效应显著，$F(2, 116)=6.26$，$p=0.003$，$\eta^2=0.10$。消极词和过去自我联结的 $d$ 分数分别高于消极词和现在自我联结的 $d$ 分数（$p=0.073$）以及消极词和未来自我联结的 $d$ 分数（$p=0.001$），消极词和现在自我联结的 $d$ 分数高于消极词和未来自我联结的 $d$ 分数（$p=0.076$）。组别和时间自我的交互效应未达到显著水平，$F(2, 116)=0.99$，$p=0.375$。

表 4.10　时间自我词和消极词联结的 $d$ 分数（$M \pm SD$）

| 组别 | 过去自我 | 现在自我 | 未来自我 |
| --- | --- | --- | --- |
| 低家庭经济地位组 | 3.31±0.43 | 3.11±0.37 | 3.10±0.31 |
| 高家庭经济地位组 | 3.39±0.46 | 3.33±0.36 | 3.15±0.37 |

对 $d$ 分数进行 2（效价：积极词、消极词）×3（时间自我：过去自我、现在自我、未来自我）×2（组别：低家庭经济地位组、高家庭经济地位组）的三因素重复测量方差分析，结果显示，效价的主效应显著，$F(1, 58)=7.60$，$p=0.008$，$\eta^2=0.12$，低家庭经济地位组的 $d$ 分数显著大于高家庭经济地位组；时间自我的主效应显著，$F(2, 116)=3.74$，$p=0.028$，$\eta^2=0.06$。事后检验显示，现在自我的 $d$ 分数显著大于未来自我（$p=0.046$）；时间自我和效价的交互作用显著，$F(2, 116)=4.71$，$p=0.011$，$\eta^2=0.08$。简单效应分析显示，在现在自我（$p=0.008$）和未来自我（$p=0.005$）条件下，积极词的 $d$ 分数显著大于消极词。组别和效价的交互作用显著，$F(2, 116)=5.98$，$p=0.018$，$\eta^2=0.10$。简单效应分析表明，高家庭经济地位组对积极词的 $d$ 分数显著大于消极词（$p=0.001$）。除此之外，其他效应均不显著，$p\text{s}>0.05$。

## （二）脑电结果

### 1. 积极时间自我评价的脑电结果

不同条件下的积极词所诱发的脑电成分的平均波幅见表 4.11，不同组别的积极内隐时间自我评价的波形图见图 4.3。

表 4.11　积极时间自我评价的脑电成分平均波幅（M±SD）　　　单位：μV

| 成分 | 过去自我 低家庭经济地位组 | 过去自我 高家庭经济地位组 | 现在自我 低家庭经济地位组 | 现在自我 高家庭经济地位组 | 未来自我 低家庭经济地位组 | 未来自我 高家庭经济地位组 |
|---|---|---|---|---|---|---|
| N1 | −1.82±2.35 | −2.97±2.27 | −1.86±2.05 | −3.91±2.43 | −2.38±2.30 | −3.14±2.20 |
| N2 | 1.66±5.24 | 1.17±5.22 | 2.51±5.07 | −0.18±4.92 | 1.60±4.65 | −0.28±4.47 |
| LPP | 8.08±4.75 | 10.38±4.89 | 9.40±4.42 | 9.56±4.34 | 8.22±4.48 | 9.23±4.94 |

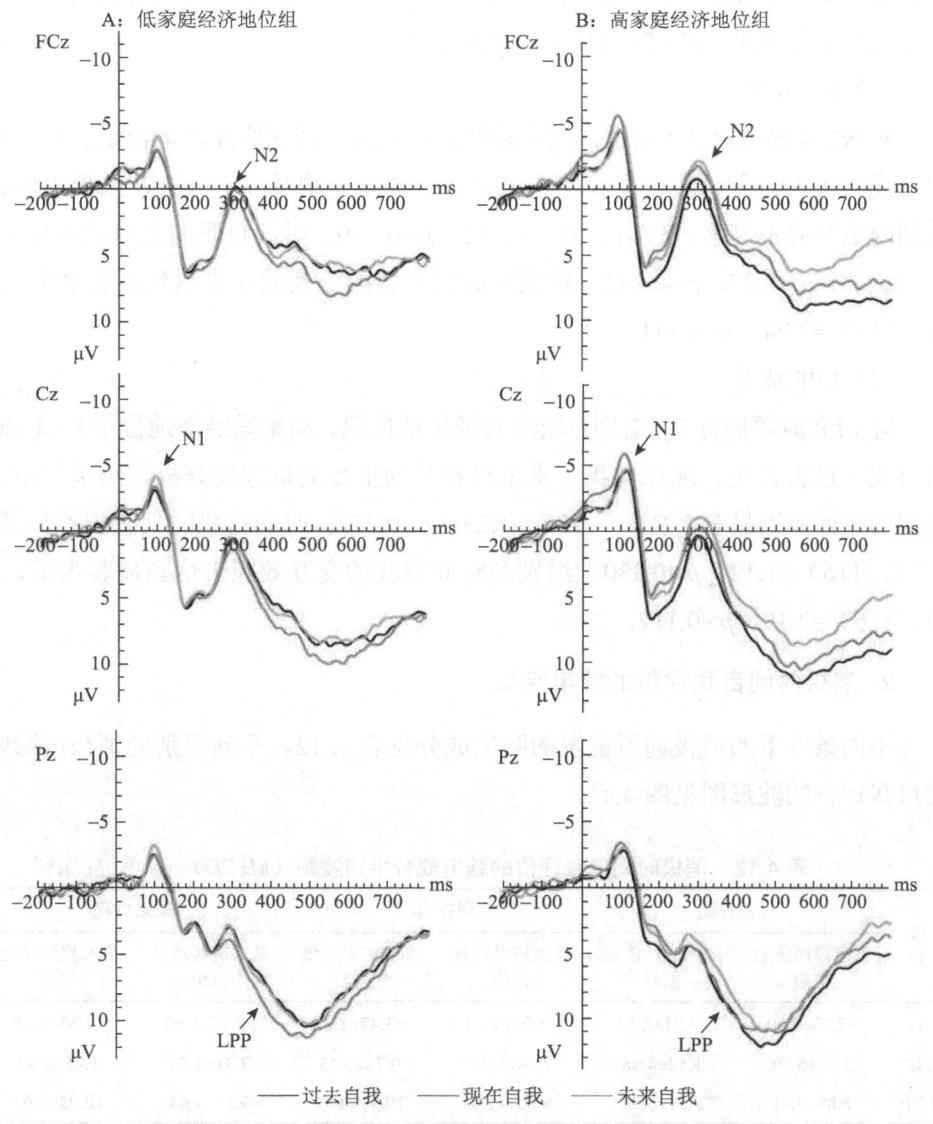

图 4.3　不同组别的积极内隐时间自我评价的波形图

**(1) N1 成分**

对 N1 波幅进行 2（组别：低家庭经济地位组、高家庭经济地位组）×3（时间自我：过去自我、现在自我、未来自我）的重复测量方差分析，结果显示，组别的主效应显著，$F(1, 58)=8.87$，$p=0.004$，$\eta^2=0.13$；当时间自我和积极词为目标词时，高家庭经济地位组的 N1 波幅显著大于低家庭经济地位组。时间自我的主效应不显著，$F(2, 116)=1.18$，$p=0.312$。组别和时间自我的交互效应未达到显著水平，$F(2, 116)=1.98$，$p=0.143$。

**(2) N2 成分**

对 N2 波幅进行 2（组别：低家庭经济地位组、高家庭经济地位组）×3（时间自我：过去自我、现在自我、未来自我）的重复测量方差分析，结果显示，组别的主效应不显著，$F(1, 58)=2.25$，$p=0.139$。时间自我的主效应不显著，$F(2, 116)=1.07$，$p=0.345$。组别和时间自我的交互效应未达到显著水平，$F(2, 116)=2.24$，$p=0.111$。

**(3) LPP 成分**

对 LPP 波幅进行 2（组别：低家庭经济地位组、高家庭经济地位组）×3（时间自我：过去自我、现在自我、未来自我）的重复测量方差分析，结果显示，组别的主效应不显著，$F(1, 58)=1.23$，$p=0.272$。时间自我的主效应不显著，$F(2, 116)=1.12$，$p=0.330$。组别和时间自我的交互效应未达到显著水平，$F(2, 116)=2.19$，$p=0.117$。

**2. 消极时间自我评价的脑电结果**

不同条件下的消极词所诱发的脑电成分见表 4.12。不同组别的消极内隐时间自我评价的波形图见图 4.4。

表 4.12　消极时间自我评价的脑电成分平均波幅（$M\pm SD$）　　　单位：μV

| 成分 | 过去自我 低家庭经济地位组 | 过去自我 高家庭经济地位组 | 现在自我 低家庭经济地位组 | 现在自我 高家庭经济地位组 | 未来自我 低家庭经济地位组 | 未来自我 高家庭经济地位组 |
|---|---|---|---|---|---|---|
| N1 | -2.23±2.00 | -3.51±2.17 | -1.72±2.04 | -3.47±2.71 | -2.42±1.82 | -3.33±2.09 |
| N2 | 3.53±5.50 | 1.52±4.98 | 2.74±5.45 | 0.76±5.43 | 2.31±4.75 | 1.45±4.82 |
| LPP | 8.88±5.41 | 9.59±3.93 | 9.95±6.37 | 10.39±4.31 | 9.14±4.64 | 10.95±5.02 |

图 4.4　不同组别的消极内隐时间自我评价的波形图

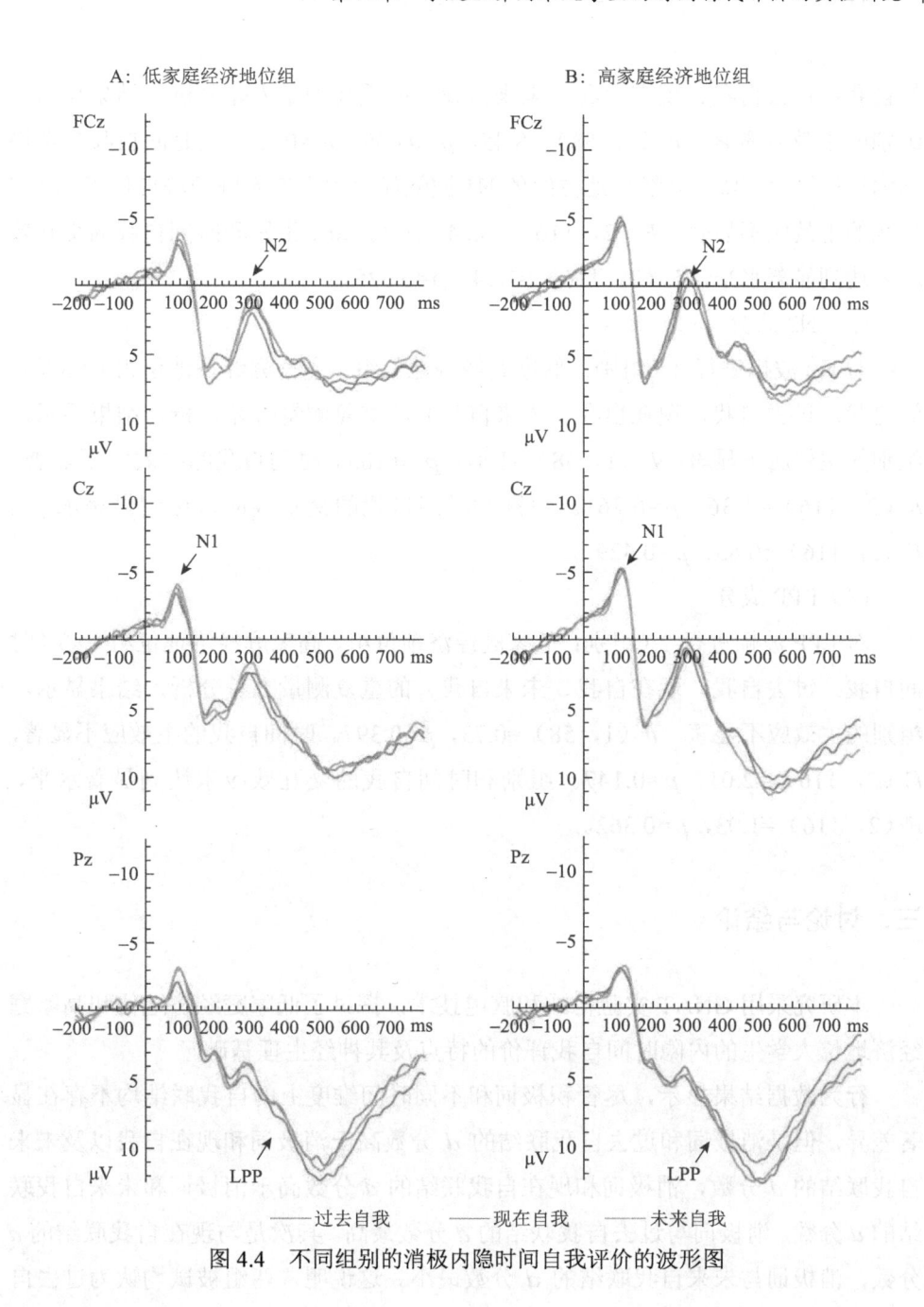

（1）N1 成分

对 N1 波幅进行 2（组别：低家庭经济地位组、高家庭经济地位组）×3（时间自我：过去自我、现在自我、未来自我）的重复测量方差分析，结果显示，组别的主效应显著，$F(1, 58)=8.45$，$p=0.005$，$\eta^2=0.13$；当时间自我和消极词为目标词时，高家庭经济地位组的N1波幅显著大于低家庭经济地位组。时间自我的主效应不显著，$F(2, 116)=0.64$，$p=0.530$。组别和时间自我的交互效应未达到显著水平，$F(2, 116)=1.14$，$p=0.325$。

（2）N2成分

对N2波幅进行2（组别：低家庭经济地位组、高家庭经济地位组）×3（时间自我：过去自我、现在自我、未来自我）的重复测量方差分析，结果显示，组别的主效应不显著，$F(1, 58)=1.81$，$p=0.183$。时间自我的主效应不显著，$F(2, 116)=1.36$，$p=0.261$。组别和时间自我的交互效应未达到显著水平，$F(2, 116)=0.85$，$p=0.429$。

（3）LPP成分

对LPP波幅进行2（组别：低家庭经济地位组、高家庭经济地位组）×3（时间自我：过去自我、现在自我、未来自我）的重复测量方差分析，结果显示，组别的主效应不显著，$F(1, 58)=0.73$，$p=0.397$。时间自我的主效应不显著，$F(2, 116)=2.01$，$p=0.147$。组别和时间自我的交互效应未达到显著水平，$F(2, 116)=1.03$，$p=0.362$。

## 三、讨论与结论

本研究采用GNAT实验范式和脑电技术，探讨了低家庭经济地位和高家庭经济地位大学生的内隐时间自我评价的特点及其神经生理基础。

行为数据结果显示，尽管积极词和不同时间维度上的自我联结均不存在显著差异，但是消极词和过去自我联结的$d$分数高于消极词和现在自我以及未来自我联结的$d$分数，消极词和现在自我联结的$d$分数高于消极词和未来自我联结的$d$分数。消极词与过去自我联结的$d$分数最高，其次是与现在自我联结的$d$分数，消极词与未来自我联结的$d$分数最小。这说明，两组被试均认为过去自我是更消极的，而未来自我是最不消极的，这一结果与以往研究类似（Luo et al.，2010；Yang et al.，2017），同时也进一步验证了本章第二节的外显时间自我评价研究的行为结果。此外，上述这些结果均不存在显著的组别差异。这说明，低家庭经济地位大学生的内隐时间自我评价与高家庭经济地位大学生是相似的，即消极词与未来自我的联结最弱，与过去自我的联结最强。因此，家庭经济困难大学生的过去自我评价存在更多消极成分，但未来自我评价却存在更少的消极成分。

脑电数据结果显示，无论是积极词还是消极词与时间自我的联结，高家庭经济地位组的 N1 波幅均显著大于低家庭经济地位组。N1 与早期注意有关（Slagter et al., 2016; Harris et al., 2013; 章鹏程等, 2019），认知加工越困难，个体所需要的注意资源越多，N1 波幅也越大（李文辉等, 2015）。因此，本研究结果可能表明，高家庭经济地位组在成长过程中的需求大多得到了满足，更少关注对自我的评价，因而在对时间自我进行评价时占用了更多的早期注意和早期加工资源，而低家庭经济地位组则恰恰相反，其平时更加看重自我的评价，因而在对时间自我进行评价时不需要耗费更多的注意资源。

本研究的脑电数据结果还显示，两组被试在 N2 波幅上不存在显著差异。N2 通常被认为是人脑对外界信息偏差的自动加工，反映了正确反应前的冲突监控（Yang et al., 2007; Ponomarev et al., 2019; Vuillier et al., 2016）。这说明，本研究中的被试在不同时间自我评价上所产生的反应抑制并没有显著差异。在实验中，被试没有被要求对词汇进行自我参照的对比，对所有的目标词汇都是一致的按键反应，并不需要进行反应抑制，因此不会出现冲突，所以在不同实验条件下未出现 N2 波幅的显著差异。

此外，在 LPP 成分上，被试在各种条件下也不存在显著差异。LPP 涉及认知过程，被试对任务（尤其是带有情感刺激性的词语和图片的任务）的持续参与会增大 LPP 波幅（Fischler & Bradley, 2006; Naumann et al., 1992）。本研究结果表明，本研究中的实验任务相对比较简单，仅仅是判断出现的词汇是否为目标词汇，且刺激总共只有三种情况，认知负荷较小，大学生可以在看到词汇时迅速做出判断，不需要进行后期的深度加工，也不需要对刺激进行持续注意，因而并不会引起 LPP 平均波幅的显著变化。

总之，在本研究条件下，家庭经济困难大学生的内隐时间自我评价总体上呈现积极特点，并对过去自我有更多的消极评价，对未来自我有更少的消极评价。而且，低家庭经济地位大学生在时间自我评价任务中的 N1 平均波幅显著小于高家庭经济地位大学生，说明其对评价词的敏感度相对较低。

# 第五章　家庭经济困难大学生的时间自我与社会心态的关系与机制研究

## 第一节　大学生社会心态量表的编制

社会心态是弥散在整个社会或群体中的社会心理态势（周晓虹，2014），涉及社会认知、社会情绪或情感、社会价值、社会行为倾向或意向等（马广海，2008；王俊秀，2013a，2013b，2014），在中国特色的社会心理服务与社会心理建设中具有重要作用（俞国良，2017）。在国外，"心态"源自17世纪的英国哲学，社会心理学的学术传统主要从个体的角度来建构社会心理学研究的体系与领域（杨宜音，2006）。在国内，1986—1995年是社会心态研究的起步阶段，1996—2005年是社会心态研究的积累阶段，2006年至今是社会心态研究的快速发展阶段（王俊秀等，2018）。欧旭理等（2012）的调查结果发现，家庭经济困难大学生在政治心态、职业心态、婚恋心态和社交心态上处于弱势。不过，目前有研究对青年人（新生代农民工、大学生、青年白领）、三峡移民、基督徒、高校教师等其他群体的社会心态进行了不少探讨（胡洁，2017），但对家庭经济困难大学生群体的社会心态的研究则相对不足。

目前，社会心态的结构与测评研究在国内取得了一些进展。杨宜音（2006）认为，从"群体中的个体"（individual in the group）的视角来看，社会心态的心理结构可以分为社会共识、社会舆论、时尚流行（社会表征、社会记忆、社会刻板印象、社会压力）、群体态度（动机、情绪）、价值判断与选择（社会价值观）和信仰、意识形态等方面。社会心态在"群体与个体"分析框架下是整个社会的情绪基调、社会共识与社会价值观的总和,反映了个体与社会之间相互建构而成的心理关系。王俊秀等(2007)认为,社会心态是一定社会发展时期内弥散在社会群体中的社会心境状态,并从公众对社会状况的感受(生活压力感、社会安全感、社会支持感、社会信任感、社会公平感、政府工作满意度)、主要的社会关系(干群关系、贫富阶层关系)、社会矛盾与冲突(与政府公共权力相关的矛盾与冲突、与政府或经济组织相关的矛盾与冲突、教育和医疗行业中的矛盾与冲突、消费矛盾与冲突)等方面进行了调研。王俊秀主编的中国社会心态蓝皮书,即《中国社会心态研究报告(2018)》从社会认知(民众安全感、获得感与幸福感、公平感)、社会情绪、社会价值观与社会认同、空间与社会流动以及社会心态及培育等 5 个方面进行了报告与分析(王俊秀,2018)。王益富和潘孝富(2013)把社会心态定义为个体对社会现实各方面的感受与体验,并编制出了中国人社会心态量表。

  为了更好地探讨新时代背景下大学生的社会心态,本书在王益富和潘孝富(2013)以及 Keyes(1998)研究的基础上,从积极心理学的视角进行前期调研,结果发现,大学生社会心态主要涉及社会安全感、社会公平感与社会幸福感等 3 个积极方面,这反映了当代大学生在新时代背景下的社会认知与感受。因此,本研究采用王益富和潘孝富(2013)以及 Keyes(1998)研究中的问卷进行数据采集与因子分析,探索大学生社会心态的结构维度,从而编制具有高信度和效度的大学生社会心态量表作为测评工具。

## 一、研究方法

### (一)研究对象

  采用整体抽样方法对预试量表进行探索性因子分析,对 3 所高校的 1400 名大学生进行问卷调查,回收有效问卷 1263 份,有效样本分布情况见表 5.1。

表 5.1 探索性因子分析的样本情况(N=1263)

| 变量 | 类别 | 人数/人 | 百分比/% |
| --- | --- | --- | --- |
| 性别 | 男 | 653 | 51.70 |
|  | 女 | 610 | 48.30 |

续表

| 变量 | 类别 | 人数/人 | 百分比/% |
|---|---|---|---|
| 年级 | 大一 | 223 | 17.66 |
|  | 大二 | 277 | 21.93 |
|  | 大三 | 286 | 22.64 |
|  | 大四 | 477 | 37.77 |
| 生源地 | 城市 | 574 | 45.45 |
|  | 农村 | 689 | 54.55 |
| 是否独生子女 | 是 | 481 | 38.08 |
|  | 否 | 782 | 61.92 |

正式量表的验证性因子分析采用整体抽样方法，在 3 所高校共发放 1600 份问卷，回收有效问卷 1523 份，有效样本分布情况见表 5.2。

表 5.2　验证性因子分析的样本情况（$N$=1523）

| 变量 | 类别 | 人数/人 | 百分比/% |
|---|---|---|---|
| 性别 | 男 | 658 | 43.20 |
|  | 女 | 865 | 56.80 |
| 年级 | 大一 | 277 | 18.19 |
|  | 大二 | 415 | 27.25 |
|  | 大三 | 461 | 30.27 |
|  | 大四 | 370 | 24.29 |
| 生源地 | 城市 | 749 | 49.18 |
|  | 农村 | 774 | 50.82 |
| 是否独生子女 | 是 | 661 | 43.40 |
|  | 否 | 862 | 56.60 |

（二）预试量表的编制

将王益富和潘孝富（2013）编制的社会公平感量表（5 个题项）和社会安全感量表（8 个题项）以及 Keyes（1998）编制的社会幸福感量表（15 个题项）汇整，组成大学生社会心态的预试量表，共有 28 个题项，采用利克特 5 点计分。

## （三）研究程序

以班级为单位进行团体调查，采用统一的指导语和答题纸。当场回收预试量表，对回答不认真或存在反应偏向的数据予以剔除。使用 SPSS 22.0 软件和 AMOS 22.0 软件进行数据分析。

## 二、结果与分析

### （一）题项分析

首先，采用临界比率（critical ratio，CR）进行独立样本 $t$ 检验，结果发现，所有题项的组别差异均显著（$ps<0.001$）。但是，第 15 题（$t=2.64$，$p=0.008$）和第 23 题（$t=2.85$，$p<0.001$）的高低分组差异的 $t$ 统计量均小于 3.00，表明这两个题项的鉴别度较差（吴明隆，2009）。因此，删除第 15 题和第 23 题。

其次，采用相关法进行同质性检验，结果发现，所有题项与总分的相关均显著（$ps<0.001$）。不过，第 15 题和第 28 题与总分的相关系数虽然均达到 0.01 的显著水平，但相关系数分别为 0.16 和 0.15，都低于 0.20。所以，删除第 15 题和第 28 题。

综上，删除预试量表中的第 15、23 和 28 题。

### （二）探索性因子分析

首先，对量表题项因子分析的适宜性分析结果显示，量表的 KMO（Kaiser-Merer-Olkin）值为 0.89，大于 0.80 的"良好"标准（吴明隆，2009）。Bartlett 球形检验的卡方值为 11343.69（$df=300$，$p<0.001$），说明适合进行因子分析。

然后，采用主成分分析法与最大方差旋转法进行因子分析。采用的标准是：因子解符合陡阶检验；因子的特征值大于 1；删除在两个或两个以上题项的因子负荷值相近的题项；题项因子负荷值大于 0.4；共同度大于 0.2；每个因子至少包括 3 个题项。根据上述标准，删除第 9、10、11、12、13、17、20、21 和 25 题。

陡阶图检验的结果见图 5.1，从中可以发现，特征值从第 5 个拐点开始趋于平缓，表明没有特殊因子值得抽取，因而保留 4 个因子比较适宜。

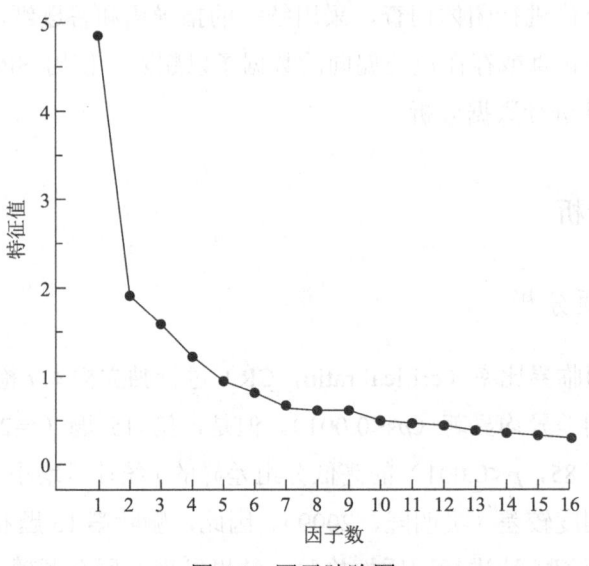

图 5.1　因子陡阶图

从表 5.3 中可知，按照特征值大于 1 的标准可划分为 4 个因子，特征值为 1.216—4.873。根据因子结构矩阵，题项共同度为 0.288—0.768，16 个题项在不同因子中的载荷均高于 0.4，最高载荷为 0.854，最低载荷为 0.465，4 个因子累计可解释总量表 60.01%的变异量。其中，第 1 个因子包括 5 个题项，内容涉及个体对社会公平的总看法以及对财富、地位、机会、权力公平的感受，可命名为"社会公平感"；第 2 个因子包括 3 个题项，内容涉及个体对社会安全的总看法以及财产、人身安全的感受，可命名为"社会安全感"；第 3 个因子包括 3 个题项，内容涉及社会进步感、社会认知感与成就感，可命名为"社会获得感"；第 4 个因子包括 5 个题项，内容与社会友善感、社会关爱感、社会亲近感等有关，可命名为"社会美好感"。

表 5.3　大学生社会心态量表的因子结构矩阵

| 题项 | 因子负荷 | 共同度 |
| --- | --- | --- |
| 1.总的说来，当今社会是公平的 | 0.683 | 0.572 |
| 2.当今社会财富的分配是公平的 | 0.820 | 0.702 |
| 3.当今社会给人的地位是公平的 | 0.827 | 0.724 |

续表

| 题项 | 因子负荷 | | | | 共同度 |
|---|---|---|---|---|---|
| 4.当今社会给人的机会是公平的 | 0.760 | | | | 0.627 |
| 5.当今社会给人的权力是公平的 | 0.798 | | | | 0.663 |
| 6.总的说来，当今社会是安全的 | | 0.830 | | | 0.745 |
| 7.我认为当今人们的财产很安全 | | 0.804 | | | 0.711 |
| 8.我认为当今人们的人身很安全 | | 0.854 | | | 0.768 |
| 14.这个世界对我来说太复杂了 | | | 0.465 | | 0.288 |
| 22.社会已经停止了进步 | | | 0.785 | | 0.664 |
| 26.社会并不能改善像我这样的人 | | | 0.809 | | 0.679 |
| 16.我觉得帮助他人的人们是不求回报的 | | | | 0.528 | 0.357 |
| 18.世界正变得对我们每个人都更美好 | | | | 0.679 | 0.586 |
| 19.我感觉我与学校里的其他人很亲近 | | | | 0.698 | 0.515 |
| 24.我在我的学校里感到舒适 | | | | 0.639 | 0.444 |
| 27.我相信人们是善良的 | | | | 0.675 | 0.555 |
| 特征值 | 4.873 | 1.923 | 1.589 | 1.216 | |
| 贡献率/% | 30.455 | 12.021 | 9.933 | 7.598 | |
| 累计贡献率/% | 30.455 | 42.475 | 52.408 | 60.005 | |

## （三）信效度检验分析结果

对运用正式量表采集的 1523 名大学生的数据进行统计分析，检验大学生社会心态量表的信度与效度。

### 1. 信度检验

大学生社会心态量表及其维度的信度系数见表 5.4。由此可以看出，总量表及其 4 个维度的 Cronbach's α 系数和分半信度系数均高于 0.7，表明该量表具有较高的信度（DeVellis，2016），作为大学生社会心态的测量工具是比较稳定和可靠的。

表 5.4 信度分析结果

| 项目 | Cronbach's α 系数 | 分半信度系数 |
|---|---|---|
| 社会公平感 | 0.91 | 0.85 |
| 社会安全感 | 0.88 | 0.78 |
| 社会获得感 | 0.76 | 0.75 |
| 社会美好感 | 0.91 | 0.88 |
| 总量表 | 0.86 | 0.91 |

## 2. 效度检验

首先，为进一步验证大学生社会心态的四因子模型结构的合理性，采用 AMOS 22.0 软件建立结构方程模型（图 5.2），运用极大似然估计法进行验证性因子分析。模型拟合指标包括近似均方根误差（root mean square error of approximation，RMSEA）、标准化残差均方根（standardized root mean square residual，SRMR）、相对拟合指数（comparative fit index，CFI）、拟合优度指数（goodness of fit index，GFI）、Tucker-Lewis 指数（Tucker-Lewis index，TLI）以及标准化适配指数（normed fit index，NFI），结果见表 5.5。由此可以看出，SRMR 值小于 0.06，RMSEA 值小于 0.07，CFI、GFI、TLI 以及 NFI 值均大于 0.93，表明各项拟合度均符合心理学测量学的要求（吴明隆，2009）。因此，大学生社会心态量表的四因子结构模型的拟合效果良好，该结构模型是比较合理的。

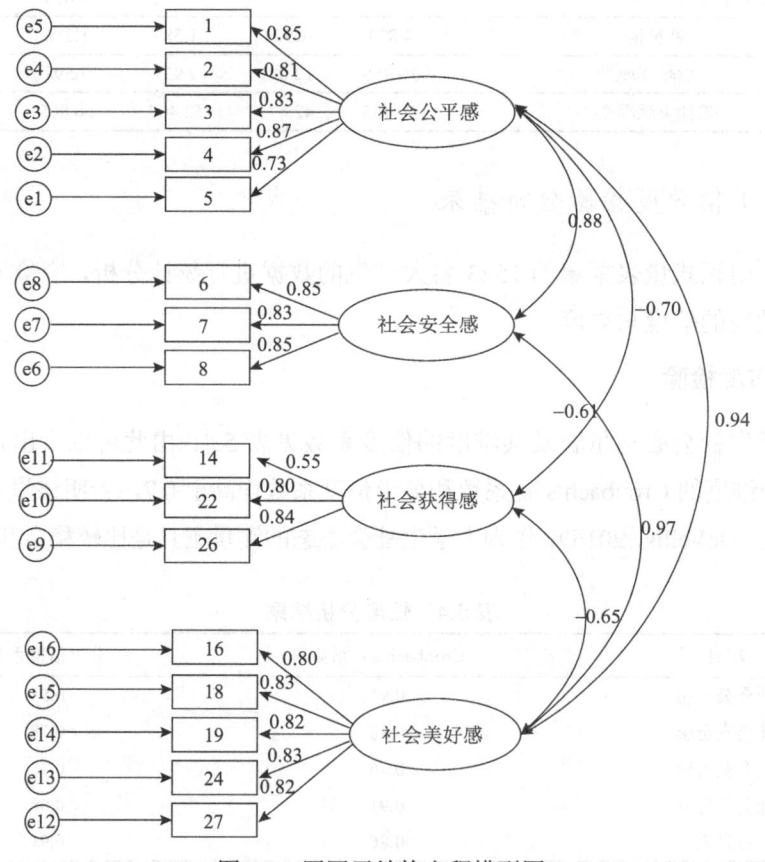

图 5.2 四因子结构方程模型图

表 5.5　验证性因子分析结果

| SRMR | RMSEA | CFI | GFI | TLI | NFI |
|---|---|---|---|---|---|
| 0.054 | 0.069 | 0.963 | 0.932 | 0.954 | 0.958 |

其次，为进一步检验该量表的适应性，本研究采用该量表探讨了家庭经济困难大学生以及家庭经济良好大学生的社会心态的差异。本研究依据大学生被试在家庭经济地位调查表（父母受教育程度和职业水平等）上的得分情况，根据前 27% 和后 27% 的分组原则进行分组，家庭经济良好组和家庭经济困难组各有 411 人。独立样本 t 检验的结果见表 5.6。由此可知，家庭经济困难大学生的社会心态量表总分以及 4 个维度得分均显著低于家庭经济良好大学生。这说明，该量表具有良好的区分效度，能够用于测量家庭经济困难大学生的社会心态。

表 5.6　家庭经济困难组和良好组的社会心态差异分析

| 变量 | 家庭经济困难组 M | 家庭经济困难组 SD | 家庭经济良好组 M | 家庭经济良好组 SD | t | p |
|---|---|---|---|---|---|---|
| 社会公平感 | 3.00 | 0.87 | 3.45 | 1.07 | −6.548 | <0.001 |
| 社会安全感 | 3.59 | 0.81 | 3.77 | 1.07 | −2.661 | 0.008 |
| 社会获得感 | 2.67 | 0.75 | 3.11 | 1.14 | −6.390 | <0.001 |
| 社会美好感 | 3.41 | 0.80 | 3.66 | 0.99 | −3.943 | <0.001 |
| 总量表 | 3.17 | 0.65 | 3.50 | 0.93 | −5.843 | <0.001 |

## 三、讨论与结论

尽管以往研究者采用不同的工具与方法对社会心态进行了测量并取得了一定的成果（王俊秀，2013a，2013b，2014；杨宜音，2006；马广海，2008；王益富，潘孝富，2013；何颖颖，2013；马向真，2015），但是，我国处于百年未有之大变局的深度调整期，考虑到时代变迁对社会心态可能产生的影响，因而有必要探讨新时代背景下的社会心态的结构成分与变化维度，从而精准把握目前大学生的社会心态的特点与发展趋势。

本研究从积极心理学的视角出发，在现存社会心态测量工具的基础上（Keyes，1998；王益富，潘孝富，2013），通过对收集题项的信效度分析，从而确定适用于衡量大学生社会心态的量表题项。基于两个独立样本，结合专家讨论和评价，本研究对28个初始题项进行了项目分析、探索性因子分析和验证性因子分析，最终形成了包括4个维度共16个题项的大学生社会心态量表。

本研究所编制的大学生社会心态量表的4个维度分别是社会公平感、社会安全感、社会获得感和社会美好感，这反映了大学生对于社会公平和社会安全的基本认知和需求，体现了大学生对于社会获得和社会美好的期望与追求。而且，信度分析表明，量表题项具有可靠性和稳定性。此外，验证性因子分析结果显示，社会心态四因子模型拟合良好，表明量表具有较好的结构效度。同时，结构方程模型结果表明，各个维度之间具有较高程度的相关性，体现了量表维度结构既相互独立又存在紧密的联系。

总之，本研究所编制的大学生社会心态量表包括社会公平感、社会安全感、社会获得感和社会美好感等4个维度，具有较高的信度和效度，可以作为大学生社会心态的可靠而有效的测评工具。

## 第二节 家庭经济困难大学生的现在自我与社会心态：应对方式和心理弹性的中介作用

自我是心理学研究中的热点领域。时间自我是个体对不同时间维度上的自我的认知和评价（张锋等，2021）。近年来，关于时间自我的研究越来越受到关注，因为从过去、现在和未来的角度认知自我具有独特的价值和意义（Liberman & Trope，2014；Wakslak et al.，2008；Trope & Liberman，2003）。

时间自我可以直接或间接影响社会心态。首先，从社会心态的心理建构机制来看，社会心态是由众多个体的兴趣、态度、情绪体验和特性等自下而上融合汇聚而成的，因此个体的心理特性和行为会直接影响社会心态的形成与发展（杨宜音，2006，2012）。其次，从社会心态形成模型来看，个体的价值观、心理特性和行为会通过个人与社会的卷入程度来间接影响社会心态的形成，社会认同是一种典型的个人价值观与社会价值观互动融合的机制（杨宜音，2012）。为了维护自我价值的需求，个体会产生更多的社会认同和群体行为（Abrams &

Hogg, 1988）。因此，个体对自我的认知和评价与社会认同密切相关，社会认同高的个体对于其所属社会有着更为积极的认知和评价。再次，从心境一致性的角度来看（Watkins et al., 1992；岑延远，郑雪，2004），当个体处于良好心境时，其更倾向于采用积极的视角来知觉和解释事件。个体的自我统合性以及过去、现在和未来自我之间的一致性均与良好的心境状况相关，如主观幸福感、积极情绪和生活满意度等（Diener et al., 2003）。由此来看，时间自我认知和评价良好的个体，更倾向于选择知觉社会中的积极刺激，从而促进正向社会心态的发展；自我结构存在问题的个体通常与较差的心境状况密切相关，如抑郁、负性情绪等（Sadeh & Karniol, 2012；Santo et al., 2018；Sokol & Serper, 2019），更倾向于负面地知觉环境刺激，更可能产生负面的社会心态。最后，影响社会心态变动的重要因素之一是人们知觉到的社会公共环境的不确定性。例如，我国民众社会心态在新冠疫情期间发生了很大改变（王俊秀，张跃，2023）。不确定性主要来自人们对于未来的担忧和害怕，而自我建构良好（自我概念清晰、自我效能高、自我一致性强等）的个体往往持有乐观的心态，这会促使个体积极地预期未来或采用有效的应对策略来解决问题（刘志军，白学军，2008），从而更好地抵御不确定性所带来的负面效应，保持良好的社会心态。结合上述分析可以发现，时间自我可能与社会心态呈正相关。然而，以往研究很少关注家庭经济困难大学生的时间自我与社会心态的关系及其作用机制。

本研究旨在探讨家庭经济困难大学生的现在自我与社会心态的关系，以及应对方式和心理弹性的中介作用。无论是思考过去还是预期未来都发生在当下，而且个体对于当前自我的认知与评价往往是其心理健康状况的直接反映（Sobol-Kwapinska, 2013）。依据社会心态心理建构机制，个体的现在自我可能是影响其社会心态的重要因素，那么家庭经济困难大学生对现在自我的认知和评价与社会心态的关系及其作用机制是什么呢？应对方式和心理弹性可能是解释现在自我与社会心态之间关系的重要机制。

应对方式指的是人们在面临环境压力或生活事件时采取的应对策略、手段或方法，包括积极和消极应对策略（解亚宁，1998）。研究发现，积极应对方式与良好心理健康状况相关，而消极应对方式可显著预测焦虑、抑郁、问题行为（Samuel & Violet, 2003；蔺秀云等，2009；周菡等，2022）。人们不仅仅只采用一种应对策略，而是积极和消极应对方式均有所使用，使用积极应对策略与消极应对策略的差异更能代表个体的总体应对倾向（戴晓阳，2010）。在重大的社会公共危机事件中，总体积极的应对倾向可以有效帮助个体保持良好的心态和心理健康水平。例如，王兆国等（2020）的研究发现，在疫情期间倾向于使用积极应对方式的护士的心理障碍阳性率更低。当然，应对方式会受到个体心理特性的影响，自尊、自我效能、自我调控等均是个体应对方式的重要影响因素（韩磊等，2016；李育辉，张建新，2004；胡兴蕾等，2019），由此来看，积极的自我认知和评价可能与总体积极的应对倾向相关，并进一步促使个体形成良好的社会心态。

　　心理弹性体现了个体在环境压力下恢复并保持适应行为的能力（Garmezy，1991）。心理弹性通常与积极心理品质和心理健康结果相关，如逆境中成长、良好的主观幸福感和生活满意度、较低水平的焦虑和抑郁等（马伟娜等，2008；席居哲等，2008）。心理弹性是促进个体健康发展的重要保护性因素，其作用的实现主要通过三种机制：恢复机制（经历挫折后帮助个体恢复情绪和认知状态）、保护机制（减弱个体在负性刺激中受到的负面影响）以及促进机制（给予个体更多的积极体验从而促进个人身心发展）（刘文等，2019）。研究发现，心理弹性高的个体往往表现出乐观倾向，心理弹性低的个体往往具有悲观倾向（Antúnez et al.，2015；Nicholls et al.，2008）。而且，心理弹性还与环境适应性呈正相关（张光珍等，2017）。这些结果说明，心理弹性是影响个体认知、理解和适应社会环境的重要因素，可能促进家庭经济困难大学生的积极社会心态。在心理弹性的影响因素中，个体层面的因素占据重要的地位，包括自我效能、自信和自尊等（方小平，2022；马伟娜等，2008）。因此，积极的自我评价有利于提升个体的心理弹性，进而促进良好的社会心态的形成。

　　目前，一些研究支持了应对倾向和心理弹性之间存在正向相关关系的结论（许珂等，2015；张旭东等，2013）。张旭东等（2013）的研究发现，采用心态调整、注意转移、情绪调节等积极应对策略的高中生有更高的心理弹性水平，而回避和退缩等消极应对方式对心理弹性有负向预测作用。从心理弹性的形成条件来看，对负性生活事件或挫折的成功应对是心理弹性逐渐提升的实现路径（刘文等，2019）。由此可以看出，应对方式和心理弹性可能是现在自我与社会心态之间的中介变量。

　　综上，本研究将探究家庭经济困难大学生的现在自我与社会心态的关系，以及应对方式和心理弹性的中介作用。本研究的 4 条假设如下：①现在自我与家庭经济困难大学生的社会心态呈正相关；②应对方式在现在自我与社会心态之间起中介作用；③心理弹性在现在自我与社会心态之间起中介作用；④应对倾向与心理弹性在现在自我与社会心态之间起链式中介作用。

## 一、研究方法

### （一）研究对象

基于方便抽样法，对 1100 名大学生进行在线问卷调查，回收有效问卷 1022 份。通过被试填写的父母受教育程度、父母职业水平和家庭月收入等情况，计算家庭经济地位得分，并进行高低排序，选择得分较低的被试（27%）作为研究对象，最终纳入分析的样本共计 276 份。家庭经济困难大学生样本的人口学背景变量分布见表 5.7。

表 5.7 样本分布情况（N=276）

| 变量 | 选项 | 人数/人 | 百分比/% |
| --- | --- | --- | --- |
| 性别 | 男 | 122 | 44.2 |
|  | 女 | 154 | 55.8 |
| 年级 | 大一 | 35 | 12.7 |
|  | 大二 | 49 | 17.8 |
|  | 大三 | 117 | 42.4 |
|  | 大四 | 75 | 27.2 |
| 是否独生子女 | 是 | 85 | 30.8 |
|  | 否 | 191 | 69.2 |
| 是否学生干部 | 是 | 95 | 34.4 |
|  | 否 | 181 | 65.6 |
| 生源地 | 城市 | 103 | 37.3 |
|  | 农村 | 173 | 62.7 |
| 专业 | 文科 | 118 | 42.8 |
|  | 理科 | 158 | 57.2 |

注：因四舍五入存在误差，部分数据和不为100%，下同

## （二）研究工具

### 1. 时间自我评价词表

采用自编的时间自我评价词表，共有 30 个形容词，包括积极词和消极词各 15 个，各题项的反应范围从 0（不符合）到 2（符合），所选取的两类词在好恶度上存在显著差异（$t=48.59$, $p<0.001$），但在熟悉度（$t=2.85$, $p>0.05$）、意义度（$t=2.95$, $p>0.05$）、笔画数（$t=-0.06$, $p>0.05$）上均不存在显著差异。

在本研究中，将消极词反向计分后，与积极词的评价分数进行汇总，从而得出整体的现在自我评价分数，分值越高说明个体的现在自我越积极。在本研究中，该量表的 Cronbach's $\alpha$ 系数为 0.88。

### 2. 应对方式量表

采用中文版简易应对方式量表（解亚宁，1998）。该量表包括积极应对和消极应对两个分量表，共 20 个项目，采用利克特 4 点计分，1="不采取"，4="经常采取"。

根据戴晓阳（2010）的应对方式倾向性判定公式（应对倾向=积极应对标准分–消极应对标准分）计算被试的总体应对倾向。应对倾向得分越高，代表个体采取的应对方式越积极。在本研究中，积极应对和消极应对分量表的 Cronbach's $\alpha$ 系数分别为 0.87 和 0.77。

### 3. 心理弹性量表

采用于肖楠和张建新（2007）的心理弹性量表。该量表有 25 个项目，包含 3 个维度：坚韧性、力量性、乐观性。该量表采用利克特 5 点计分，1="有时如此"，5="始终如此"。量表总分越高，代表心理弹性越高。在本研究中，该量表的 Cronbach's $\alpha$ 系数为 0.94。

### 4. 大学生社会心态量表

采用自编的大学生社会心态量表。该量表共 16 个项目，包括 4 个维度：社会公平感、社会安全感、社会获得感、社会美好感。该量表采用利克特 5 点计分，1="非常不赞同"，5="非常赞同"。得分越高，代表个体的社会心态越好。在本研究中，该量表的 Cronbach's $\alpha$ 系数为 0.76。

## （三）研究程序

本研究采用在线方式进行问卷调查。所有的数据整理与分析均在 SPSS 22.0 软件中进行。

## 二、结果与分析

### （一）共同方法偏差检验

由于本研究采用自陈量表收集数据，需要尽量避免共同方法偏差问题。采用 Harman 单因子检验法，进行共同方法偏差检验。结果显示，主成分最大解释变异量为 20.36%，低于临界值 40%（曹丛等，2017）。因此，本研究不存在严重的共同方法偏差。

### （二）描述统计

各个研究变量的描述统计分析结果见表 5.8。

表 5.8 各个研究变量的描述统计分析结果

| 变量 | 最小值 | 最大值 | $M$ | $SD$ |
| --- | --- | --- | --- | --- |
| 现在自我 | 1.37 | 3.00 | 2.37 | 0.31 |
| 应对方式 | −6.95 | 3.89 | −0.29 | 1.42 |
| 心理弹性 | 2.40 | 5.00 | 3.52 | 0.53 |
| 社会心态 | 2.38 | 4.33 | 3.26 | 0.38 |

### （三）人口学变量的差异分析

在性别上，现在自我、应对方式均不存在显著差异，$ps$>0.05。男生的心理弹性和社会心态得分显著高于女生，见表 5.9。

表 5.9 性别差异检验

| 变量 | 男 $M$ | 男 $SD$ | 女 $M$ | 女 $SD$ | $t$ | $p$ |
| --- | --- | --- | --- | --- | --- | --- |
| 现在自我 | 2.37 | 0.32 | 2.37 | 0.30 | −0.22 | 0.829 |
| 应对方式 | −0.14 | 1.51 | −0.41 | 1.34 | 1.52 | 0.129 |
| 心理弹性 | 3.64 | 0.58 | 3.43 | 0.46 | 3.28 | 0.001 |
| 社会心态 | 3.34 | 0.40 | 3.20 | 0.35 | 3.05 | 0.002 |

在是否独生子女上，现在自我、应对方式、社会心态均没有显著差异，$p$s>0.05。独生子女大学生的心理弹性得分显著高于非独生子女大学生，见表5.10。

表 5.10　是否独生子女差异检验

| 变量 | 是 M | 是 SD | 否 M | 否 SD | $t$ | $p$ |
|---|---|---|---|---|---|---|
| 现在自我 | 2.39 | 0.35 | 2.36 | 0.29 | 0.63 | 0.527 |
| 应对方式 | -0.20 | 1.65 | -0.33 | 1.31 | 0.74 | 0.460 |
| 心理弹性 | 3.62 | 0.60 | 3.48 | 0.49 | 2.09 | 0.038 |
| 社会心态 | 3.31 | 0.37 | 3.24 | 0.39 | 1.38 | 0.168 |

在生源地上，现在自我、应对方式均没有显著差异，$p$s>0.05。城市大学生的心理弹性、社会心态得分显著高于农村大学生，见表5.11。

表 5.11　生源地差异检验

| 变量 | 城市 M | 城市 SD | 农村 M | 农村 SD | $t$ | $p$ |
|---|---|---|---|---|---|---|
| 现在自我 | 2.38 | 0.34 | 2.36 | 0.29 | 0.51 | 0.610 |
| 应对方式 | -0.14 | 1.53 | -0.38 | 1.36 | 1.37 | 0.173 |
| 心理弹性 | 3.65 | 0.60 | 3.44 | 0.46 | 3.20 | 0.002 |
| 社会心态 | 3.33 | 0.40 | 3.22 | 0.36 | 2.46 | 0.014 |

在是否学生干部上，现在自我、应对方式均没有显著差异，$p$s>0.05。学生干部的心理弹性、社会心态得分显著高于非学生干部，见表5.12。

表 5.12　是否学生干部差异检验

| 变量 | 是 M | 是 SD | 否 M | 否 SD | $t$ | $p$ |
|---|---|---|---|---|---|---|
| 现在自我 | 2.40 | 0.35 | 2.35 | 0.29 | 1.23 | 0.221 |
| 应对方式 | -0.06 | 1.40 | -0.41 | 1.43 | 1.92 | 0.056 |
| 心理弹性 | 3.67 | 0.55 | 3.44 | 0.50 | 3.48 | 0.001 |
| 社会心态 | 3.35 | 0.36 | 3.21 | 0.38 | 2.92 | 0.004 |

文科大学生和理科大学生，在现在自我、应对方式、心理弹性、社会心态上均无显著差异，见表 5.13。

表 5.13 专业差异检验

| 变量 | 文科 M | 文科 SD | 理科 M | 理科 SD | t | p |
| --- | --- | --- | --- | --- | --- | --- |
| 现在自我 | 2.38 | 0.29 | 2.37 | 0.32 | 0.23 | 0.818 |
| 应对方式 | −0.19 | 1.56 | −0.36 | 1.31 | 1.00 | 0.320 |
| 心理弹性 | 3.53 | 0.52 | 3.51 | 0.53 | 0.30 | 0.768 |
| 社会心态 | 3.27 | 0.39 | 3.26 | 0.38 | 0.26 | 0.799 |

各年级大学生在现在自我、应对方式上均无显著差异，$ps>0.05$，但在心理弹性、社会心态上差异显著，大二学生的心理弹性得分显著高于大一和大三学生，大二学生的社会心态得分显著高于大三和大四学生，见表 5.14。

表 5.14 年级差异检验

| 变量 | 选项 | M | SD | F | p | 事后检验 |
| --- | --- | --- | --- | --- | --- | --- |
| 现在自我 | A 大一 | 2.30 | 0.32 | 1.62 | 0.185 | — |
|  | B 大二 | 2.37 | 0.32 |  |  |  |
|  | C 大三 | 2.41 | 0.31 |  |  |  |
|  | D 大四 | 2.34 | 0.30 |  |  |  |
| 应对方式 | A 大一 | −0.47 | 1.77 | 1.87 | 0.135 | — |
|  | B 大二 | 0.02 | 1.79 |  |  |  |
|  | C 大三 | −0.47 | 1.27 |  |  |  |
|  | D 大四 | −0.13 | 1.16 |  |  |  |
| 心理弹性 | A 大一 | 3.42 | 0.55 | 4.90 | 0.002 | B>A, C |
|  | B 大二 | 3.76 | 0.52 |  |  |  |
|  | C 大三 | 3.44 | 0.49 |  |  |  |
|  | D 大四 | 3.53 | 0.55 |  |  |  |
| 社会心态 | A 大一 | 3.27 | 0.43 | 5.49 | 0.001 | B>C, D |
|  | B 大二 | 3.45 | 0.43 |  |  |  |
|  | C 大三 | 3.21 | 0.32 |  |  |  |
|  | D 大四 | 3.21 | 0.38 |  |  |  |

## （四）相关分析

各变量的相关分析结果见表 5.15。由此可以看出，现在自我、应对方式、心理弹性与社会心态两两之间呈显著正相关。

表 5.15　各变量之间的相关矩阵

| 变量 | 现在自我 | 应对方式 | 心理弹性 |
| --- | --- | --- | --- |
| 现在自我 | 1 | | |
| 应对方式 | 0.22** | 1 | |
| 心理弹性 | 0.53** | 0.50** | 1 |
| 社会心态 | 0.39** | 0.36** | 0.56** |

## （五）中介效应分析

使用 SPSS 软件中的 Process 宏程序中的模型 6 进行链式中介效应分析。在模型中，现在自我为自变量，应对方式、心理弹性为中介变量，社会心态为结果变量，结果见表 5.16 和图 5.3。

从总效应模型来看，现在自我可以显著正向预测社会心态（$\beta$=0.39，$p<0.001$）；在第二步方程中，现在自我可以显著正向预测应对方式（$\beta$=0.22，$p<0.001$）；在第三步方程中，现在自我可以显著正向预测心理弹性（$\beta$=0.45，$p<0.001$），应对方式可以显著正向预测心理弹性（$\beta$=0.40，$p<0.001$）；在最后一步方程中，所有变量共解释了社会心态 33%的方差变异，现在自我可以显著正向预测社会心态（$\beta$=0.14，$p<0.05$），应对方式可以显著正向预测社会心态（$\beta$=0.13，$p<0.05$），心理弹性可以显著正向预测社会心态（$\beta$=0.42，$p<0.001$）。

表 5.16　中介效应分析结果

| 结果变量 | 预测变量 | $F$ | $R^2$ | $\beta$ | SE | $t$ | $p$ |
| --- | --- | --- | --- | --- | --- | --- | --- |
| 社会心态 | 现在自我 | 48.89 | 0.151 | 0.39 | 0.06 | 6.99 | <0.001 |
| 应对方式 | 现在自我 | 13.29 | 0.05 | 0.22 | 0.06 | 3.65 | <0.001 |
| 心理弹性 | 现在自我 | 105.88 | 0.44 | 0.45 | 0.05 | 9.61 | <0.001 |
| | 应对方式 | | | 0.40 | 0.05 | 8.60 | <0.001 |
| 社会心态 | 现在自我 | 45.15 | 0.33 | 0.14 | 0.06 | 2.37 | <0.05 |
| | 应对方式 | | | 0.13 | 0.06 | 2.22 | <0.05 |
| | 心理弹性 | | | 0.42 | 0.07 | 6.33 | <0.001 |

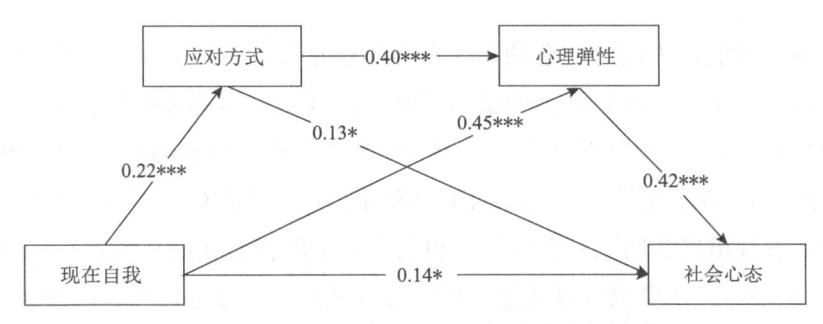

图 5.3　应对方式与心理弹性的链式中介模型

综上可知，应对方式、心理弹性在现在自我和社会心态之间均起到部分中介作用。应对方式的中介效应值为 0.03，SE=0.02，95%CI[1]=[0.004，0.064]；心理弹性的中介效应值为 0.19，SE=0.03，95%CI=[0.131，0.253]；应对方式→心理弹性的链式中介效应值为 0.04，SE=0.01，95%CI=[0.016，0.062]。具体见表 5.17。

表 5.17　中介模型效应分解表

| 效应 | 效应值 | SE | 95%CI 下限 | 95%CI 上限 |
| --- | --- | --- | --- | --- |
| 总效应 | 0.39 | 0.06 | 0.280 | 0.499 |
| 直接效应 | 0.14 | 0.06 | 0.023 | 0.255 |
| 间接效应：应对方式 | 0.03 | 0.02 | 0.004 | 0.064 |
| 间接效应：应对方式→心理弹性 | 0.04 | 0.01 | 0.016 | 0.062 |
| 间接效应：心理弹性 | 0.19 | 0.03 | 0.131 | 0.253 |

## 三、讨论与结论

本研究采用横断研究设计，探讨了家庭经济困难大学生的现在自我与社会心态的关系及其作用机制。结果发现，现在自我与社会心态呈显著正相关，应对方式和心理弹性在其中起到链式中介作用。

首先，现在自我可以显著预测家庭经济困难大学生的社会心态，这证实了本研究的假设 1，也支持了杨宜音（2012）所提出的社会心态形成向上模型的观点，即个体层面的心理特性可以助推社会价值观及社会心态的形成。社会是由

---

[1] 置信区间（confidence interval，CI）。

众多个体组成的，人们对社会的认知和体验也是在人与社会交互过程中逐渐形成和发展的。个体对所属社会的认同感越强，其对所属群体或社会的认知和情绪体验也更积极，而个体对社会的认同会受到个人价值观和心理特性的影响（杨宜音，2012）。为了维护自身良好的价值和体验，个体会有意识地融入群体或社会当中，表现出更多的亲社会行为，也会有更多的社会认同（Abrams & Hogg, 1988）。积极的现在自我可以通过心境一致性效应（岑延远，郑雪，2004）来认知和评价社会，形成良好的社会心态。

其次，现在自我可以通过应对方式这一中介变量对社会心态产生正向作用，这证实了本研究的假设 2，支持了以往关于应对方式的研究结果（Samuel & Violet，2003；王兆国等，2020）。人们对压力事件的良好应对，预示着会有较高的生活满意度和积极情绪体验（Samuel & Violet，2003；蔺秀云等，2009；周菌等，2022）。应对方式受到个人自尊、自我效能、自我控制等影响（韩磊等，2016；李育辉，张建新，2004；胡兴蕾等，2019）。现在自我作为个体对当前自我的整体性认知和评价，可以通过影响个体面临外在环境压力时的积极应对倾向来进一步促进良好社会心态的形成。

再次，现在自我还可以通过心理弹性这一中介变量对社会心态产生正向作用，这证实了本研究的假设 3。一方面，心理弹性水平较高的个体可以避免压力性环境刺激对自身的负面影响而保持良好的心理健康水平，有助于个体尽快地从负性生活事件中恢复情绪，并在逆境中获得学习和成长（Davydov et al., 2010；刘文等，2019），从而形成良好的社会心态。另一方面，心理弹性受到个体自我心理一致性的制约（朱美侠等，2016），自尊、自信和自我效能均是心理弹性的预测因素（方小平，2022；马伟娜等，2008）。因此，现在自我可以通过促进个体的心理弹性来间接提升个体积极的社会心态水平。

最后，心理弹性的形成与逆境的良好应对是分不开的（Davydov et al., 2010）。应对方式对个体的心理弹性有正向的预测作用。因此，应对方式和心理弹性在现在自我和社会心态之间存在链式中介效应，这证实了本研究的假设 4，揭示了应对方式和心理弹性在现在自我与社会心态之间的作用路径，为社会心态提升的相关干预实践项目提供了重要参考依据。

总之，在本研究条件下，家庭经济困难大学生的现在自我与社会心态呈显著正相关。现在自我不仅对社会心态具有显著的直接影响，而且通过应对方式的单独中介作用、心理弹性的单独中介作用以及应对方式与心理弹性的链式中介作用对社会心态产生显著的间接影响。

## 第三节 家庭经济困难大学生的时间自我与社会心态：人生目的的中介作用

近年来，人生目的在积极心理学领域中越来越受到重视，因为它对人的终极目标——幸福具有高层级以及深远的影响（兰公瑞等，2017）。人生目的有助于人们组织和激励目标，管理自己的行为，从而提供生命意义感（McKnight & Kashdan，2009）。Seligman（2012）认为，寻求人生目的的意义性才能带来持久的幸福，人生目的是个体积极发展的主要因素。青少年积极发展观（positive youth development，PYD）认为，个体要实现积极的发展，需要具备能力、自信、联结、品格、关爱和贡献等品质，其中，贡献是人生目的的展现（郭海英等，2017）。

人生目的会受到个体人格特点的影响（黄晓佳等，2020），时间自我可能对人生目的产生影响。对时间自我的认识越清晰、评价越积极的个体，更愿意追求对自我和社会有意义的事情，越可能会有清晰、明确的人生目的。而且，人生目的对个体的心理影响是广泛且深远的。首先，人生目的可以帮助个体抵御消极情绪的负面影响，使其更好地应对生活中的变化因素（Schaefer et al.，2013）。其次，人生目的会给个体带来良好的心理状态，包括积极情绪、生活满意度、生命意义感、社会幸福感等（Burrow & Hill，2011；Hill et al.，2014；Yeager & Bundick，2009）。再次，人生目的会给个体带来持久的正向激励和恢复力，从而促使个体获得成就（Pizzolato et al.，2011）。最后，人生目的能促进乐观、自信、活力等积极心理品质的发展，引导个体投入到更有意义的事情上（Mariano & Savage，2009）。因此，个体的人生目的感越强，越会有清晰且明确的目标，有助于增强人生的意义感、成就感和幸福感，从而使个体形成良好的社会心态。

因此，本研究拟探讨人生目的在时间自我与社会心态之间的中介作用，并提出如下研究假设：①家庭经济困难大学生的时间自我与社会心态呈显著正相关；②人生目的在时间自我与社会心态之间存在显著的中介作用。

## 一、研究方法

### （一）研究对象

采用方便取样法，以某高校认定的 350 名家庭经济困难大学生为研究对象进行调查研究，回收有效问卷 322 份。有效样本中，男生 88 人，女生 244 人；114 人来自城市，218 人来自农村。样本分布情况见表 5.18。

表 5.18 样本分布情况

| 变量 | 选项 | 人数/人 | 百分比/% |
| --- | --- | --- | --- |
| 性别 | 男 | 88 | 26.5 |
|  | 女 | 244 | 73.5 |
| 年级 | 大一 | 6 | 1.8 |
|  | 大二 | 33 | 9.9 |
|  | 大三 | 70 | 21.1 |
|  | 大四 | 223 | 67.2 |
| 是否独生子女 | 是 | 85 | 25.6 |
|  | 否 | 247 | 74.4 |
| 是否学生干部 | 是 | 120 | 36.1 |
|  | 否 | 212 | 63.9 |
| 生源地 | 城市 | 114 | 34.3 |
|  | 农村 | 218 | 65.7 |
| 专业 | 文科 | 197 | 59.3 |
|  | 理科 | 135 | 40.7 |

### （二）研究工具

#### 1. 时间自我评价词表

采用自编的时间自我评价词表，共有 30 个形容词，积极词（如热情的、负责的、善良的等）和消极词（如懒惰的、自私的、冷漠的等）各 15 个。各题项的反应范围从 0"不符合"到 2"符合"，要求被试对过去五年前的自我、现在的自我和未来五年后的自我进行评价。过去自我、现在自我和未来自我的得分越高，表示个体对不同时间维度上的自我评价越积极。

### 2. 人生目的量表

采用简版人生目的量表（Schulenberg & Melton，2010）测量大学生的人生目的。该量表共 4 个题项，采用利克特 7 点计分，1= "非常不同意"，7= "非常同意"。在本研究中，该量表的 Cronbach's α 系数为 0.87。

### 3. 大学生社会心态量表

采用自编的大学生社会心态量表。该量表共 16 个题项，包括 4 个维度：社会公平感、社会安全感、社会获得感、社会美好感。该量表采用利克特 5 点计分，1= "非常不赞同"，5= "非常赞同"，得分越高，代表个体的社会心态越好。在本研究中，总量表与各维度的 Cronbach's α 系数为 0.72—0.85。

### （三）研究程序

采用团体施测方式，被试按照统一的指导语进行作答。采用 SPSS 22.0 和 AMOS 21.0 软件对数据进行分析。结构方程模型的评价选取 $\chi^2/df$、GFI、CFI、IFI（incremental fit index，增量拟合指数）、RMR（root mean square residual，残差均方根）、RMSEA、SRMR 等指标，并采用 Bootstrap 法计算中介效应 95%CI。

## 二、研究结果

### （一）共同方法偏差检验

对所有题项进行 Harman 单因子检验，结果发现，共有 33 个特征根大于 1 的因子，第一个因子的解释率为 14.81%，低于临界值 40%（曹丛等，2017）。因此，本研究不存在严重的共同方法偏差。

### （二）描述统计

各个变量的描述统计分析结果见表 5.19。

表 5.19　各个变量的描述统计分析结果

| 变量 | 最小值 | 最大值 | $M$ | $SD$ |
| --- | --- | --- | --- | --- |
| 时间自我 | 1.84 | 2.98 | 2.51 | 0.25 |
| 过去自我 | 1.27 | 3.00 | 2.34 | 0.31 |
| 现在自我 | 1.53 | 3.00 | 2.50 | 0.30 |
| 未来自我 | 1.77 | 3.00 | 2.70 | 0.27 |
| 人生目的 | 1.50 | 7.00 | 5.02 | 0.97 |
| 社会心态 | 1.63 | 4.78 | 3.26 | 0.53 |

## （三）人口学变量的差异分析

独立样本 $t$ 检验结果表明，时间自我、人生目的和社会心态均不存在显著的性别差异，见表 5.20。

表 5.20　各个变量的性别差异

| 变量 | 男 $M$ | 男 $SD$ | 女 $M$ | 女 $SD$ | $t$ | $p$ |
| --- | --- | --- | --- | --- | --- | --- |
| 时间自我 | 2.48 | 0.28 | 2.52 | 0.23 | −1.36 | 0.176 |
| 过去自我 | 2.32 | 0.34 | 2.35 | 0.30 | −0.63 | 0.528 |
| 现在自我 | 2.47 | 0.34 | 2.51 | 0.29 | −1.05 | 0.295 |
| 未来自我 | 2.65 | 0.30 | 2.71 | 0.26 | −1.77 | 0.077 |
| 人生目的 | 4.89 | 1.11 | 5.06 | 0.91 | −1.40 | 0.163 |
| 社会心态 | 3.25 | 0.56 | 3.26 | 0.51 | −0.10 | 0.923 |

独立样本 $t$ 检验结果表明，时间自我、人生目的和社会心态在是否独生子女上均无显著差异，见表 5.21。

表 5.21　各个变量的是否独生子女差异

| 变量 | 是 $M$ | 是 $SD$ | 否 $M$ | 否 $SD$ | $t$ | $p$ |
| --- | --- | --- | --- | --- | --- | --- |
| 时间自我 | 2.50 | 0.25 | 2.52 | 0.25 | −0.56 | 0.577 |
| 过去自我 | 2.29 | 0.33 | 2.36 | 0.30 | −1.77 | 0.078 |
| 现在自我 | 2.48 | 0.29 | 2.51 | 0.30 | −0.77 | 0.444 |
| 未来自我 | 2.73 | 0.26 | 2.68 | 0.28 | 1.34 | 0.182 |
| 人生目的 | 5.08 | 0.92 | 5.00 | 0.99 | 0.67 | 0.505 |
| 社会心态 | 3.20 | 0.51 | 3.28 | 0.53 | −1.27 | 0.204 |

独立样本 $t$ 检验结果表明，时间自我、人生目的和社会心态在生源地上均没有显著差异，见表 5.22。

表 5.22 各个变量的生源地差异

| 变量 | 城市 M | 城市 SD | 农村 M | 农村 SD | $t$ | $p$ |
|---|---|---|---|---|---|---|
| 时间自我 | 2.53 | 0.24 | 2.50 | 0.25 | 0.87 | 0.385 |
| 过去自我 | 2.34 | 0.32 | 2.34 | 0.30 | 0.12 | 0.906 |
| 现在自我 | 2.52 | 0.30 | 2.49 | 0.30 | 0.84 | 0.402 |
| 未来自我 | 2.72 | 0.24 | 2.68 | 0.29 | 1.29 | 0.200 |
| 人生目的 | 5.14 | 0.90 | 4.96 | 1.00 | 1.59 | 0.112 |
| 社会心态 | 3.22 | 0.49 | 3.28 | 0.54 | -1.05 | 0.297 |

独立样本 $t$ 检验结果表明，时间自我、过去自我、人生目的、社会心态等在是否学生干部上均存在显著差异。具体而言，学生干部的时间自我、过去自我、人生目的和社会心态的得分均显著高于非学生干部，见表 5.23。

表 5.23 各个变量的是否学生干部差异

| 变量 | 是 M | 是 SD | 否 M | 否 SD | $t$ | $p$ |
|---|---|---|---|---|---|---|
| 时间自我 | 2.56 | 0.23 | 2.49 | 0.25 | 2.69 | 0.007 |
| 过去自我 | 2.42 | 0.29 | 2.29 | 0.31 | 3.67 | <0.001 |
| 现在自我 | 2.54 | 0.29 | 2.48 | 0.30 | 1.75 | 0.081 |
| 未来自我 | 2.72 | 0.26 | 2.68 | 0.28 | 1.17 | 0.243 |
| 人生目的 | 5.22 | 0.87 | 4.90 | 1.01 | 2.89 | 0.004 |
| 社会心态 | 3.34 | 0.50 | 3.21 | 0.54 | 2.02 | 0.044 |

独立样本 $t$ 检验结果表明，时间自我、人生目的和社会心态在专业上均没有显著差异，见表 5.24。

表 5.24 各个变量的专业差异

| 变量 | 文科 M | 文科 SD | 理科 M | 理科 SD | $t$ | $p$ |
|---|---|---|---|---|---|---|
| 时间自我 | 2.51 | 0.23 | 2.51 | 0.27 | -0.04 | 0.965 |
| 过去自我 | 2.34 | 0.30 | 2.34 | 0.32 | 0.02 | 0.988 |

续表

| 变量 | 文科 M | 文科 SD | 理科 M | 理科 SD | t | p |
|---|---|---|---|---|---|---|
| 现在自我 | 2.49 | 0.28 | 2.52 | 0.33 | −0.93 | 0.355 |
| 未来自我 | 2.71 | 0.26 | 2.68 | 0.30 | 0.88 | 0.381 |
| 人生目的 | 5.09 | 0.92 | 4.92 | 1.04 | 1.56 | 0.119 |
| 社会心态 | 3.27 | 0.51 | 3.23 | 0.55 | 0.67 | 0.502 |

方差分析结果表明，时间自我、人生目的和社会心态在年级上均不存在显著差异，见表 5.25。

表 5.25　各个变量的年级差异

| 变量 | 年级 | M | SD | F | p |
|---|---|---|---|---|---|
| 时间自我 | 大一 | 2.59 | 0.19 | 0.48 | 0.696 |
|  | 大二 | 2.49 | 0.27 |  |  |
|  | 大三 | 2.53 | 0.23 |  |  |
|  | 大四 | 2.51 | 0.25 |  |  |
| 过去自我 | 大一 | 2.39 | 0.31 | 0.12 | 0.950 |
|  | 大二 | 2.33 | 0.32 |  |  |
|  | 大三 | 2.35 | 0.29 |  |  |
|  | 大四 | 2.34 | 0.32 |  |  |
| 现在自我 | 大一 | 2.65 | 0.19 | 0.74 | 0.531 |
|  | 大二 | 2.49 | 0.35 |  |  |
|  | 大三 | 2.52 | 0.29 |  |  |
|  | 大四 | 2.49 | 0.30 |  |  |
| 未来自我 | 大一 | 2.74 | 0.12 | 0.62 | 0.600 |
|  | 大二 | 2.64 | 0.32 |  |  |
|  | 大三 | 2.71 | 0.26 |  |  |
|  | 大四 | 2.70 | 0.27 |  |  |
| 人生目的 | 大一 | 5.71 | 0.49 | 1.89 | 0.131 |
|  | 大二 | 5.08 | 1.18 |  |  |
|  | 大三 | 5.15 | 0.83 |  |  |
|  | 大四 | 4.95 | 0.98 |  |  |
| 社会心态 | 大一 | 3.36 | 0.56 | 0.20 | 0.893 |
|  | 大二 | 3.30 | 0.63 |  |  |
|  | 大三 | 3.27 | 0.52 |  |  |
|  | 大四 | 3.24 | 0.51 |  |  |

## （四）相关分析

各个研究变量的相关系数矩阵见表 5.26。由此可知，时间自我及其过去自我、现在自我、未来自我维度、人生目的与社会心态两两之间均呈显著正相关。

表 5.26  各变量之间的相关矩阵

| 变量 | 时间自我 | 过去自我 | 现在自我 | 未来自我 | 人生目的 |
|---|---|---|---|---|---|
| 时间自我 | 1 | | | | |
| 过去自我 | 0.84*** | 1 | | | |
| 现在自我 | 0.89*** | 0.67*** | 1 | | |
| 未来自我 | 0.75*** | 0.39*** | 0.54*** | 1 | |
| 人生目的 | 0.46*** | 0.37*** | 0.44*** | 0.34*** | 1 |
| 社会心态 | 0.50*** | 0.45*** | 0.43*** | 0.36*** | 0.53*** |

## （五）中介效应分析

### 1. 人生目的在时间自我与社会心态之间的中介效应

在结构方程模型中，时间自我（观测指标为过去自我、现在自我、未来自我）和社会心态（观测指标为公平感、安全感、获得感、美好感）均为潜变量，人生目的为显变量，见图 5.4。结果显示，整个模型拟合良好，$\chi^2$=95.33，$df$=18，$\chi^2/df$=5.30，RMR=0.02，GFI=0.93，CFI=0.91，IFI=0.91，SRMR=0.08，RMSEA=0.11。

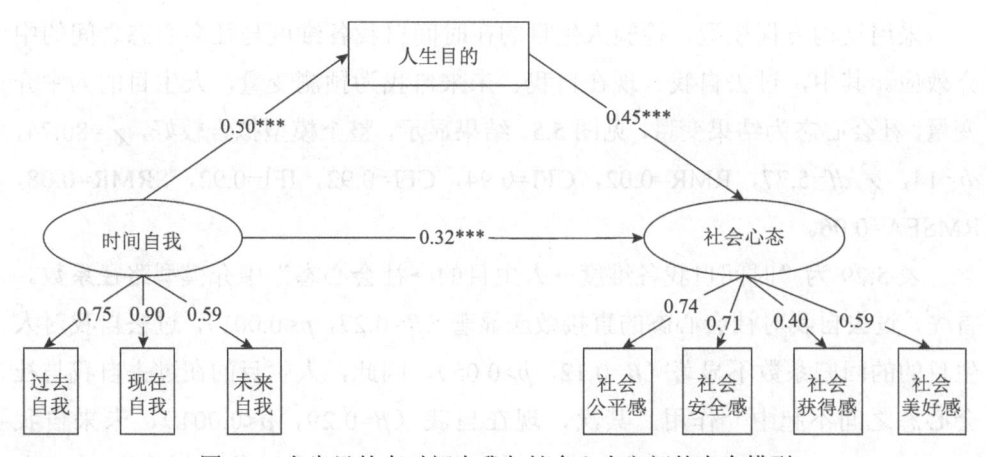

图 5.4  人生目的在时间自我与社会心态之间的中介模型

表 5.27 为"时间自我→人生目的→社会心态"中介模型路径系数。由此可知，时间自我可以显著正向预测人生目的（$\beta$=0.50，$p$<0.001），而人生目的可以显著正向预测社会心态（$\beta$=0.45，$p$<0.001），并且时间自我对社会心态的直接效应显著（$\beta$=0.32，$p$<0.001）。因此，人生目的在时间自我与社会心态之间起部分中介作用，中介效应值为 0.23，$SE$=0.04，95%CI=[0.160，0.305]，见表 5.28。

表 5.27　"时间自我→人生目的→社会心态"中介模型路径系数

| 路径 | B | SE | CR | $\beta$ |
| --- | --- | --- | --- | --- |
| 时间自我→人生目的 | 1.82 | 0.21 | 8.72 | 0.50*** |
| 时间自我→社会心态 | 0.41 | 0.10 | 4.30 | 0.32*** |
| 人生目的→社会心态 | 0.16 | 0.03 | 6.24 | 0.45*** |

表 5.28　"时间自我→人生目的→社会心态"中介模型的总效应、直接效应和间接效应

| 变量 | 效应值 | SE | 95%CI 下限 | 95%CI 上限 |
| --- | --- | --- | --- | --- |
| 总效应 | 0.54 | 0.08 | 0.375 | 0.673 |
| 直接效应 | 0.32 | 0.09 | 0.135 | 0.481 |
| 间接效应 | 0.23 | 0.04 | 0.160 | 0.305 |

### 2. 人生目的在时间自我各维度与社会心态之间的中介效应

采用结构方程模型，检验人生目的在时间自我各维度与社会心态之间的中介效应。其中，过去自我、现在自我、未来自我为预测变量，人生目的为中介变量，社会心态为结果变量，见图 5.5。结果显示，整个模型拟合较好，$\chi^2$=80.74，$df$=14，$\chi^2/df$=5.77，RMR=0.02，GFI=0.94，CFI=0.92，IFI=0.92，SRMR=0.08，RMSEA=0.06。

表 5.29 为"时间自我各维度→人生目的→社会心态"中介模型路径系数。首先，过去自我对社会心态的直接效应显著（$\beta$=0.27，$p$<0.001），过去自我对人生目的的回归系数不显著（$\beta$=0.12，$p$>0.05）。因此，人生目的在过去自我与社会心态之间不起中介作用。其次，现在自我（$\beta$=0.29，$p$<0.001）、未来自我（$\beta$=0.14，$p$<0.05）均能显著正向预测人生目的，人生目的能显著正向预测社会心态

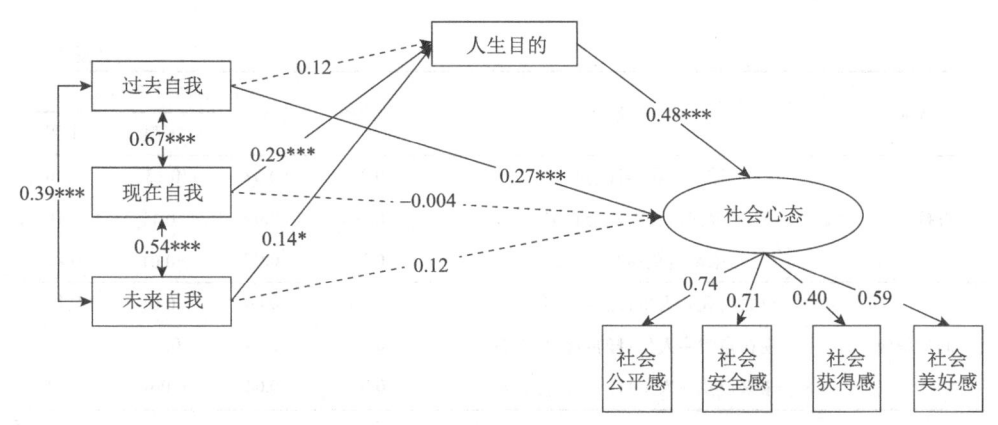

图 5.5　人生目的在时间自我各维度与社会心态之间的中介模型

注：实线表示路径系数显著，虚线表示路径系数不显著，下同

（$\beta$=0.48，$p$<0.001），现在自我、未来自我对社会心态的直接效应不显著。因此，人生目的在现在自我、未来自我与社会心态之间起完全中介作用。人生目的在现在自我与社会心态的中介效应值为 0.14，$SE$=0.04，95%CI=[0.06，0.23]；人生目的在未来自我与社会心态的中介效应值为 0.07，$SE$=0.04，95%CI=[0.001，0.14]，见表 5.30。

表 5.29　"时间自我各维度→人生目的→社会心态"中介模型路径系数

| 路径 | B | SE | CR | p | β |
|---|---|---|---|---|---|
| 过去自我→人生目的 | 0.39 | 0.21 | 1.88 | 0.060 | 0.12 |
| 现在自我→人生目的 | 0.92 | 0.23 | 3.98 | <0.001 | 0.29 |
| 未来自我→人生目的 | 0.49 | 0.20 | 2.42 | 0.015 | 0.14 |
| 过去自我→社会心态 | 0.30 | 0.08 | 3.65 | <0.001 | 0.27 |
| 现在自我→社会心态 | −0.01 | 0.09 | −0.05 | 0.957 | −0.004 |
| 未来自我→社会心态 | 0.15 | 0.08 | 1.89 | 0.059 | 0.12 |
| 人生目的→社会心态 | 0.17 | 0.03 | 6.87 | <0.001 | 0.48 |

表 5.30　"时间自我各维度→人生目的→社会心态"中介模型的总效应、直接效应和间接效应

| 效应 | 路径 | 效应值 | SE | 95%CI 下限 | 95%CI 上限 |
|---|---|---|---|---|---|
| 总效应 | 过去自我→社会心态 | 0.33 | 0.08 | 0.17 | 0.47 |
|  | 现在自我→社会心态 | 0.13 | 0.10 | −0.06 | 0.37 |
|  | 未来自我→社会心态 | 0.18 | 0.08 | 0.04 | 0.35 |

续表

| 效应 | 路径 | 效应值 | SE | 95%CI 下限 | 95%CI 上限 |
|---|---|---|---|---|---|
| 直接效应 | 过去自我→社会心态 | 0.27 | 0.07 | 0.13 | 0.40 |
| | 现在自我→社会心态 | -0.004 | 0.09 | -0.17 | 0.18 |
| | 未来自我→社会心态 | 0.12 | 0.07 | -0.01 | 0.25 |
| 间接效应 | 过去自我→人生目的→社会心态 | 0.06 | 0.04 | -0.01 | 0.13 |
| | 现在自我→人生目的→社会心态 | 0.14 | 0.04 | 0.06 | 0.23 |
| | 未来自我→人生目的→社会心态 | 0.07 | 0.04 | 0.001 | 0.14 |

## 三、讨论与结论

本研究旨在探讨家庭经济困难大学生的时间自我及各维度（过去自我、现在自我、未来自我）与社会心态的关系，以及人生目的在时间自我与社会心态之间的中介作用。

相关分析发现，时间自我、过去自我、现在自我、未来自我与家庭经济困难大学生的社会心态均呈显著正相关，这支持了本研究的假设。个体对过去自我、现在自我和未来自我的积极认知与评价越高，那么他们的社会心态水平就越好，这一结果符合社会心态形成向上模型的观点，即个体的心理特性可以上行作用于其社会价值观和社会心态（杨宜音，2012）。以往的研究并未对自我进行时间维度上的区分，本研究证实了不同时间维度的自我均有益于个体社会心态的发展。本研究还进一步发现，整体时间自我与社会心态的相关系数要高于不同时间自我与社会心态的相关系数。这说明，构建一个完整而系统的积极时间自我对于良好社会心态形成的价值最大。

为进一步探讨人生目的的中介作用，本研究构建了两个结构方程模型。在"时间自我→人生目的→社会心态"中介模型中，人生目的在时间自我与社会心态之间起部分中介作用。这说明，个体的时间自我越积极，那么其人生目的感也就越强。而人生目的对个体的积极发展意义重大（兰公瑞等，2017），有目的的人生会激发个体更多的生命意义感和社会幸福感等（Burrow & Hill, 2011; Hill et al., 2014; Yeager & Bundick, 2009），从而促进个体良好社会心态的建设。

本研究还发现，在"时间自我各维度→人生目的→社会心态"中介模型中，人生目的在现在自我、未来自我与社会心态之间的中介作用显著，而在过去自我与时间心态之间的中介作用不显著。这说明，不同时间自我的结构对人生目的的影响是不同的，个体的人生目的更多来自其对现在自我和未来自我的认知、体验与评价。人生目的与人们的目标密切相关，可以为个人指明未来的人生方向（兰公瑞等，2017；McKnight & Kashdan，2009），而个体对于目标的设置会受到其当前的状况与对未来期望的制约。个体当前的状况越好，对未来的期望越高，那么越有可能设定宏大的目标，从而促进高水平的人生目的的实现，进而维持良好的社会心态。尽管过去自我并不能通过人生目的来间接作用于社会心态，但是过去自我对社会心态的直接效应是显著的，这表明还需要探寻其他心理机制来解释过去自我与社会心态之间的关系。

本研究的主要局限在于选取的样本存在一定的不均衡性，如样本大多来自大四年级的学生，其他年级的大学生相对较少，这可能会使研究结果存在一定的取样偏差，未来研究需要进一步注重样本收集在年级上的均衡性，从而使得所取样本在大学生群体中更具有代表性。此外，本研究仅探讨了人生目的这一个变量的中介作用，未来仍需要进一步探明时间自我与社会心态之间的其他潜在作用机制。

总之，在本研究条件下，社会心态与时间自我及其各维度（过去自我、现在自我、未来自我）之间均呈显著正相关。人生目的在时间自我与社会心态之间具有部分中介作用，人生目的在现在自我与社会心态之间以及在未来自我与社会心态之间均存在完全中介作用。

## 第四节　家庭经济困难大学生的时间自我与社会心态：积极心理资本的中介作用

积极心理资本是一种积极心理状态，与自我效能、希望、乐观、韧性等有关（Luthans et al.，2007）。大量研究发现，积极心理资本可以促进个体多方面的心理和行为结果，如心理健康、主观幸福感、自尊、应对策略、工作绩效等（李斌等，2014；熊猛，叶一舵，2016b）。而且，积极心理资本作为一种综合的心理资源，能够通过一定方式开发和释放个体潜能，用以增加个体的心理资本（Luthans et al.，2006）。从资源保存理论来看，个体的心理特性（自尊、自信、人格等）和环境因素（社会支持、组织环境等）都是个人心理资源获得、保持与积累的重要来源（Hobfoll，1989；Luthans et al.，2006）。

从心理资本的内涵上来看，积极心理资本包括自我效能（对自我能力的信心）、乐观（对未来向好发展的积极信念）、韧性（在挫折中恢复和成长）、希望（对未来的美好期望）。研究发现，个体的核心自我评价可以增加心理资本（沈贺等，2023），而个体的自我强化可以促进心理资本的增加，帮助其更容易地从逆境中反弹，从而维持良好的发展（熊猛，叶一舵，2016b）。因此，积极的时间自我有助于增加个体的积极心理资本。

从积极情绪的拓展建构理论来看，积极心理资本水平较高的个体有更为灵活的认知模式和行为方式，也更容易从社会环境中得到能量补充和累积（Fredrickson，2001）。积极心理资本发挥作用的过程是一种调动自身资源应对环境风险的自我调节过程（Molden et al.，2016）。研究发现，心理资本可以削弱家庭不利处境与青少年抑郁之间的关系，使逆境青少年保持心理适应和身心健康发展（范兴华等，2018；熊俊梅等，2020）。积极心理资本使个体有更多心理资源来应对外在的环境风险和社会压力，并与积极情绪关系密切（Avey et al.，2008）。积极心理资本也会促进个体的社会性行为，如网络利他行为（范楠楠等，2020）、亲社会行为（银小兰等，2023）。因此，积极心理资本高的个体能更灵活且积极地认知世界和社会，从而形成良好的社会心态。

本研究探讨时间自我与家庭经济困难大学生社会心态之间的关系以及积极心理资本的中介作用。本研究假设是：①时间自我与家庭经济困难大学生的社会心态呈显著正相关；②积极心理资本在时间自我与社会心态之间存在显著的中介效应。

## 一、研究方法

### （一）研究对象

采用方便取样法，以某高校认定的350名家庭经济困难大学生为研究对象，采用线下和线上相结合的方式进行问卷调查,回收有效问卷 324 份。其中,男生 129 人,女生 195 人;125 人来自城市,199 人来自农村。118 人为文科专业,206 人为理科专业。有效样本情况见表 5.31。

表 5.31 有效样本分布情况

| 变量 | 选项 | 人数/人 | 百分比/% |
| --- | --- | --- | --- |
| 性别 | 男 | 129 | 39.8 |
|  | 女 | 195 | 60.2 |
| 年级 | 大一 | 92 | 28.4 |
|  | 大二 | 143 | 44.1 |
|  | 大三 | 59 | 18.2 |
|  | 大四 | 30 | 9.3 |
| 是否独生子女 | 是 | 75 | 23.1 |
|  | 否 | 249 | 76.9 |
| 是否学生干部 | 是 | 133 | 41.0 |
|  | 否 | 191 | 59.0 |
| 生源地 | 城市 | 125 | 38.6 |
|  | 农村 | 199 | 61.4 |
| 专业 | 文科 | 118 | 36.4 |
|  | 理科 | 206 | 63.6 |

(二)研究工具

1. 时间自我评价词表

采用自编的时间自我评价词表,共有 30 个形容词,积极词(如热情的、负责的、善良的等)和消极词(如懒惰的、自私的、冷漠的等)各 15 个,反应范围从 0 "不符合" 到 2 "符合",要求被试对过去五年前的自我、现在的自我和未来五年后的自我进行评价。过去、现在和未来自我的得分越高,表示个体对不同时间维度上的自我评价越积极。

2. 积极心理资本问卷

采用张阔等(2010)的积极心理资本问卷,共 26 个题项,包括 4 个维度:自我效能、希望、韧性、乐观。该量表采用利克特 7 点计分,1= "完全不符合",

7="完全符合"，得分越高，代表个体的心理资本水平越高。本研究中，总问卷的 Cronbach's α 系数是 0.92。

### 3. 大学生社会心态量表

采用自编的大学生社会心态量表。该量表共 16 个题项目，包括 4 个维度：社会公平感、社会安全感、社会获得感、社会美好感。该量表采用利克特 5 点计分，1="非常不赞同"，5="非常赞同"，得分越高，代表个体的社会心态越好。在本研究中，总量表的 Cronbach's α 系数为 0.86。

## （三）研究程序

采用线下与线上相结合的方式进行问卷调查，要求被试按照统一的指导语进行作答。运用 SPSS 22.0 和 AMOS 21.0 软件进行数据分析。结构方程模型选取 $\chi^2/df$、GFI、CFI、IFI、RMSEA、SRMR 等指标，采用 Bootstrap 法计算中介效应 95%CI。

# 二、结果与分析

## （一）共同方法偏差检验

Harman 单因子检验发现，共有 33 个因子的特征值大于 1，第一个因子的解释率仅为 15.90%，低于临界值 40%。因此，本研究不存在明显的共同方法偏差。

## （二）描述统计

各个变量的描述统计分析结果见表 5.32。

表 5.32　各个变量的描述统计分析结果

| 变量 | 最小值 | 最大值 | $M$ | $SD$ |
| --- | --- | --- | --- | --- |
| 时间自我 | 1.37 | 3.00 | 2.46 | 0.24 |
| 过去自我 | 1.33 | 3.00 | 2.36 | 0.28 |
| 未来自我 | 1.33 | 3.00 | 2.57 | 0.30 |
| 现在自我 | 1.43 | 3.00 | 2.46 | 0.29 |
| 心理资本 | 1.13 | 6.42 | 4.52 | 0.77 |
| 社会心态 | 1.18 | 4.68 | 3.23 | 0.52 |

## (三) 人口学变量的差异分析

独立样本 $t$ 检验结果表明，时间自我以及过去、现在、未来自我维度均不存在显著的性别差异，而心理资本和社会心态存在显著的性别差异。具体而言，男生的心理资本、社会心态得分显著高于女生，见表 5.33。

表 5.33 性别差异

| 变量 | 男 M | 男 SD | 女 M | 女 SD | $t$ | $p$ |
| --- | --- | --- | --- | --- | --- | --- |
| 时间自我 | 2.46 | 0.25 | 2.46 | 0.24 | 0.04 | 0.968 |
| 过去自我 | 2.34 | 0.27 | 2.37 | 0.29 | −0.72 | 0.472 |
| 未来自我 | 2.56 | 0.32 | 2.58 | 0.29 | −0.61 | 0.545 |
| 现在自我 | 2.48 | 0.30 | 2.44 | 0.28 | 1.44 | 0.150 |
| 心理资本 | 4.69 | 0.70 | 4.41 | 0.79 | 3.24 | 0.001 |
| 社会心态 | 3.36 | 0.51 | 3.15 | 0.51 | 3.49 | 0.001 |

独立样本 $t$ 检验的结果表明，时间自我、心理资本和社会心态在是否独生子女方面均不存在显著差异，见表 5.34。

表 5.34 是否独生子女差异

| 变量 | 是 M | 是 SD | 否 M | 否 SD | $t$ | $p$ |
| --- | --- | --- | --- | --- | --- | --- |
| 时间自我 | 2.45 | 0.28 | 2.46 | 0.23 | −0.58 | 0.562 |
| 过去自我 | 2.33 | 0.28 | 2.36 | 0.28 | −0.92 | 0.361 |
| 未来自我 | 2.54 | 0.34 | 2.58 | 0.29 | −0.99 | 0.322 |
| 现在自我 | 2.47 | 0.31 | 2.45 | 0.28 | 0.45 | 0.655 |
| 心理资本 | 4.61 | 0.67 | 4.49 | 0.80 | 1.16 | 0.247 |
| 社会心态 | 3.16 | 0.59 | 3.25 | 0.50 | −1.32 | 0.188 |

独立样本 $t$ 检验的结果表明，时间自我和社会心态在生源地方面均不存在显著差异，而心理资本在生源地方面存在显著差异，城市大学生的心理资本得分比农村大学生的心理资本得分显著较高，见表 5.35。

表 5.35　生源地差异

| 变量 | 城市 M | 城市 SD | 农村 M | 农村 SD | t | p |
|---|---|---|---|---|---|---|
| 时间自我 | 2.46 | 0.27 | 2.46 | 0.23 | 0.17 | 0.862 |
| 过去自我 | 2.34 | 0.30 | 2.36 | 0.27 | -0.72 | 0.472 |
| 未来自我 | 2.57 | 0.33 | 2.57 | 0.28 | -0.03 | 0.980 |
| 现在自我 | 2.48 | 0.29 | 2.44 | 0.28 | 1.17 | 0.243 |
| 心理资本 | 4.64 | 0.73 | 4.44 | 0.79 | 2.19 | 0.029 |
| 社会心态 | 3.24 | 0.56 | 3.23 | 0.50 | 0.09 | 0.930 |

独立样本 $t$ 检验结果表明，现在自我、心理资本在是否学生干部方面存在显著差异，学生干部的现在自我、心理资本的得分显著高于非学生干部。其余变量均不存在显著差异，见表 5.36。

表 5.36　是否学生干部差异

| 变量 | 是 M | 是 SD | 否 M | 否 SD | t | p |
|---|---|---|---|---|---|---|
| 时间自我 | 2.49 | 0.25 | 2.44 | 0.24 | 1.83 | 0.068 |
| 过去自我 | 2.38 | 0.29 | 2.34 | 0.27 | 1.12 | 0.265 |
| 未来自我 | 2.59 | 0.31 | 2.56 | 0.29 | 0.85 | 0.395 |
| 现在自我 | 2.51 | 0.29 | 2.42 | 0.28 | 2.70 | 0.007 |
| 心理资本 | 4.71 | 0.74 | 4.39 | 0.76 | 3.73 | <0.001 |
| 社会心态 | 3.29 | 0.51 | 3.19 | 0.53 | 1.66 | 0.098 |

独立样本 $t$ 检验的结果表明，时间自我、心理资本和社会心态在不同的专业上均不存在显著差异，见表 5.37。

表 5.37　专业差异

| 变量 | 文科 M | 文科 SD | 理科 M | 理科 SD | t | p |
|---|---|---|---|---|---|---|
| 时间自我 | 2.49 | 0.27 | 2.45 | 0.23 | 1.30 | 0.193 |
| 过去自我 | 2.40 | 0.29 | 2.34 | 0.27 | 1.59 | 0.113 |
| 未来自我 | 2.59 | 0.32 | 2.56 | 0.30 | 0.73 | 0.466 |
| 现在自我 | 2.49 | 0.30 | 2.45 | 0.28 | 1.02 | 0.310 |
| 心理资本 | 4.61 | 0.75 | 4.50 | 0.77 | 1.13 | 0.260 |
| 社会心态 | 3.26 | 0.48 | 3.24 | 0.54 | 0.37 | 0.714 |

方差分析表明，时间自我及其过去自我、现在自我维度均存在显著的年级差异，事后检验表明，大三学生的时间自我及其过去自我、现在自我维度得分均高于大二学生，大四学生的过去自我维度得分显著高于大二学生；心理资本和社会心态在年级上也存在显著差异，事后检验表明，大三学生的心理资本和社会心态得分均高于大二学生，见表5.38。

表 5.38 年级差异

| 变量 | 选项 | M | SD | F | p | 事后检验 |
| --- | --- | --- | --- | --- | --- | --- |
| 时间自我 | A 大一 | 2.48 | 0.24 | 4.46 | 0.004 | C>B |
|  | B 大二 | 2.41 | 0.26 |  |  |  |
|  | C 大三 | 2.52 | 0.21 |  |  |  |
|  | D 大四 | 2.53 | 0.18 |  |  |  |
| 过去自我 | A 大一 | 2.38 | 0.28 | 5.41 | 0.001 | C, D>B |
|  | B 大二 | 2.29 | 0.30 |  |  |  |
|  | C 大三 | 2.43 | 0.23 |  |  |  |
|  | D 大四 | 2.45 | 0.19 |  |  |  |
| 未来自我 | A 大一 | 2.60 | 0.31 | 2.20 | 0.088 | — |
|  | B 大二 | 2.53 | 0.31 |  |  |  |
|  | C 大三 | 2.59 | 0.29 |  |  |  |
|  | D 大四 | 2.65 | 0.24 |  |  |  |
| 现在自我 | A 大一 | 2.48 | 0.27 | 3.01 | 0.030 | C>B |
|  | B 大二 | 2.41 | 0.30 |  |  |  |
|  | C 大三 | 2.53 | 0.25 |  |  |  |
|  | D 大四 | 2.48 | 0.28 |  |  |  |
| 心理资本 | A 大一 | 4.50 | 0.73 | 3.37 | 0.019 | C>B |
|  | B 大二 | 4.41 | 0.84 |  |  |  |
|  | C 大三 | 4.78 | 0.67 |  |  |  |
|  | D 大四 | 4.57 | 0.60 |  |  |  |
| 社会心态 | A 大一 | 3.23 | 0.55 | 4.88 | 0.002 | C>B |
|  | B 大二 | 3.14 | 0.51 |  |  |  |
|  | C 大三 | 3.44 | 0.44 |  |  |  |
|  | D 大四 | 3.27 | 0.52 |  |  |  |

## （四）相关分析

各个研究变量的相关矩阵见表 5.39。由表可知，心理资本与时间自我及其过去自我、现在自我、未来自我、社会心态两两之间均呈显著正相关。

表 5.39　各变量之间的相关矩阵

| 变量 | 时间自我 | 过去自我 | 未来自我 | 现在自我 | 心理资本 |
|---|---|---|---|---|---|
| 时间自我 | 1 | | | | |
| 过去自我 | 0.81*** | 1 | | | |
| 未来自我 | 0.84*** | 0.46*** | 1 | | |
| 现在自我 | 0.89*** | 0.61*** | 0.64*** | 1 | |
| 心理资本 | 0.61*** | 0.45*** | 0.43*** | 0.67*** | 1 |
| 社会心态 | 0.44*** | 0.32*** | 0.36*** | 0.44*** | 0.46*** |

## （五）中介效应分析

### 1. 心理资本在时间自我与社会心态之间的中介效应

在模型中，时间自我（观测指标为过去自我、现在自我、未来自我）、心理资本（观测指标为自我效能、韧性、希望、乐观）和社会心态（观测指标为社会公平感、社会安全感、社会获得感、社会美好感）均为潜变量，见图 5.6。结

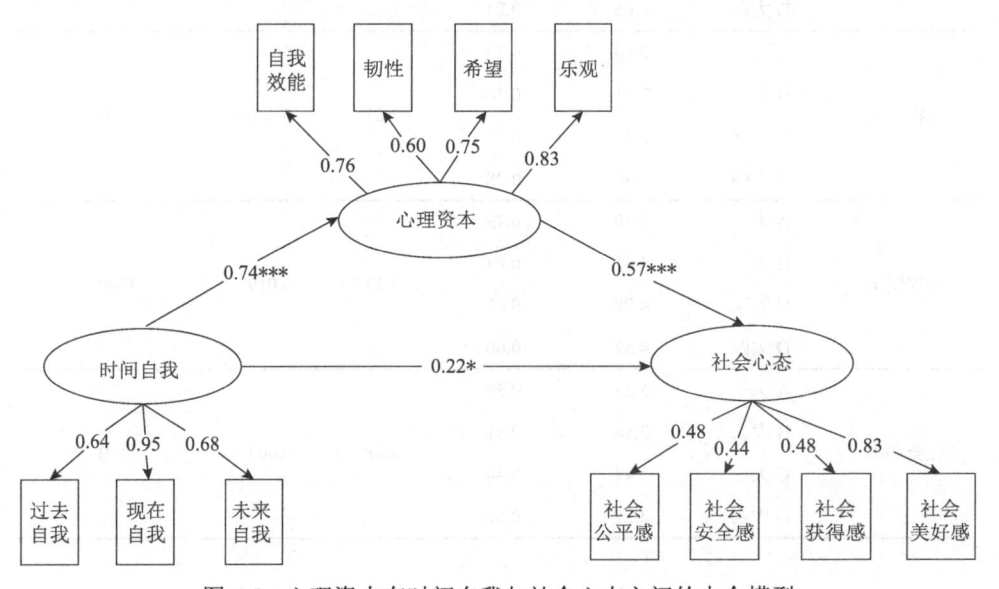

图 5.6　心理资本在时间自我与社会心态之间的中介模型

果显示，整个模型拟合良好，$\chi^2$=134.30，$df$=40，$\chi^2/df$=3.36，RMR=0.03，GFI=0.93，CFI=0.94，IFI=0.94，SRMR=0.05，RMSEA=0.09。

表 5.40 为"时间自我→心理资本→社会心态"中介模型路径系数。由此可知，时间自我可以显著正向预测心理资本（$\beta$=0.74，$p$<0.001），心理资本可以显著正向预测社会心态（$\beta$=0.57，$p$<0.001）。时间自我对社会心态的直接效应显著（$\beta$=0.22，$p$<0.05）。因此，心理资本在时间自我与社会心态之间起部分中介作用。心理资本在时间自我与社会心态之间的中介效应值为 0.42，$SE$=0.08，95%CI=[0.26，0.61]，见表 5.41。

表 5.40 "时间自我→心理资本→社会心态"中介模型路径系数

| 路径 | B | SE | CR | p | $\beta$ |
|---|---|---|---|---|---|
| 时间自我→心理资本 | 1.90 | 0.17 | 11.16 | <0.001 | 0.74 |
| 心理资本→社会心态 | 0.40 | 0.07 | 5.67 | <0.001 | 0.57 |
| 时间自我→社会心态 | 0.40 | 0.17 | 2.34 | 0.019 | 0.22 |

表 5.41 中介模型的总效应、直接效应和间接效应

| 效应 | 效应值 | SE | 95%CI 下限 | 95%CI 上限 |
|---|---|---|---|---|
| 总效应 | 0.64 | 0.06 | 0.53 | 0.76 |
| 直接效应 | 0.22 | 0.11 | 0.02 | 0.46 |
| 间接效应 | 0.42 | 0.08 | 0.26 | 0.61 |

**2. 心理资本在时间自我各维度与社会心态之间的中介效应**

以过去自我、现在自我、未来自我为自变量，以心理资本为中介变量，以社会心态为结果变量进行中介模型分析，结果见图 5.7。结果显示，整个模型拟合良好，$\chi^2$=129.34，$df$=36，$\chi^2/df$=3.59，RMR=0.03，GFI=0.93，CFI=0.94，IFI=0.94，SRMR=0.05，RMSEA=0.07。

表 5.42 为"时间自我各维度→心理资本→社会心态"中介模型路径系数。首先，过去自我对社会心态的直接效应不显著（$\beta$=-0.004，$p$>0.05），过去自我对心理资本的回归系数不显著（$\beta$=0.07，$p$>0.05）。未来自我对社会心态的直接

时间自我对社会心态的影响：基于家庭经济困难大学生的研究

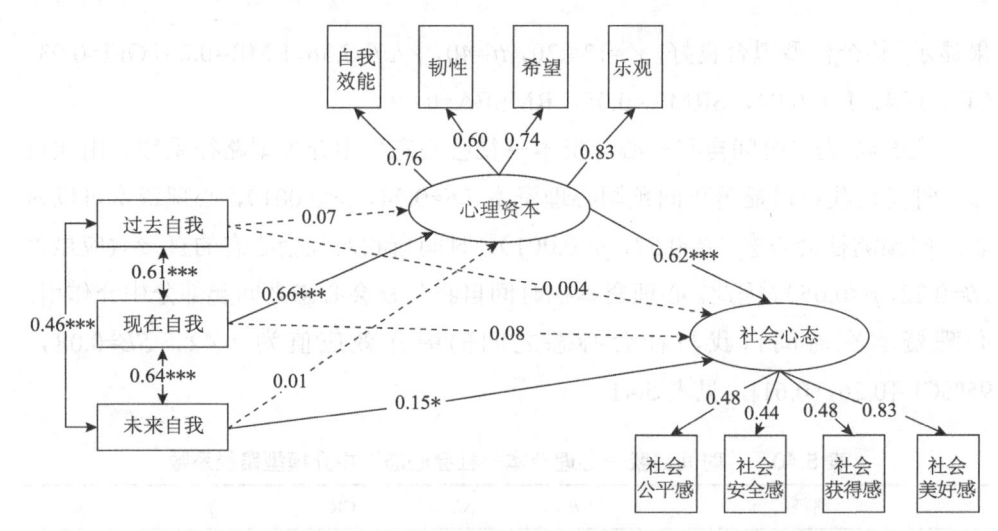

图 5.7 心理资本在时间自我各维度与社会心态之间的中介模型

表 5.42 "时间自我各维度→心理资本→社会心态"中介模型的路径系数

| 路径 | B | SE | CR | p | β |
|---|---|---|---|---|---|
| 过去自我→心理资本 | 0.18 | 0.15 | 1.22 | 0.22 | 0.07 |
| 现在自我→心理资本 | 1.60 | 0.18 | 8.84 | <0.001 | 0.66 |
| 未来自我→心理资本 | 0.02 | 0.14 | 0.14 | 0.893 | 0.01 |
| 心理资本→社会心态 | 0.43 | 0.07 | 6.63 | <0.001 | 0.62 |
| 过去自我→社会心态 | −0.01 | 0.12 | −0.06 | 0.952 | −0.004 |
| 现在自我→社会心态 | 0.14 | 0.16 | 0.83 | 0.406 | 0.08 |
| 未来自我→社会心态 | 0.24 | 0.11 | 2.17 | 0.030 | 0.15 |

效应显著（$\beta=0.15$，$p<0.05$），未来自我对心理资本的回归系数不显著（$\beta=0.01$，$p>0.05$）。因此，心理资本在过去自我与社会心态之间以及在未来自我与社会心态之间均不存在显著的中介作用。其次，现在自我可以显著正向预测心理资本（$\beta=0.66$，$p<0.001$），心理资本可以显著正向预测社会心态（$\beta=0.62$，$p<0.001$），现在自我对社会心态的直接效应不显著。因此，心理资本在现在自我与社会心态之间起完全中介作用，效应值为 0.40，$SE=0.08$，95%CI=[0.26, 0.57]，见表 5.43。

表 5.43　中介模型的总效应、直接效应和间接效应

| 效应 | 路径 | 效应值 | SE | 95%CI 下限 | 95%CI 上限 |
| --- | --- | --- | --- | --- | --- |
| 总效应 | 过去自我→社会心态 | 0.04 | 0.08 | -0.11 | 0.19 |
|  | 现在自我→社会心态 | 0.48 | 0.08 | 0.04 | 0.63 |
|  | 未来自我→社会心态 | 0.15 | 0.08 | -0.01 | 0.31 |
| 直接效应 | 过去自我→社会心态 | -0.004 | 0.07 | -0.15 | 0.12 |
|  | 现在自我→社会心态 | 0.08 | 0.09 | -0.10 | 0.27 |
|  | 未来自我→社会心态 | 0.15 | 0.07 | 0.02 | 0.29 |
| 间接效应 | 过去自我→心理资本→社会心态 | 0.04 | 0.05 | -0.03 | 0.15 |
|  | 现在自我→心理资本→社会心态 | 0.40 | 0.08 | 0.26 | 0.57 |
|  | 未来自我→心理资本→社会心态 | 0.01 | 0.07 | -0.10 | 0.09 |

## 三、讨论与结论

本研究探讨了家庭经济困难大学生的时间自我与社会心态的关系以及积极心理资本在其中的中介作用。相关分析发现，时间自我及其各维度（过去自我、现在自我、未来自我）与社会心态均呈显著正相关，支持了本研究的假设1。这与本章上一节的研究结果类似，说明了家庭经济困难大学生的时间自我对社会心态正向作用的稳健性。

本研究结果显示，在"时间自我→心理资本→社会心态"这一结构模型中，心理资本在时间自我与社会心态之间起部分中介作用，支持了本研究的假设2。个体对时间自我的认知和评价是心理资本的重要来源（Hobfoll，1989；Luthans et al.，2006）。作为一种积极的心理状态，心理资本有利于个体保持良好心境和情感平衡（李斌等，2014；熊猛，叶一舵，2016b）。高自我效能的个体通常更自信，有韧性和乐观意味着个体可以从容、积极地面对困难和挑战，有助于个体更好地实现自己的目标和追求，同时这样的人也会给周围的人带来积极的影响，表现出更多的亲社会行为（Toumbourou，2016；李敏，周明洁，2017）。而且，积极心理资本对于身处不利处境的个体具有明显的保护作用，可以帮助其调动自身资源以有效应对压力，从而保持灵活的认知（Fredrickson，2001），拥有积极的社会心态。因此，积极心理资本是解释家庭经济困难大学生的时间自

我与社会心态之间关系的重要机制变量。

　　本研究结果发现，在"时间自我各维度→积极心理资本→社会心态"这一结构模型中，心理资本仅在现在自我与社会心态之间起完全中介作用。这说明，相对于过去自我和未来自我，对现在自我的认知和评价更有可能是个体开发和累积心理资源的机制。实际上，个体对现在自我的认知和评价也会受到个体过去自我和未来自我的影响，未来研究应进一步探讨时间自我各维度之间的关系及其独特的作用模式。

　　总之，在本研究条件下，社会心态与时间自我及其各维度（过去自我、现在自我、未来自我）之间均呈显著正相关，积极心理资本在时间自我与社会心态之间具有部分中介作用，积极心理资本在现在自我与社会心态之间存在完全中介作用。

# 第六章 家庭经济困难大学生的未来自我连续性对社会心态的影响研究

## 第一节 大学生未来自我连续性问卷的信效度检验

未来自我连续性（future self-continuity，FSC）是指现在自我与未来自我之间的连续性和一致性，包括相似性、生动性、积极性等 3 个维度（Hershfield et al.，2009；Hershfield，2011）。其中，相似性指的是个体感知到的未来自我与现在自我之间的相似程度，生动性指的是个体在对未来自我进行加工时的生动形象程度，积极性指的是个体在想象未来自我和现在自我的关系时的积极感受（Klineberg，1968；Zhang & Aggarwal，2015；刘云芝等，2018）。

研究发现，未来自我连续性对自尊、自我控制与心理健康等存在显著影响（Sokol & Serper，2019；Bixter et al.，2020）。例如，高未来自我连续性的学生倾向于考虑现在的行为对将来的影响，而未来考虑能预测个体的自我控制能力。而且，干预可以显著提升个体的未来自我连续性，并促进有益体育锻炼。低未来自我连续性可以显著预测焦虑、抑郁、压力、自杀倾向以及绝望等（Adelman et al.，2016；Sokol & Serper，2019；Rutchick et al.，2018）。

目前，未来自我连续性的评估测量工具主要是未来自我连续性量表（future self-continuity scale，FSCS）与未来自我连续性问卷（future self-continuity questionnaire，FSCQ）（Hershfield et al.，2009；Sokol & Serper，2019；刘云芝等，2018）。FSCS 是在 7 对重叠的圆中进行选择，两个圆的重叠度代表现在自

我与未来自我的联结程度。该量表简便易行（王琳等，2020；张锋等，2020），但难以对相似性、生动性、积极性等维度进行全面评估（张锋等，2022）。还有研究者采用不同方法来评估具体因素（Antonoplis & Chen，2021；Van-Gelder et al.，2013；刘云芝等，2018），但由于评估标准不够统一，未来自我连续性的理论研究与应用受到了极大限制。

Sokol 和 Serper（2020）编制了 FSCQ，并证实了三因素结构（相似性、生动性和积极性）的合理性。而且，该问卷得分与负面情绪、抑郁、焦虑、压力、绝望、自杀倾向、失眠以及生活质量密切相关，这与先前的相关研究结果是一致的（刘云芝等，2018；Chandler et al.，2003；Sokol et al.，2017）。此外，该问卷的 3 个维度与临床测量结果的相关性并不完全相同。例如，积极性维度与抑郁的负相关最强，相似性维度与焦虑、压力的负相关最强。因此，利用该问卷对 3 个维度进行全面评估，更有利于探讨未来自我连续性的某一个具体因素或比较不同因素对个体的作用（Sokol & Serper，2020）。因此，本研究拟对中文版 FSCQ 进行效度和信度检验，从而给国内研究者提供一个全面而系统的未来自我连续性的有效测评工具。

## 一、研究方法

### （一）研究对象

采用整群抽样法进行探索性因子分析，选取 6 所高校的 900 名大学生进行调查，最终获得 830 份有效问卷。其中，男生 216 人，女生 614 人，平均年龄为 20.09±1.86 岁；生源地为农村的有 524 人，城市的有 306 人。

采用方便取样法进行验证性因子分析，通过网络形式选取 400 名大学生进行调查，回收有效问卷 352 份。其中，男生 99 人，女生 253 人，平均年龄为 23.83±3.93 岁；生源地为农村的有 107 人，城市的有 245 人。

### （二）研究工具

**1. 中文版 FSCQ**

FSCQ 由 Sokol 和 Serper（2020）编制，本研究在征得原问卷编制者同意后，将该问卷的翻译初稿进行了两次测试,并邀请心理学专业人士就测试结果进行讨论以完善有关语句。中文版 FSCQ 包括 10 个题项,分为 3 个维度:相似性(第 1—4 题)、生动性(第 5—7 题)和积极性(第 8—10 题)。

该问卷采用利克特 6 点计分,1—4 题中,1—6 分别表示"完全不""有些不""有点""相似""非常相似""完全相同";5—10 题中,1—6 分别表示"完全不""有些不""有点""比较""非常""完全"。得分越高,说明个体的未来自我连续性水平越高。

2. FSCS

FSCS 由 Hershfield 等(2009)编制,包括 7 对不同重叠程度的圆形,每对圆中的两个圆分别代表现在自我和未来自我,被试要从中选择其中一对圆来描述自己的现在自我和未来自我之间的关联程度。两个圆重叠越多,表示现在自我和未来自我的关联程度越高,未来自我连续性水平越高。

3. 未来取向量表

未来取向量表源自时间洞察力量表(Zimbardo & Boyd,1999;Wang et al.,2015),共有 4 个题项,采用利克特 5 点计分。总分越高,说明个体的未来取向水平越高。在本研究中,该量表的 Cronbach's $\alpha$ 系数是 0.78。

(三)研究程序

通过现场作答和网上填写的方式来收集数据,采用 SPSS 22.0 软件录入、整理和分析数据,并进行探索性因子分析,运用 Mplus 8.3 软件进行验证性因子分析。

## 二、结果与分析

(一)项目分析

首先,对 830 名大学生的中文版 FSCQ 总分与各题项得分进行 Pearson 相关分析,结果发现,相关系数为 0.55—0.66,$p<0.001$,说明各题项与总分的相关在合理范围内。

其次，将被试按照问卷总分前后各 27%的标准分为高分组和低分组，对各题项进行独立样本 t 检验。结果显示，高低组在各题项上都具有极显著的差异，CR 达到 0.001 的显著性，表明各题项的区分度良好，见表 6.1。

表 6.1　题总相关、CR 及因子载荷结果

| 题项 | r | CR | 因子载荷 |
| --- | --- | --- | --- |
| 1.现在的你和十年后的你会有多相似 | 0.55*** | 17.83*** | 0.76 |
| 2.你现在的想法和你十年后的想法会有多相似 | 0.58*** | 19.06*** | 0.80 |
| 3.你现在的个性和你十年后的个性会有多相似 | 0.64*** | 23.06*** | 0.79 |
| 4.你现在的价值观和你十年后的价值观会有多相似 | 0.64*** | 22.18*** | 0.71 |
| 5.你能在多大程度上生动形象地想象出十年后的自己 | 0.60*** | 18.55*** | 0.76 |
| 6.你能在多大程度上生动形象地想象出自己十年后的容貌 | 0.56*** | 16.80*** | 0.81 |
| 7.你能在多大程度上生动形象地想象出自己十年后的家庭关系 | 0.60*** | 17.83*** | 0.58 |
| 8.你在多大程度上喜欢十年后的自己 | 0.62*** | 18.39*** | 0.86 |
| 9.你在多大程度上喜欢自己十年后的个性 | 0.66*** | 21.14*** | 0.89 |
| 10.你在多大程度上喜欢自己十年后的做事方式 | 0.63*** | 18.37*** | 0.86 |

## （二）探索性因子分析

运用主成分分析法和方差最大正交旋转法进行探索性因子分析。结果显示，KMO=0.83，Bartlett 球度检验 $\chi^2$=2898.43，$p<0.001$，表明适合进行因子分析。碎石图见图 6.1。

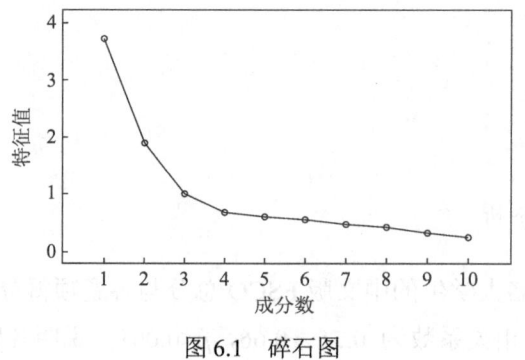

图 6.1　碎石图

依据特征根大于 1 的标准抽取公因子,可以获得 3 个因子,累计贡献率为 66.35%,10 个题项在其所属维度的因子载荷为 0.58—0.89,见表 6.1。3 个因子分别命名为相似性、生动性和积极性。其中第 1—4 题描述的是未来自我与现在自我的相似程度,第 5—7 题描述的是未来自我的生动形象程度,第 8—10 题描述的是对未来自我的积极情绪(喜欢程度)。

(三)验证性因子分析

采用 Mplus 8.3 软件建立结构方程模型,进行验证性因子分析,各路径系数均为标准化系数,见图 6.2。结果显示,CFI=0.97,TLI=0.96,RMSEA=0.04,SRMR=0.06,表明模型拟合良好。

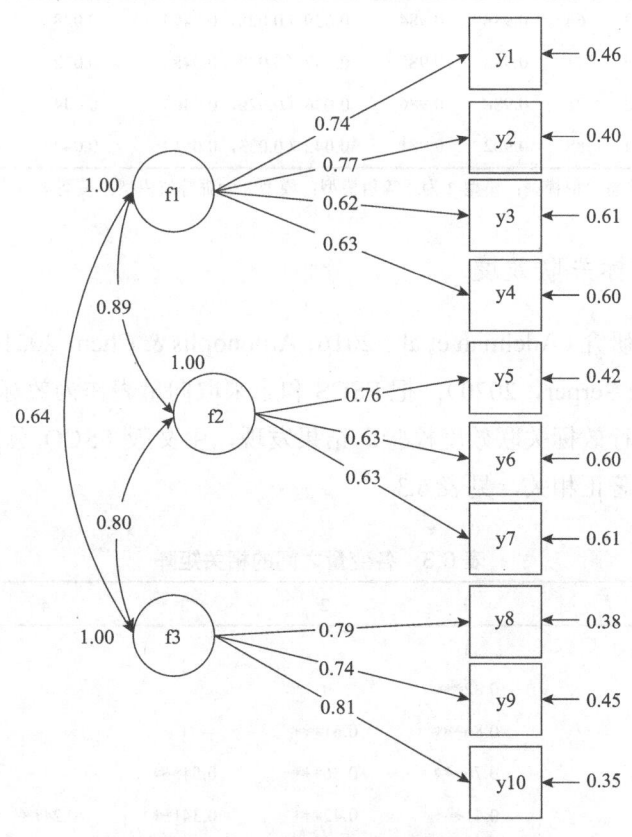

图 6.2 验证性因子分析结果

注:f1、f2 和 f3 分别指相似性、生动性和积极性

## （四）测量等值性检验

对模型跨性别的测量等值性进行检验，采用增量拟合指数对嵌套模型之间的差异进行比较。可以发现，在每一步测量等值性检验中，ΔCFI<0.01，且ΔTLI<0.01。具体来说：对比弱等值模型和形态等值模型，CFI变化量小于0.001，TLI增加0.001；对比强等值模型和弱等值模型，CFI变化量小于0.001，TLI增加0.001；对比严格等值模型和强等值模型，CFI及TLI值分别减少0.006和0.005。而且，在所有模型上，CFI>0.95，TLI>0.95，RMSEA<0.05，SRMR<0.05，这说明模型均拟合良好，见表6.2。

表6.2 验证性因子分析多组比较嵌套模型拟合指数

| 模型 | $\chi^2$ | $df$ | CFI | TLI | RMSEA（90%CI） | SRMR | ΔCFI | ΔTLI |
| --- | --- | --- | --- | --- | --- | --- | --- | --- |
| 模型1 | 121.563 | 64 | 0.988 | 0.984 | 0.039（0.028，0.049） | 0.028 | | |
| 模型2 | 129.949 | 71 | 0.988 | 0.985 | 0.037（0.027，0.048） | 0.032 | 0 | +0.001 |
| 模型3 | 137.742 | 78 | 0.988 | 0.986 | 0.036（0.026，0.046） | 0.034 | 0 | +0.001 |
| 模型4 | 179.154 | 88 | 0.982 | 0.981 | 0.042（0.033，0.051） | 0.042 | −0.006 | −0.005 |

注：模型1为形态等值模型；模型2为弱等值模型；模型3为强等值模型；模型4为严格等值模型

## （五）效标关联效度

参照前人研究（Adelman et al.，2016；Antonoplis & Chen，2021；Bixter et al.，2020；Sokol & Serper，2020），把FSCS和未来取向量表作为效标工具，对352份有效数据进行效标关联效度检验。结果发现，中文版FSCQ总分与各效标变量得分均呈显著正相关，见表6.3。

表6.3 各变量之间的相关矩阵

| 变量 | 1 | 2 | 3 | 4 | 5 |
| --- | --- | --- | --- | --- | --- |
| 1 中文版FSCQ | 1 | | | | |
| 2 相似性 | 0.82*** | 1 | | | |
| 3 生动性 | 0.86*** | 0.61*** | 1 | | |
| 4 积极性 | 0.76*** | 0.36*** | 0.54*** | 1 | |
| 5 FSCS | 0.41*** | 0.42*** | 0.34*** | 0.24*** | 1 |
| 6 未来取向 | 0.53*** | 0.38*** | 0.48*** | 0.45*** | 0.26*** |

## （六）信度检验

将探索性因子分析和验证性因子分析样本合并后（$N$=1182）进行信度分析，结果显示，总问卷及各维度的 Cronbach's $\alpha$ 系数分别为 0.83、0.77、0.76 和 0.83。

采取方便抽样法，从探索性因子分析样本中抽取 114 人（男生 16 人，女生 98 人，平均年龄为 21.59±2.92 岁），两周后进行重测。结果发现，总问卷及各维度的重测信度系数分别为 0.73、0.53、0.58 和 0.69，见表 6.4。

表 6.4 信度分析结果

| 系数 | 总问卷 | 相似性 | 生动性 | 积极性 |
| --- | --- | --- | --- | --- |
| Cronbach's $\alpha$ 系数 | 0.83 | 0.77 | 0.76 | 0.83 |
| 重测信度系数 | 0.73 | 0.53 | 0.58 | 0.69 |

## 三、讨论与结论

本研究对 Sokol 和 Serper（2020）的 FSCQ 在中国大学生群体中的适用性进行了效度与信度检验。项目分析结果表明，各题项具有良好的同质性，而且区分度高。探索性因子分析和验证性因子分析的结果显示，中文版 FSCQ 的结构效度良好，各题项及其所属维度的因子载荷都达到了显著水平，具有稳定的三因子结构（生动性、相似性、积极性）。

本研究结果表明，FSCQ 总分和效标变量之间均呈显著正相关，这和相关研究结果一致（Adelman et al.，2016；Antonoplis & Chen，2021；Bixter et al.，2020；Sokol & Serper，2020）。本研究选取的样本为大学生群体，高未来自我相似性体现了大学生个体内在自我的连续性和稳定性，意味着其内外部的可预测性较强。研究表明，未来自我连续性与未来取向（Adelman et al.，2016；Antonoplis & Chen，2021；Bixter et al.，2020；刘霞等，2010；张玲玲等，2006；Price et al.，2017）对自尊以及自我控制均存在显著影响。不过，自我控制弱的个体难以改变自我的现状（于斌等，2013）。因此，在未来研究中，可以通过操纵未来自我连续性的特定方面来对此进行探索。

根据先前的研究，信度系数在 0.40—0.70 的重测信度属于中等到良好的水平（Fleiss，1986；戴隽文等，2021；李小保等，2021）。因此，本研究中的 FSCQ

的重测信度符合心理测量学要求。此外，本研究对 FSCQ 的跨性别测量等值性进行了检验。结果显示，该问卷的三因子结构在总样本与不同性别样本中均拟合良好，限制标准逐渐严格的各等值模型指标在不同性别样本中均成立。所以，该问卷的观测分数在不同性别上是等值的，样本的性别比例差异对问卷结构验证的影响极小。

总之，在本研究条件下，未来自我连续性包括相似性、生动性和积极性等3个维度，中文版 FSCQ 具有良好的效度和信度，可以作为未来自我连续性的评估工具，可以在我国大学生群体中加以应用。

## 第二节　家庭经济困难大学生的未来自我连续性与社会心态：心理韧性的作用

不同维度的时间自我之间的联系对于个体的心理和行为具有重要意义，如未来自我连续性（刘云芝等，2018）。研究发现，人们对未来自我的加工更倾向于高抽象性的解释水平（Liberman &Trope，2014；Trope & Liberman，2003），未来自我连续性与个体的成就相关变量（如学业绩点、自我控制、计划行为、健康锻炼、拖延）、心理健康相关指标（如抑郁、焦虑、积极情绪）、社会行为（如反社会行为和亲社会行为）等呈显著相关（Adelman et al.，2016；Hershfield et al.，2012；Rozental & Carlbring，2014；Rutchick et al.，2018）。但是，目前鲜有研究关注未来自我连续性与家庭困难大学生社会心态之间的关系及其作用机制。

未来自我连续性是家庭经济困难大学生的社会心态形成的重要影响因素。第一，未来自我连续性与焦虑、抑郁、自杀倾向等呈显著负相关（Sadeh & Karniol，2012；Rozental & Carlbring，2014）。根据易感性-应激模型，存在心理健康问题的个体通常具有认知易感性，在潜在自我消极图式的影响下，他们通常会负面地看待社会中的事件和环境，倾向于消极和歪曲的认知（邹涛，姚树桥，2006）。一项纵向研究发现，抑郁可以显著负向影响居民的社会公平感知（韦春丽等，2023）。第二，人们知觉到社会安全的重要前提是自身对周遭的生活和环境有控制感，而未来自我连续性亦与个体的控制感紧密相关（Joshi & Fast，2013）。高水平控制与个体的时间自我意识的广阔性呈正相关，当个体未来自我与现在自我联系较为紧密时，他们通常也会有较高水平的控制感（Pietroni & Hughes，2016），继而增加个体的社会安全感。第三，未来自我连续性高的个体，更愿意认为当前自我的行动可以影响未来自我的获得和实现，因此他们倾向于采取更多的自我调控行为，抵制当前诱惑以实现未来更大的利益（刘云芝等，2018）。研究发现，未来自我连续性与学业成就、储蓄行为、健康锻炼等呈显著正相关（Adelman et al.，2016；Rozental & Carlbring，2014；Rutchick et al.，2018）。因此，未来自我连续性会促进社会获得感。第四，有希望的未来是美好生活的重要组成部分（Li et al.，2023），而未来自我连续性高的个体更容易积极地看待未来自我，有更多积极情绪和更高的生活满意度（Zhang et al.，2023）。因此，未来自我连续性会激发社会美好感。结合上述分析可以看出，未来自我连续有助于积极社会心态的形成与发展。

目前，关于未来自我连续性对于社会心态的作用机制也未得到充分探讨，心理韧性可能是其中的重要机制之一。心理韧性是一种帮助个体适应外在环境变化的能力（胡月琴，甘怡群，2008）。心理韧性低者在面对负性事件时往往会产生挫败感和负性情绪，并很难从不良情绪中恢复，而心理韧性高者则能够有效调控情绪（Hildebrandt et al.，2016）。因此，心理韧性通常与主观幸福感、心理健康等呈显著相关（叶静，张戌凡，2021）。心理韧性存在差异的个体也可能存在不同的社会认知。高韧性个体在面对社会环境和事件时，更倾向于采取积极面对、合理认知、处理麻烦等策略来应对外在环境和压力，进而保持良好的社会心态；相反，低韧性个体在遇到不良的社会事件后，往往会有挫败感和负面情绪累积（Hildebrandt et al.，2016），从而难以积极地认知社会。另外，自我连续性会影响个体看待世事发展的变化观，可以为个体在应对不确定性和重大危机时表现出更强的心理韧性和复原力提供良好的心理基础（纪丽君等，2023）。综上，未来自我连续性可以通过个体的心理韧性间接作用于社会心态的形成与发展。

因此，本研究探讨家庭经济困难大学生的未来自我连续性与社会心态的关系，以及心理韧性的中介作用。本研究的假设是：①未来自我连续性与家庭经济困难大学生的社会心态呈显著正相关；②心理韧性在未来自我连续性与社会心态之间具有显著的中介效应。

## 一、研究方法

### （一）研究对象

采用方便抽样法，对三所高校的 1400 名大学生进行问卷调查，回收有效问卷 1366 份。通过被试填写的父母受教育程度、职业和家庭收入等信息，计算社会经济地位得分（Bradley & Corwyn，2002；任春荣，2010）并进行排序，选择得分较低的被试（后 27%）作为研究对象，共计 369 人。其中，男生 195 人，女生 174 人；235 人来自城市，134 人来自农村。有效样本分布情况见表 6.5。

表 6.5 有效样本分布情况

| 变量 | 选项 | 人数/人 | 百分比/% |
| --- | --- | --- | --- |
| 性别 | 男 | 195 | 52.8 |
|  | 女 | 174 | 47.2 |
| 年级 | 大一 | 103 | 27.9 |
|  | 大二 | 105 | 28.5 |
|  | 大三 | 84 | 22.8 |
|  | 大四 | 77 | 20.9 |
| 是否独生子女 | 是 | 220 | 59.6 |
|  | 否 | 149 | 40.4 |
| 是否学生干部 | 是 | 25 | 6.8 |
|  | 否 | 344 | 93.2 |
| 生源地 | 城市 | 235 | 63.7 |
|  | 农村 | 134 | 36.3 |
| 专业 | 文科 | 189 | 51.2 |
|  | 理科 | 180 | 48.8 |

### （二）研究工具

#### 1. FSCQ

采用自编的中文版 FSCQ，共 10 个题项，分为 3 个维度：相似性（现在自我与未来自我之间的相似程度）、生动性（想象未来自我的生动程度）、积极性（对未来自我的积极程度）。该量表采用 6 点计分，1="完全不"，6="完全"，得分越高,说明大学生的未来自我连续性水平越高。本研究中,总问卷及各维度的信度系数均在 0.75 及以上。

### 2. 青少年心理韧性量表

采用胡月琴和甘怡群(2008)编制的青少年心理韧性量表,共 27 个题项,包括目标专注、情绪控制、积极认知、家庭支持和人际协助等 5 个维度。该量表采用利克特 5 点计分,1= "非常不赞同",5= "非常赞同",总分越高,代表大学生的心理韧性越好。本研究中,总量表及各维度的信度系数均在 0.84 及以上。

### 3. 大学生社会心态量表

采用自编的大学生社会心态量表,共 16 个题项,包括社会公平感、社会安全感、社会获得感、社会美好感等 4 个维度。该量表采用利克特 5 点计分,1= "非常不赞同",5= "非常赞同",得分越高,代表大学生的社会心态越好。在本研究中,总量表及各维度的信度系数均在 0.75 及以上。

表 6.6　各量表在本研究的 Cronbach's α 系数

| 量表及维度 | Cronbach's α 系数 | 题项数/个 |
| --- | --- | --- |
| 未来自我连续性 | 0.79 | 10 |
| 相似性 | 0.89 | 4 |
| 生动性 | 0.75 | 3 |
| 积极性 | 0.77 | 3 |
| 心理韧性 | 0.97 | 27 |
| 目标专注 | 0.87 | 5 |
| 情绪控制 | 0.89 | 6 |
| 积极认知 | 0.84 | 4 |
| 家庭支持 | 0.89 | 6 |
| 人际协助 | 0.89 | 6 |
| 社会心态 | 0.81 | 16 |
| 公平感 | 0.84 | 5 |
| 安全感 | 0.75 | 3 |
| 获得感 | 0.80 | 3 |
| 美好感 | 0.86 | 5 |

## （三）研究程序

以班级为单位进行团体调查，被试按照统一的指导语进行作答。采用 SPSS 22.0 软件进行数据分析，运用 Process 宏程序进行中介效应检验。

## 二、结果与分析

### （一）共同方法偏差检验

Harman 单因子检验结果发现，共析出 5 个特征根大于 1 的因子，第一个因子的解释率为 34.24%，低于临界值 40%。因此，本研究不存在严重的共同方法偏差。

### （二）描述统计

各个研究变量的描述统计分析结果见表 6.7。

表 6.7　各个研究变量的描述统计分析结果

| 变量 | 最小值 | 最大值 | $M$ | $SD$ |
| --- | --- | --- | --- | --- |
| 未来自我连续性 | 1.47 | 5.00 | 3.30 | 0.82 |
| 心理韧性 | 1.00 | 4.80 | 2.98 | 0.83 |
| 社会心态 | 1.58 | 4.40 | 2.95 | 0.60 |

### （三）差异分析

独立样本 $t$ 检验结果表明，未来自我连续性、心理韧性存在显著的性别差异，女生的未来自我连续性、心理韧性得分显著高于男生；社会心态不存在显著的性别差异，见表 6.8。

表 6.8　性别差异

| 变量 | 男 $M$ | 男 $SD$ | 女 $M$ | 女 $SD$ | $t$ | $p$ |
| --- | --- | --- | --- | --- | --- | --- |
| 未来自我连续性 | 3.19 | 0.78 | 3.43 | 0.84 | −2.76 | 0.006 |
| 心理韧性 | 2.90 | 0.83 | 3.07 | 0.82 | −2.00 | 0.046 |
| 社会心态 | 2.89 | 0.59 | 3.01 | 0.60 | −1.94 | 0.054 |

独立样本 t 检验结果表明，在是否独生子女上，未来自我连续性存在显著差异。具体来说，非独生子女大学生的未来自我连续性得分显著高于独生子女；心理韧性和社会心态在是否独生子女上没有显著差异，见表 6.9。

表 6.9  是否独生子女差异

| 变量 | 是 M | 是 SD | 否 M | 否 SD | t | p |
|---|---|---|---|---|---|---|
| 未来自我连续性 | 3.23 | 0.79 | 3.41 | 0.84 | −1.98 | 0.049 |
| 心理韧性 | 3.01 | 0.86 | 2.93 | 0.78 | 0.96 | 0.337 |
| 社会心态 | 2.94 | 0.57 | 2.97 | 0.64 | −0.57 | 0.570 |

独立样本 t 检验结果表明，在生源地上，未来自我连续性、心理韧性和社会心态均没有显著差异，具体结果见表 6.10。

表 6.10  生源地差异

| 变量 | 城市 M | 城市 SD | 农村 M | 农村 SD | t | p |
|---|---|---|---|---|---|---|
| 未来自我连续性 | 3.25 | 0.81 | 3.40 | 0.82 | −1.80 | 0.073 |
| 心理韧性 | 2.97 | 0.85 | 2.99 | 0.80 | −0.24 | 0.813 |
| 社会心态 | 2.94 | 0.58 | 2.97 | 0.63 | −0.24 | 0.810 |

独立样本 t 检验结果表明，在是否学生干部上，未来自我连续性、心理韧性和社会心态均不存在显著差异，具体结果见表 6.11。

表 6.11  是否学生干部差异

| 变量 | 是 M | 是 SD | 否 M | 否 SD | t | p |
|---|---|---|---|---|---|---|
| 未来自我连续性 | 3.38 | 0.88 | 3.30 | 0.81 | 0.48 | 0.629 |
| 心理韧性 | 3.03 | 0.67 | 2.98 | 0.84 | 0.30 | 0.764 |
| 社会心态 | 2.77 | 0.54 | 2.96 | 0.60 | −1.60 | 0.112 |

独立样本 t 检验结果表明，在专业上，未来自我连续性、心理韧性和社会心态均不存在显著差异，具体结果见表 6.12。

表 6.12 专业差异

| 变量 | 文科 M | 文科 SD | 理科 M | 理科 SD | $t$ | $p$ |
|---|---|---|---|---|---|---|
| 未来自我连续性 | 3.31 | 0.77 | 3.30 | 0.87 | 0.05 | 0.957 |
| 心理韧性 | 2.98 | 0.84 | 2.98 | 0.82 | −0.04 | 0.970 |
| 社会心态 | 2.91 | 0.62 | 2.99 | 0.57 | −1.22 | 0.225 |

方差分析表明，在年级上，未来自我连续性、心理韧性和社会心态均不存在显著差异，具体结果见表 6.13。

表 6.13 年级差异

| 变量 | 选项 | $M$ | $SD$ | $F$ | $p$ |
|---|---|---|---|---|---|
| 未来自我连续性 | 大一 | 3.32 | 0.77 | 1.06 | 0.365 |
|  | 大二 | 3.36 | 0.87 |  |  |
|  | 大三 | 3.17 | 0.80 |  |  |
|  | 大四 | 3.36 | 0.81 |  |  |
| 心理韧性 | 大一 | 3.02 | 0.85 | 0.52 | 0.668 |
|  | 大二 | 2.96 | 0.82 |  |  |
|  | 大三 | 2.90 | 0.82 |  |  |
|  | 大四 | 3.04 | 0.83 |  |  |
| 社会心态 | 大一 | 2.92 | 0.67 | 0.80 | 0.495 |
|  | 大二 | 2.96 | 0.58 |  |  |
|  | 大三 | 2.90 | 0.55 |  |  |
|  | 大四 | 3.03 | 0.57 |  |  |

（四）相关分析

各个研究变量的相关矩阵见表 6.14。由此可以看出，未来自我连续性与社会心态呈显著正相关，未来自我连续性与心理韧性呈显著正相关，心理韧性与社会心态呈显著正相关。

表 6.14　变量间的相关矩阵

| 变量 | 未来自我连续性 | 心理韧性 |
|---|---|---|
| 未来自我连续性 | 1 | |
| 心理韧性 | 0.22** | 1 |
| 社会心态 | 0.30** | 0.34** |

### （五）中介效应分析

采用 Process 宏程序中的模型 4 进行中介效应检验。未来自我连续性为预测变量，心理韧性为中介变量，社会心态为结果变量。模型检验结果见表 6.15。

表 6.15　中介效应分析结果

| 结果变量 | 预测变量 | $F$ | $R^2$ | $\beta$ | $SE$ | $t$ | $p$ |
|---|---|---|---|---|---|---|---|
| 社会心态 | 未来自我连续性 | 35.60 | 0.09 | 0.30 | 0.05 | 5.97 | <0.001 |
| 心理韧性 | 未来自我连续性 | 19.42 | 0.05 | 0.22 | 0.05 | 4.41 | <0.001 |
| 社会心态 | 未来自我连续性 | 36.42 | 0.17 | 0.23 | 0.05 | 4.76 | <0.001 |
| | 心理韧性 | | | 0.29 | 0.05 | 5.83 | <0.001 |

由表 6.15 可知，在第一步回归方程中，未来自我连续性可以显著正向预测社会心态（$\beta$=0.30，$p$<0.001），可以解释社会心态 9%的方差变异（$F$=35.60，$p$<0.001）。在第二步回归方程中，未来自我连续性可以显著正向预测心理韧性（$\beta$=0.22，$p$<0.001），可以解释心理韧性 5%的方差变异（$F$=19.42，$p$<0.001）。在第三步回归方程中，未来自我连续性、心理韧性共解释了社会心态 17%的方差变异（$F$=36.42，$p$<0.001），心理韧性（$\beta$=0.29，$p$<0.001）、未来自我连续性（$\beta$=0.23，$p$<0.001）均可以显著正向预测社会心态。这表明，心理韧性在未来自我连续性与社会心态之间起部分中介作用，效应值为 0.06，$SE$=0.02，95%CI=[0.03，0.11]，见表 6.16。

表 6.16　中介模型的总效应、直接效应和间接效应

| 效应 | 路径 | 效应值 | $SE$ | 95%CI 下限 | 95%CI 上限 |
|---|---|---|---|---|---|
| 总效应 | 未来自我连续性→社会心态 | 0.30 | 0.05 | 0.20 | 0.40 |
| 直接效应 | 未来自我连续性→社会心态 | 0.23 | 0.05 | 0.14 | 0.33 |
| 间接效应 | 未来自我连续性→心理韧性→社会心态 | 0.06 | 0.02 | 0.03 | 0.11 |

## 三、讨论与分析

本研究旨在探讨未来自我连续性与家庭经济困难大学生的社会心态之间的关系，以及心理韧性的中介作用。通过对家庭经济困难大学生进行问卷调查与分析发现，未来自我连续性与社会心态之间呈显著正相关，而心理韧性在其中起到显著的部分中介效应，这证实了本研究的假设。

本研究发现，家庭经济困难大学生的未来自我连续性可以显著正向预测社会心态，这体现了时间自我维度之间的紧密性和一致性程度对于大学生社会心态形成与发展的重要意义。以往研究更多的是探讨未来自我连续性对个体心理和行为结果的影响，如学业成就、自我控制、跨期决策、健康行为等（刘云芝等，2018），本研究将未来自我连续性的研究拓展到社会心态领域，研究结果支持了易感性-应激模型的理论观点（邹涛，姚树桥，2006），即未来自我连续性低的个体往往存在心理健康相关问题，导致他们更多地负面认知社会事件和社会环境，从而形成较差的社会心态。对于未来自我连续性高的个体而言，他们对于未来有更多的积极设想、期望和目标，也更愿意为了实现未来目标而采取更多的适应性行为（刘云芝等，2018；Pietroni & Hughes，2016），能保持良好的情绪（Zhang et al.，2023），更容易产生社会公平感、安全感、获得感与美好感，从而形成积极的社会心态。

本研究还发现，心理韧性在未来自我连续性与社会心态之间存在部分中介效应。心理韧性代表着个体在面临逆境时的应对倾向和恢复能力，不同心理韧性的个体在对待同一社会事件或环境时的应对方式和结果存在差异（王丹等，2022）。高心理韧性的个体会采取更积极的方式来应对负面的社会事件，减少负面生活事件对自身的影响，从而维持良好的社会心态水平。另外，从时间知觉广度的视角来看，更大的时间知觉范围能更好地帮助个体应对环境变化中的不确定性，从而使个体获得积极的心理品质，包括心理韧性和复原力（纪丽君等，2023）。未来自我连续性体现了现在自我和未来自我的一致性，也是时间知觉广度的重要表征之一。因此，未来自我连续性可以提升个体的心理韧性。总之，未来自我连续性有助于个体在面临变动社会环境时保持良好的心理韧性水平，进而促进积极社会心态的健康发展。

本研究结果具有重要的理论意义和实践启示。首先，本研究拓展了时间自我相关的研究内容，并探究了未来自我连续性对社会心态的影响机制。其次，本研究结果在实践中存在重要应用价值，即培养大学生的未来自我连续性是提升其心理韧性并提升其积极社会心态水平的重要路径。

总之，在本研究条件下，未来自我连续性与家庭经济困难大学生的社会心态呈显著正相关，心理韧性在未来自我连续性与社会心态之间存在显著的中介效应。

## 第三节　家庭经济困难大学生的未来自我连续性与社会心态：自尊和社会支持的作用

在上一节研究中，未来自我连续性与社会心态之间的正向关系已经得到证实，然而两者的作用机制尚需深入探讨。本研究旨在探讨自尊在未来自我连续性与社会心态之间的中介作用，以及社会支持在未来自我连续性与社会心态之间的调节作用。

自尊是个体对自己的积极情感体验（黄希庭等，2003），体现了个体对自身能力和价值的主观感知（Rosenberg，1965）。自尊作为一种重要的个人资源，对大学生的适应性发展具有重要作用。研究发现，高自尊通常与积极的心理状态和适应性行为有关，而低自尊则与焦虑、抑郁等消极的心理和行为有关（Baumeister et al.，2003；Sowislo & Orth，2013；Valentine et al.，2004）。根据资源保护理论，有价值的资源可以有效地帮助个体处理和应对问题，而当资源受损时，问题行为可能会出现（Hobfoll，1989）。研究发现，不同自尊水平的个体的认知加工偏向存在差异。例如，高自尊个体更倾向于抑制消极刺激，而低自尊个体往往更关注环境中的负面刺激，更认同失败或无能等信息（张丽华，张旭，2009）。在道德判断中，低自尊的人更难以做出抉择，往往会有非建设性的思维，并表现出更多的担忧、焦虑和抑郁（岑延远，郑雪，2004）。类似于抑郁个体的消极自我图式，低自尊者也会对环境刺激中的负面信息更为敏感。由此可以看出，低自尊者更加关注社会环境中的负面信息（Tafarodi & Marshall，2003），从而更容易有负面的社会认知和体验，而高自尊水平能促使个体保持良好的社会心态。

　　个体对未来自我的意识是预测自尊的重要因素。个体关于未来的担忧和焦虑是影响自我概念的重要风险因素，并且通常与低自尊呈显著正相关；相反，个体对未来的积极性，以及在未来目标引导下的适应性行为都会增加个体的自身价值感（Lyu et al.，2019；Sowislo & Orth，2013），因此，未来自我连续性可能是影响个体自尊的重要因素。结合上述分析可以看出，自尊与未来自我连续性、社会心态都存在显著的相关关系，自尊可能是未来自我连续性与社会心态之间的中介变量。

　　社会支持对个体的发展与适应有重要作用。研究表明，社会支持水平越高，个体的主观幸福感就越高，社会适应状况越好，焦虑、抑郁和孤独水平越下降（金灿灿等，2011；田录梅等，2012；魏华等，2018；Xu & Ou，2014）。社会支持能够缓冲压力的负面效应，即社会支持在消极刺激和负面效应之间起到调节作用。根据 Cohen 和 Wills（1985）提出的社会支持缓冲效应模型，当面临外界刺激时，社会支持在认知上能降低个体对应激事件的知觉和评估，在行为上能减少或消除应激反应，在情绪上能降低恐惧和焦虑水平，从而促进身心健康。对于未来自我连续性水平较低的大学生而言，如果能获得较高水平的社会支持，那么他们仍然会获得良好的心理发展，较少负面看待社会环境和负性生活事件，从而保持良好的社会心态水平。因此，社会支持可能是未来自我连续性与社会心态之间的重要调节变量。

　　因此，本研究拟探讨自尊在未来自我连续性与社会心态之间的中介作用以及社会支持的调节作用，从而深入探讨未来自我连续性与社会心态的关系及其机制。

## 一、研究方法

### （一）研究对象

　　采用方便抽样法，在两所高校选取高校相关部门认定的 400 名家庭经济困难学生，回收有效问卷 361 份。其中，男生 108 人，女生 253 人；91 人来自城市，270 人来自农村。有效样本分布情况见表 6.17。

表 6.17 有效样本分布情况

| 变量 | 选项 | 人数/人 | 百分比/% |
| --- | --- | --- | --- |
| 性别 | 男 | 108 | 29.9 |
|  | 女 | 253 | 70.1 |
| 年级 | 大一 | 113 | 31.3 |
|  | 大二 | 64 | 17.7 |
|  | 大三 | 64 | 17.7 |
|  | 大四 | 120 | 33.2 |
| 是否独生子女 | 是 | 58 | 16.1 |
|  | 否 | 303 | 83.9 |
| 是否学生干部 | 是 | 94 | 26.0 |
|  | 否 | 267 | 74.0 |
| 生源地 | 城市 | 91 | 25.2 |
|  | 农村 | 270 | 74.8 |
| 专业 | 文科 | 178 | 49.3 |
|  | 理科 | 183 | 50.7 |

## （二）研究工具

### 1. FSCQ

采用自编的中文版 FSCQ，共 10 个题项，分为 3 个维度：相似性（现在自我与未来自我之间的相似程度）、生动性（想象未来自我的生动程度）、积极性（对未来自我的积极程度）。该量表采用利克特 6 点计分，1="完全不"，6="完全"，得分越高，表明大学生的未来自我连续性水平越高。本研究中，该问卷的 Cronbach's $\alpha$ 系数为 0.78。

### 2. 社会支持量表

采用肖水源（1994）编制的社会支持量表，共 10 个题项，包括 3 个维度：主观支持、客观支持、对支持的利用度。考虑到原量表中有一部分词语不适用于大学生，因此进行一定改编，如将同事、邻居、夫妻等词语改成同学、室友、恋人等适用于大学生学习和生活情景的词语。总分越高，代表大学生所获得的社会支持水平越高。本研究中，该量表的 Cronbach's $\alpha$ 系数为 0.61。

### 3. 自尊量表

采用 Rosenberg（1965）编制的自尊量表来测量大学生的总体自尊水平。该量表有 10 个题项，采用利克特 4 点计分，1="非常不符合"，4="非常符合"，得分越高，表明个体的自尊水平越高。本研究中，该量表的 Cronbach's α 系数为 0.84。

### 4. 大学生社会心态量表

采用自编的大学生社会心态量表，共 16 个题项，包括 4 个维度：社会公平感、社会安全感、社会获得感、社会美好感。该量表采用利克特 5 点计分，1="非常不赞同"，5="非常赞同"，得分越高，代表个体的社会心态越好。在本研究中，该量表的 Cronbach's α 系数为 0.82。

## （三）研究程序

采用团体施测法，被试按照统一的指导语进行作答，采用 SPSS 22.0 软件进行数据分析，运用 Process 宏程序检验自尊在未来自我连续性和社会心态之间的中介作用以及社会支持的调节作用。

## 二、结果与分析

### （一）共同方法偏差检验

Harman 单因子检验结果发现，共有 13 个特征根大于 1 的因子，第一个因子的解释率为 15.73%，低于临界值 40%。因此，本研究不存在严重的共同方法偏差。

### （二）描述统计

各个研究变量的描述统计分析结果见表 6.18。

表 6.18  各个研究变量的描述统计分析结果

| 变量 | 最小值 | 最大值 | $M$ | $SD$ |
| --- | --- | --- | --- | --- |
| 未来自我连续性 | 1.00 | 5.20 | 3.43 | 0.66 |

续表

| 变量 | 最小值 | 最大值 | M | SD |
|---|---|---|---|---|
| 社会支持 | 1.60 | 4.80 | 3.40 | 0.48 |
| 自尊 | 1.40 | 4.00 | 2.86 | 0.41 |
| 社会心态 | 1.62 | 4.57 | 3.12 | 0.44 |

### （三）人口学变量的差异分析

独立样本 $t$ 检验结果表明，在性别方面，未来自我连续性、自尊和社会心态均不存在显著差异，而社会支持存在显著差异。具体而言，女生的社会支持水平显著高于男生，见表 6.19。

表 6.19　性别差异

| 变量 | 男 M | 男 SD | 女 M | 女 SD | $t$ | $p$ |
|---|---|---|---|---|---|---|
| 未来自我连续性 | 3.48 | 0.61 | 3.40 | 0.68 | 0.99 | 0.323 |
| 社会支持 | 3.31 | 0.51 | 3.44 | 0.46 | -2.35 | 0.019 |
| 自尊 | 2.81 | 0.41 | 2.88 | 0.41 | -1.47 | 0.143 |
| 社会心态 | 3.12 | 0.48 | 3.12 | 0.42 | -0.04 | 0.965 |

独立样本 $t$ 检验结果表明，在是否独生子女方面，自尊不存在显著差异，而未来自我连续性、社会支持、社会心态等均存在显著差异。具体而言，独生子女大学生的未来自我连续性显著高于非独生子女，非独生子女大学生的社会支持、社会心态显著高于独生子女，见表 6.20。

表 6.20　是否独生子女差异

| 变量 | 是 M | 是 SD | 否 M | 否 SD | $t$ | $p$ |
|---|---|---|---|---|---|---|
| 未来自我连续性 | 3.61 | 0.62 | 3.39 | 0.66 | 2.35 | 0.019 |
| 社会支持 | 3.22 | 0.47 | 3.43 | 0.47 | -3.19 | 0.002 |
| 自尊 | 2.91 | 0.41 | 2.85 | 0.41 | 0.96 | 0.336 |
| 社会心态 | 2.99 | 0.37 | 3.15 | 0.45 | -2.60 | 0.010 |

独立样本 $t$ 检验结果表明，在是否学生干部方面，社会支持、自尊、社会心态均不存在显著差异，但未来自我连续性存在显著差异，具体来说，学生干部的未来自我连续性显著高于非学生干部，见表 6.21。

表 6.21　是否学生干部差异

| 变量 | 是 M | 是 SD | 否 M | 否 SD | $t$ | $p$ |
| --- | --- | --- | --- | --- | --- | --- |
| 未来自我连续性 | 3.55 | 0.67 | 3.38 | 0.65 | 2.13 | 0.034 |
| 社会支持 | 3.48 | 0.47 | 3.37 | 0.48 | 1.85 | 0.065 |
| 自尊 | 2.89 | 0.43 | 2.85 | 0.40 | 0.66 | 0.511 |
| 社会心态 | 3.15 | 0.39 | 3.11 | 0.46 | 0.76 | 0.451 |

独立样本 $t$ 检验结果表明，在生源地方面，未来自我连续性、社会支持、自尊、社会心态等均不存在显著差异，见表 6.22。

表 6.22　生源地差异

| 变量 | 城市 M | 城市 SD | 农村 M | 农村 SD | $t$ | $p$ |
| --- | --- | --- | --- | --- | --- | --- |
| 未来自我连续性 | 3.52 | 0.66 | 3.39 | 0.66 | 1.63 | 0.104 |
| 社会支持 | 3.39 | 0.51 | 3.40 | 0.47 | −0.28 | 0.776 |
| 自尊 | 2.91 | 0.41 | 2.85 | 0.41 | 1.20 | 0.233 |
| 社会心态 | 3.09 | 0.41 | 3.14 | 0.45 | −0.94 | 0.346 |

独立样本 $t$ 检验结果表明，在专业方面，未来自我连续性、社会支持、自尊、社会心态等均不存在显著差异，见表 6.23。

表 6.23　专业差异

| 变量 | 文科 M | 文科 SD | 理科 M | 理科 SD | $t$ | $p$ |
| --- | --- | --- | --- | --- | --- | --- |
| 未来自我连续性 | 3.43 | 0.69 | 3.42 | 0.63 | 0.20 | 0.844 |
| 社会支持 | 3.35 | 0.48 | 3.45 | 0.48 | −1.91 | 0.057 |
| 自尊 | 2.87 | 0.43 | 2.85 | 0.38 | 0.36 | 0.720 |
| 社会心态 | 3.10 | 0.42 | 3.15 | 0.46 | −1.04 | 0.300 |

方差分析表明，在年级方面，未来自我连续性、社会支持、自尊、社会心态均不存在显著差异，见表 6.24。

表 6.24　年级差异

| 变量 | 选项 | M | SD | F | p |
| --- | --- | --- | --- | --- | --- |
| 未来自我连续性 | 大一 | 3.35 | 0.68 | 1.98 | 0.116 |
| | 大二 | 3.50 | 0.61 | | |
| | 大三 | 3.57 | 0.59 | | |
| | 大四 | 3.38 | 0.69 | | |
| 社会支持 | 大一 | 3.41 | 0.53 | 0.69 | 0.561 |
| | 大二 | 3.46 | 0.50 | | |
| | 大三 | 3.41 | 0.47 | | |
| | 大四 | 3.36 | 0.42 | | |
| 自尊 | 大一 | 2.84 | 0.40 | 0.73 | 0.537 |
| | 大二 | 2.90 | 0.35 | | |
| | 大三 | 2.91 | 0.41 | | |
| | 大四 | 2.83 | 0.44 | | |
| 社会心态 | 大一 | 3.11 | 0.44 | 0.77 | 0.513 |
| | 大二 | 3.07 | 0.42 | | |
| | 大三 | 3.13 | 0.51 | | |
| | 大四 | 3.17 | 0.42 | | |

（四）相关分析

各个研究变量的相关矩阵见表 6.25。由此可以看出，未来自我连续性、社会支持、自尊与社会心态两两之间均呈显著正相关。

表 6.25　研究变量间的相关矩阵

| 变量 | 未来自我连续性 | 社会支持 | 自尊 |
| --- | --- | --- | --- |
| 未来自我连续性 | 1 | | |
| 社会支持 | 0.18** | 1 | |
| 自尊 | 0.36** | 0.34** | 1 |
| 社会心态 | 0.16** | 0.27** | 0.30** |

## （五）中介与调节模型分析

采用 Process 宏程序中的模型 59 进行有调节的中介效应检验，未来自我连续性为预测变量，自尊为中介变量，社会支持为调节变量，社会心态为结果变量。模型检验结果见表 6.26，由此可以看出，在第一步回归方程中，未来自我连续性可以显著正向预测社会心态（$\beta=0.16$，$p<0.01$），可以解释社会心态 2% 的方差变异（$F=8.88$，$p<0.001$）。在第二步回归方程中，未来自我连续性（$\beta=0.31$，$p<0.001$）和社会支持（$\beta=0.27$，$p<0.001$）可以显著正向预测自尊，但是社会支持与未来自我连续性的交互项对自尊的预测作用不显著。在第三步回归方程中，未来自我连续性、社会支持、自尊及两个交互项（自尊×社会支持，未来自我连续性×社会支持）共解释了社会心态 15%的方差变异（$F=12.93$，$p<0.001$），此时，自尊可以显著正向预测社会心态（$\beta=0.21$，$p<0.001$），但是未来自我连续性对社会心态的直接效应不显著。因此，自尊在未来自我连续性和社会心态之间起完全中介作用，中介效应值为 0.06，$SE=0.02$，95%CI=[0.03，0.11]。

表 6.26　有调节的中介效应分析结果

| 结果变量 | 预测变量 | $F$ | $R^2$ | $\beta$ | $SE$ | $t$ | $p$ |
| --- | --- | --- | --- | --- | --- | --- | --- |
| 社会心态 | 未来自我连续性 | 8.88 | 0.02 | 0.16 | 0.05 | 2.98 | <0.01 |
| 自尊 | 未来自我连续性 | 33.03 | 0.22 | 0.31 | 0.05 | 6.48 | <0.001 |
|  | 社会支持 |  |  | 0.27 | 0.05 | 5.66 | <0.001 |
|  | 未来自我连续性×社会支持 |  |  | 0.08 | 0.05 | 1.73 | 0.084 |
| 社会心态 | 自尊 | 12.93 | 0.15 | 0.21 | 0.06 | 3.75 | <0.001 |
|  | 未来自我连续性 |  |  | 0.04 | 0.05 | 0.66 | 0.513 |
|  | 社会支持 |  |  | 0.16 | 0.05 | 2.94 | <0.01 |
|  | 自尊×社会支持 |  |  | 0.07 | 0.05 | 1.37 | 0.172 |
|  | 未来自我连续性×社会支持 |  |  | 0.13 | 0.05 | 2.49 | <0.05 |

此外，社会支持与未来自我连续性的交互项对社会心态的效应显著（$\beta=0.13$，$p<0.05$），但是自尊与社会支持的交互项对社会心态的效应不显著。因此，社会支持主要在未来自我连续性与社会心态之间起调节作用。

为进一步揭示社会支持的调节模式，首先计算社会支持为正负一个标准差时未来自我连续性对社会心态的预测作用，其次再根据回归方程，分别绘制简单效应分析图（图 6.3）。简单斜率检验表明，当社会支持水平较高时，未来自我连续性对社会心态的正向预测作用显著（$\beta=0.17$，$p<0.05$）。但是，当社会支持水平较低时，未来自我连续性对社会心态的正向预测作用不显著（$\beta=-0.09$，$p>0.05$）。

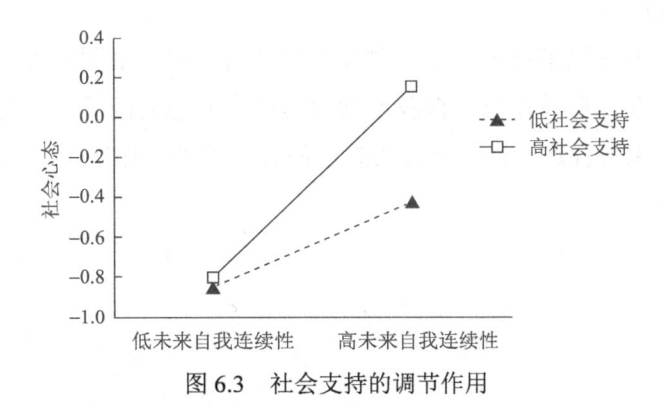

图 6.3 社会支持的调节作用

## 三、讨论与分析

本研究旨在探讨自尊在未来自我连续性与社会心态之间的中介作用，以及社会支持在未来自我连续性与社会心态之间的调节作用。通过对家庭经济困难大学生的问卷调查与分析，本研究发现，自尊在未来自我连续性与社会心态之间起完全中介作用，社会支持主要调节未来自我连续性与社会心态之间的直接效应。

本研究结果表明，自尊是解释未来自我连续性与社会心态之间关系的重要机制。未来自我连续性对自尊可以起到正向作用，这与以往研究结果相类似，即个体对未来的积极体验、清晰认知、计划性行为和对目标的坚持性均可以促进个人的自尊（Lyu et al., 2019）。另外，自尊可以正向预测社会心态，这一结果符合自尊研究中的心境一致性效应（岑延远，郑雪，2004），即高自尊者更偏向于对环境中的积极信息做出反应，而低自尊者更偏向于负面地看待社会环境和社会事件。因此，未来自我连续性可以通过影响家庭经济困难大学生的自尊进而使其维持较高水平的积极社会心态。

此外，本研究还探讨了未来自我连续性何时对社会心态起作用的问题，并将社会支持作为其中的调节变量,检验了社会支持在"未来自我连续性→自尊→社会心态"这一中介模型中的三条路径中的调节作用。结果发现,社会支持在中介模型中的直接效应路径中起到调节效应。因此,提升家庭经济困难大学生的自尊水平,为他们提供良好的社会支持环境,是促进其社会心态良好发展的重要保护性因素。

总之,在本研究条件下,未来自我连续性与家庭经济困难大学生的社会心态呈显著正相关,自尊在未来自我连续性与社会心态之间具有显著中介效应,社会支持在未来自我连续性与社会心态之间起显著调节作用。

# 第七章 家庭经济困难大学生的未来自我对共赢观的影响研究

## 第一节 共赢观量表的编制

共赢观（win-win value）作为一种社会价值观，是社会心态的一个重要方面。共赢观体现了社会成员通过合作互利而实现共同发展与进步的积极向上的社会心态，是个体在寻求个人利益时主动考虑并照顾他人利益的价值追求。研究表明，现代社会需要从集体主义的视角来达成共赢（Grossmann & Varnum，2015；Hamamura，2012；Santos et al.，2017；Van de Vliert et al.，2013；Yang，1996）。因此，在面对有限的资源和利益时，人们不应"一味追求成功，甚至不遵循伦理"，而应树立"共赢"的社会心态（焦迎娜，苏春景，2019）。

集体主义价值观是典型的中国文化价值观（Hofstede，1980）。中国在人际关系上有重视和谐的传统。《周易》中的"二人同心，其利断金"以及《资治通鉴·宋纪》中的"孤则易折，众则难摧"都体现了协作的重要价值。此外，共赢观虽根植于中国传统文化，但也是一种全球化的价值取向，是人类共同的价值追求。共赢观不仅对东方文化有重要影响，在其他文化环境中也对人类的发展起到了重要作用。

共赢是彼此利益最大化的表现，是互利共赢的和谐发展。首先，竞争不是零和博弈。各方利益交织在一起，一方的发展往往有利于另一方的发展，一方利益受损往往也会波及另一方。改善利益相关者之间的合作关系，有助于各方更有效地利用现有资源或开发新资源，达到一加一大于二的效果。也就是说，各方共同努力"把蛋糕做大",彼此才能获得更多的利益。其次,共赢建立在合作的基础上,而合作是维系和稳定人类社会的重要因素(Falk et al., 2003)。尽管自利是人类的本能,但人类也追求道德、公平和正义等促进社会和谐的适应性策略(Forgas et al., 2007)。过于自私和过于利他都不是最佳的合作方式(Fehr & Fischbacher, 2003)。因此,缺乏合作的成功是不可持续的。个体在追求个人利益时也需考虑到他人,力求实现共赢,这样才有利于个体更好地生存和发展。

在社会心理学领域中,关于共赢的研究大多集中在信任、合作和亲社会行为等方面(Duijf, 2018; Smith, 2015; Zlatev, 2019)。例如,亲社会性的反思模型(reflective model of prosociality)认为,人类生来就是具有非道德的和纯粹利己主义倾向的生物,而亲社会行为则需要对这种利己本能进行反思性控制(Metcalfe & Mischel, 1999; Stevens & Hauser, 2004)。此外,人类对合作和利他主义的驱动是塑造社会最强大的力量之一(Alós-Ferrer & Garagnani, 2020),全球化进程需要合作(Buchan et al., 2009)。一般来说,随着年龄的增长,人们变得更倾向于合作,这可能是因为人们从经验中获知:从长远来看,欺骗行为在许多环境中都是一种失败的策略(Matsumoto et al., 2016),诚实和合作才是一种可取的策略。此外,亲社会行为被定义为一种广泛的、通常有利于他人的行为。例如,与他人合作、共享资源以及帮助他人(Penner et al., 2005)。信任对于建立和维持关系以及积极合作至关重要(Lewicki & Brinsfield, 2017),人类社会激励其成员自主合作的能力决定了社会内部的凝聚力(Aksoy, 2019; Coleman, 1990; Roca & Helbing, 2011)。在社会困境中,合作能为所有人带来更好的结果(Dawes, 1980; Gambetta, 1988; Kollock, 1998; Marwell & Ames, 1979; Taylor, 1987)。相对于相互背叛,互相合作会使每个人都得到更有益的结果(如囚徒困境)(Balliet & Van Lange, 2013)。

目前,鲜有研究直接探讨共赢观的心理结构及其测量工具。尽管已有研究者开发了信任量表、青少年亲社会行为量表、人际信任量表、合作和竞争人格等相关的量表(Rotter, 1967; Yamagishi & Yamagishi, 1994; 谢晓非等, 2006; 杨莹等, 2016),但仍需编制共赢观量表。首先,信任、亲社会行为、合作等概念的内涵不同于共赢观。信任是个体对他人的言语、行动和决定有信心,并愿意为之行动(McAllister, 1995)。信任对于建立和维持关系以及有效合作至关重要。在合作行为中,当个人牺牲自我利益、为他人提供利益时,这种行为就被称为亲社会行为（J Henrich & N Henrich，2006）。其次，合作基于亲社会行为和信任（Kramer，1999；Penner et al.，2005），而高水平的合作不能仅仅依靠人们内心的偏好和信任来维持（Simpson & Willer，2015）。因此，在当今多元化的社会中，将共赢观作为一种重要的价值取向，可以使利益相关者得到更好的生存和发展，有利于培育理性平和的社会心态。

为初步探讨共赢观的心理结构维度，张锋和张杉（2020）对此进行了调查分析。研究者在137名参与者（77名女性，60名男性）中进行了开放式问卷调查（例如，你认为要达到共赢，人们需要具备哪些特征？共赢者具备什么样的特征），时间为5—10分钟。此外，研究者还对332名参与者（187名女性，145名男性）进行了共赢观特征词问卷调查，并获得了29个共赢观的特征词，排名前10位的结果分别是诚实、尊重他人、有全局意识、有团队精神、乐于与他人合作、追求共同利益、理解他人、善于换位思考、善于倾听、善于与他人沟通。聚类分析结果表明，共赢观的心理结构可分为诚信性、先进性、利他性、和谐性、协同性。

基于张锋和张杉（2020）关于共赢观结构的分析结果，本研究拟编制出具有较高信度和效度的共赢观量表。

## 一、研究方法

### （一）研究对象

采用方便取样法进行探索性因子分析，通过网络招募大学生329人，回收有效问卷320份。其中，男生102人，女生218人。

采用方便取样法进行验证性因子分析，通过网络招募大学生270人，回收有效问卷250份。其中，男生59人，女生191人。

### （二）研究工具

根据先前的问卷调查和聚类分析结果（张锋，张杉，2020）所确定的5个维度（诚信性、先进性、利他性、和谐性、协同性）拟定题项，并由心理学专业教授和研究生对题项表述进行审查与完善，最终形成包括50个题项（包含9

个反向题以及 1 个测谎题，即第 26 题"我从来没有欺骗过别人"，下文对问卷进行分析时，该道测谎题不计入在内）的初始共赢观量表，采用利克特 5 点计分，1="完全不同意"，2="比较不同意"，3="不确定"，4="比较同意"，5="完全同意"。

（三）研究程序

首先，将题项进行随机排序，通过网络发放问卷。研究对象均自愿参加调查，通过网址链接进入作答页面进行填写，指导语包含对问卷的描述、知情同意以及注意事项，被试通过阅读每个句子的描述，选出最符合自身实际情况的选项。其次，对数据进行检查，主要看是否有错误值或缺失值，并对反向题重新进行编码计分。再次，使用 SPSS 22.0 软件进行项目分析和探索性因子分析。最后，根据探索性因子分析后确定的题项，进行第二次施测，被试通过在线网址填写问卷。使用 AMOS 22.0 软件对共赢观五因子模型进行验证性因子分析，选择最大似然法探索题项与潜变量之间的关系，并进一步检验收敛效度与一致性信度。

## 二、结果与分析

（一）项目分析

首先，采用求 CR 值的方法，将题项得分前后各 27% 的被试分为高、低组，并进行独立样本 $t$ 检验。题项删除标准为：①CR 值未达显著水平（$p>0.05$）；②$t$ 统计量小于 3。结果显示：第 35 题的 $t$ 值不显著，$t$ 统计量也未达到要求（$t=-0.28$，$p=0.781$）；第 49 题的 $t$ 值不显著，$t$ 统计量未达到要求（$t=1.57$，$p=0.118$）；第 24 题的 $t$ 统计量未达到要求（$t=-2.81$，$p=0.006$）；第 38 题的 $t$ 统计量未达到要求（$t=2.85$，$p=0.005$）；第 47 题的 $t$ 统计量未达到要求（$t=2.96$，$p=0.003$）。这说明以上题项的鉴别度较差，故应删除。

其次，根据各题项与总分的相关系数，继续进行题项筛选，题项删除标准为：①相关未达到显著水平；②相关系数低于 0.4。结果显示：第 9 题与总分的相关系数为 0.395，$p<0.05$；第 15 题与总分的相关系数为 0.246，$p<0.05$；第 20

题与总分的相关系数为 0.399，$p<0.05$；第 24 题与总分的相关系数为-0.185，$p<0.05$；第 28 题与总分的相关系数为 0.269，$p<0.05$；第 35 题与总分的相关系数为 0.013，$p=0.811>0.05$；第 38 题与总分的相关系数为 0.132，$p<0.05$；第 45 题与总分的相关系数为 0.336，$p<0.05$；第 47 题与总分的相关系数为 0.202，$p<0.05$；第 49 题与总分的相关系数为 0.067，$p=0.232>0.05$。因此，以上题项均应删除。

再次，采用可靠性分析进行题项筛选。结果显示：第 4、9、15、16、17、20、24、28、35、38、45、47、48、49 题修正后的项目得分与总分的相关系数均小于 0.45；若删除第 15、24、35、38、47、49 题，量表的 Cronbach's α 系数会变大。因此，应删除上述题项。

最后，使用共同性和因子负荷量作为标准进行题项筛选。选择主成分分析法，限定抽取 1 个共同因子进行分析。结果显示：第 4、9、15、16、20、24、28、35、45、47、48、49 题的共同性值均低于 0.20；第 4、9、15、16、20、24、28、35、38、45、47、48、49 题的因子负荷量未达到 0.45。因此，这些题项需要删除。

根据以上四种方法的分析结果，最终保留 35 个题项进行探索性因子分析。

## （二）探索性因子分析

Bartlett 球形检验结果显著（$\chi^2=5142.65, df=595, p<0.001$），KMO 值为 0.94，表明适合进行探索性因子分析。此外，根据对测谎题回答的分析，如果被试在该项目获得了较高的分数，则表明其未诚实回答（杨中芳，赵志裕，1990）。根据这一标准，删除了 8 份无效问卷，最终有效问卷共 320 份，而且也达到了每个变量最少有 5 个样本量的要求（Stevens，2002）。

采用主成分分析法和最大方差法进行探索性因子分析。依据心理测量学理论，删除不符合标准和理论预期的题项。删除标准为：①题项取样适切性量数 (measures of sampling adequacy，MSA) 值在 0.80 以下；②共同度值低于 0.30；③因子负荷量小于 0.45；④同时出现在 2 个或 2 个以上因子的题项；⑤只有 1—2 个题项的因子。结果发现，根据以上标准，需删除第 8、2、50、13、19、11、42、30、36、41 题。

总之，通过以上两步分析，该量表最终保留 25 个题项，共包括 5 个因子，累计方差解释率为 57.54%，见表 7.1。因子 1 命名为"诚信性"，共 6 个题项，代表利益主体讲求诚实和信用；因子 2 命名为"先进性"，共 5 个题项，指共赢者追求卓越与进步；因子 3 命名为"利他性"，共 6 个题项，侧重于从他人利益角度行事，能够换位思考；因子 4 命名为"和谐性"，共 5 个题项，注重彼此之间的尊重并能彼此包容；因子 5 命名为"协同性"，共 3 个题项，强调整体意识与合作精神。

表 7.1 因子分析矩阵

| 题项 | 1 | 2 | 3 | 4 | 5 | 共同度 |
|---|---|---|---|---|---|---|
| 23.我认为人的信用是非常重要的 | 0.80 | | | | | 0.67 |
| 5.我认为诚信是共赢的基础 | 0.70 | | | | | 0.54 |
| 1.我待人真诚 | 0.70 | | | | | 0.60 |
| 12.我认同"人无信不立" | 0.65 | | | | | 0.53 |
| 32.我积极履行自己应承担的义务 | 0.63 | | | | | 0.60 |
| 43.我能遵守自己的承诺 | 0.56 | | | | | 0.51 |
| 18.我总能实现设定的目标 | | 0.75 | | | | 0.65 |
| 27.我总能集中精力做事 | | 0.71 | | | | 0.63 |
| 46.我能快速学习专业知识 | | 0.68 | | | | 0.57 |
| 44.我总是不断追求卓越 | | 0.62 | | | | 0.55 |
| 6.我总有强烈的求知欲 | | 0.53 | | | | 0.46 |
| 33.我会以他人利益为出发点来行事 | | | 0.76 | | | 0.64 |
| 34.我会为了集体而主动做事 | | | 0.68 | | | 0.67 |
| 37.即使被误解，帮助别人也是值得的 | | | 0.61 | | | 0.52 |
| 25.我愿意与他人共享资源 | | | 0.50 | | | 0.51 |
| 29.我做事时会通盘考虑整体利益 | | | 0.49 | | | 0.58 |
| 31.我经常站在他人角度思考问题 | | | 0.45 | | | 0.61 |
| 10.我能包容他人的缺点 | | | | 0.70 | | 0.64 |
| 22.我能很快和别人达成共识 | | | | 0.61 | | 0.56 |
| 7.我总是能和别人相处得很愉快 | | | | 0.58 | | 0.55 |
| 39.我重视倾听他人的观点 | | | | 0.57 | | 0.52 |
| 21.我乐于欣赏并学习他人的积极品质 | | | | 0.47 | | 0.46 |

续表

| 题项 | 因子载荷 1 | 2 | 3 | 4 | 5 | 共同度 |
|---|---|---|---|---|---|---|
| 14.我喜欢参加团体活动 | | | | | 0.73 | 0.66 |
| 3.我经常和朋友一起解决问题 | | | | | 0.58 | 0.56 |
| 40.我经常和别人一起讨论问题 | | | | | 0.57 | 0.58 |
| 特征值 | 9.06 | 1.77 | 1.30 | 1.25 | 1.00 | |
| 解释率/% | 36.25 | 7.07 | 5.20 | 5.01 | 4.01 | |
| 累计解释率/% | 36.25 | 43.32 | 48.53 | 53.53 | 57.54 | |

## （三）验证性因子分析

为了进一步检验共赢观结构的合理性，本研究进行了一阶模型和二阶模型的验证性因子分析。

### 1. 一阶模型的验证性因子分析

验证性因子分析旨在确定模型与数据之间的拟合度（Sumbuloglu & Akdag, 2009）。根据探索性因子分析得到的 25 个题项和 5 个因子绘制模型图，进行一阶模型的验证性因子分析，根据模型修正指数（modification index，MI），删除了 9 个题项，因为这些题项的修正指数较低（侯杰泰等，2004；焦丽颖等，2019）。

模型拟合指标选取 RMSEA、RMR、SRMR、CFI、GFI 和 TLI 等。Tabachnick 和 Fidell（2007）、Kline（2005）建议 $\chi^2/df$ 的取值为 1—2 或 1—3。此外，CFI、GFI 和 TLI 的值大于 0.90，RMSEA 和 RMR 的值小于 0.08，代表模型拟合良好（Hu & Bentler, 1999）。结果显示：$\chi^2/df$=2.11，RMSEA=0.067，RMR 和 SRMR 均小于 0.05，CFI、GFI 和 TLI 均大于 0.90（表 7.2）。这表明，该模型拟合指数均在可接受的范围内。一阶模型中的标准化估计值见图 7.1。

表 7.2 一阶五因子模型的拟合指数

| $\chi^2$ | df | RMSEA | RMR | SRMR | CFI | GFI | TLI |
|---|---|---|---|---|---|---|---|
| 198.57 | 94 | 0.067 | 0.038 | 0.044 | 0.957 | 0.911 | 0.945 |

图 7.1　共赢观五因子的一阶模型

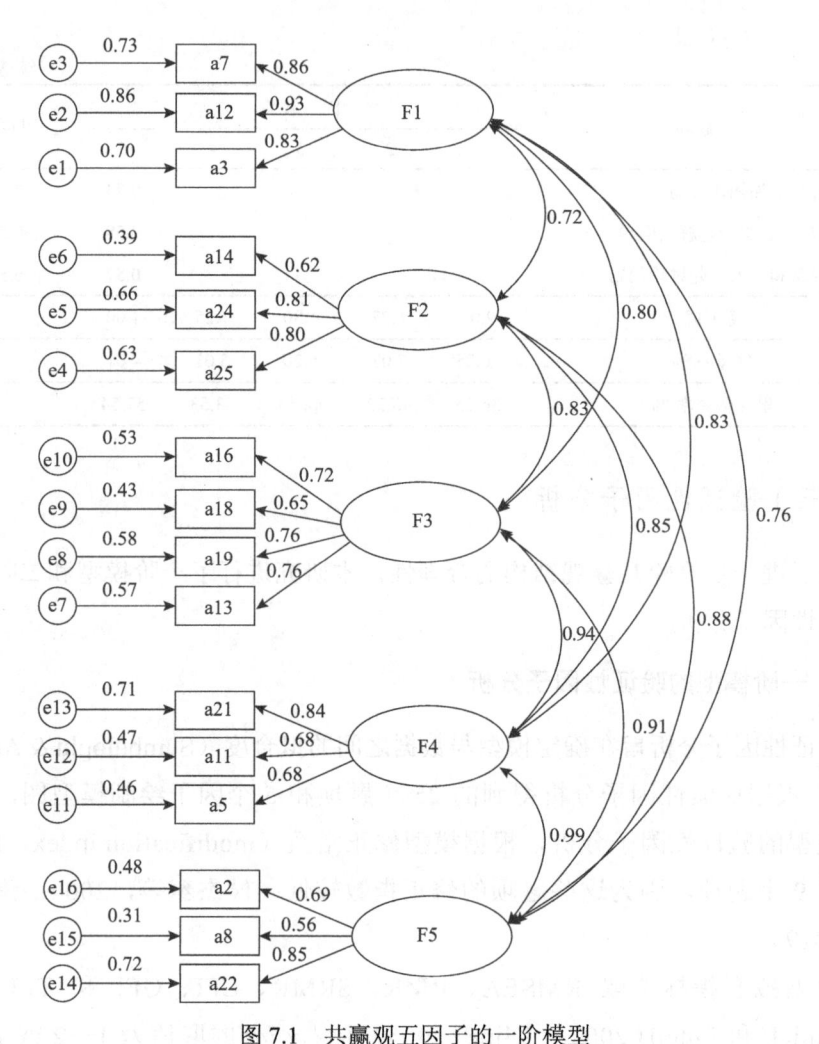

注：F1—F5 分别表示诚信性、先进性、利他性、和谐性、协同性，下同

## 2. 二阶模型的验证性因子分析

从图 7.1 中可以发现，五因子的相关系数均在 0.70 以上，存在中高度关联，并且一阶模型与样本数据可以适配，可能有一个较高阶的潜在特质影响着这些一阶因子构念（吴明隆，2009）。所以，本研究进行了二阶模型的验证性因子分析。

根据前人研究，二阶模型的验证性因子分析能更好地确定量表的结构（Black et al., 2015；Bolton, 1980；Chu, 2008；吴明隆, 2009）。在二阶模型的验证性因子分析中，假定前一阶段提取的潜变量都存在。因此，二阶因子分析代表了更高级和更一般的概念（Gatignon，2014），主要用来检验各因子是否符合共赢观的一般概念（Nia et al., 2019）。二阶模型验证性因子分析的拟合结果（表 7.3）显示：$\chi^2/df$=2.10，RMSEA=0.066，RMR 和 SRMR 均小于 0.05，CFI、GFI 及 TLI 均大于 0.90。标准化估计值模型见图 7.2，5 个初阶因子的因子载荷分别为 0.82、0.88、0.94、1.00 和 0.97。5 个因子的 Cronbach's α 系数分别为 0.67、0.77、0.89、1.00 和 0.95。上述结果表明，二阶模型拟合指数符合要求，该模型可以接受。

表 7.3 二阶模型验证性因子分析的拟合指数

| $\chi^2$ | $df$ | RMSEA | RMR | SRMR | CFI | GFI | TLI |
| --- | --- | --- | --- | --- | --- | --- | --- |
| 207.92 | 99 | 0.066 | 0.039 | 0.045 | 0.955 | 0.907 | 0.946 |

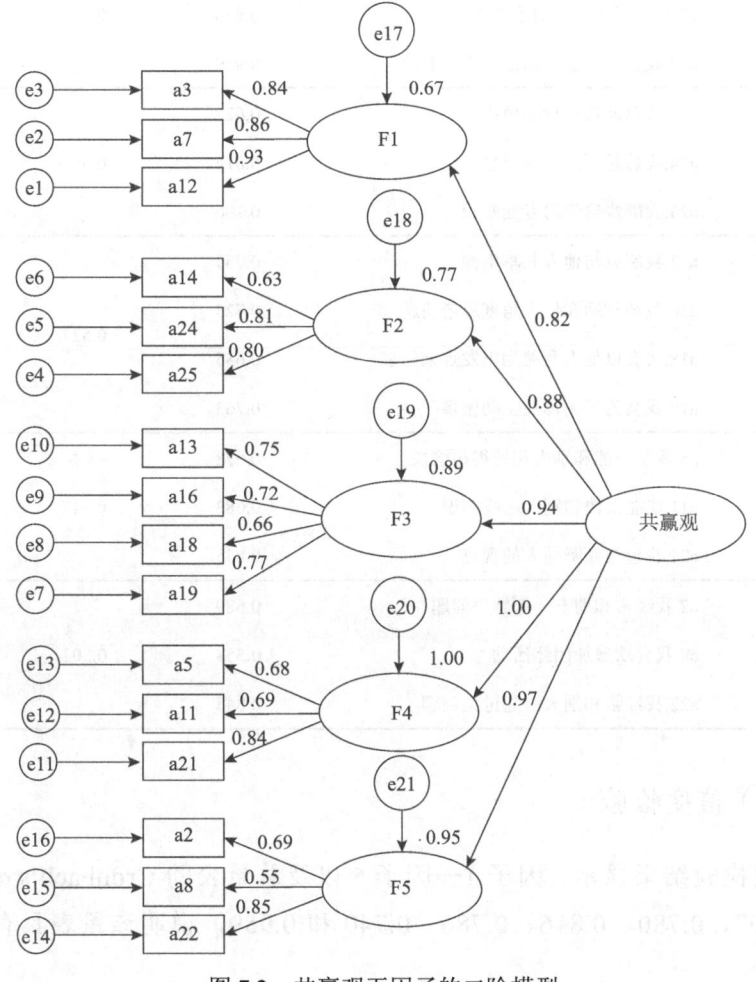

图 7.2 共赢观五因子的二阶模型

## （四）收敛效度检验

根据验证性因子分析的一阶模型，计算量表的平均方差提取（average variance extracting，AVE）值和建构效度值。结果（表 7.4）显示：各因子的 AVE 值在 0.5 以上，建构效度值在 0.7 以上，因子荷载在 0.5 以上，表明该模型具有良好的收敛效度。

表 7.4　收敛效度检验分析结果

| 因子 | 题项 | 因子荷载 | AVE | 建构效度值 |
| --- | --- | --- | --- | --- |
| F1 | a3.我认为诚信是共赢的基础 | 0.835 | 0.764 | 0.907 |
|  | a7.我认同"人无信不立" | 0.856 |  |  |
|  | a12.我认为人的信用是非常重要的 | 0.929 |  |  |
| F2 | a14.我总能集中精力做事 | 0.622 | 0.561 | 0.791 |
|  | a24.我总是不断追求卓越 | 0.814 |  |  |
|  | a25.我能快速学习专业知识 | 0.796 |  |  |
| F3 | a13.我愿意与他人共享资源 | 0.755 | 0.527 | 0.816 |
|  | a16.我经常站在他人角度思考问题 | 0.725 |  |  |
|  | a18.我会以他人利益为出发点来行事 | 0.655 |  |  |
|  | a19.我会为了集体而主动做事 | 0.763 |  |  |
| F4 | a5.我总是能和别人相处得很愉快 | 0.678 | 0.547 | 0.782 |
|  | a11.我能很快和别人达成共识 | 0.683 |  |  |
|  | a21.我重视倾听他人的观点 | 0.845 |  |  |
| F5 | a2.我经常和朋友一起解决问题 | 0.689 | 0.502 | 0.746 |
|  | a8.我喜欢参加团体活动 | 0.558 |  |  |
|  | a22.我经常和别人一起讨论问题 | 0.848 |  |  |

## （五）信度检验

信度检验结果显示，因子 1—因子 5 以及总量表的 Cronbach's $\alpha$ 系数分别为 0.907、0.780、0.816、0.786、0.740 和 0.959，说明该量表具有较高的信度。

## 三、讨论与结论

本研究通过项目分析、探索性因子分析和验证性因子分析等步骤，构建了共赢观量表的五维结构模型（诚信性、先进性、利他性、和谐性、协同性）：诚信性侧重于诚实守信，先进性意味着共赢者追求卓越与进步，利他性是基于他人利益视角而行动，和谐性强调相互尊重与彼此包容，协同性注重整体意识和合作精神。为确保简洁性，本研究还根据修正指数和拟合度指标，最终只保留了 16 个题项。总之，本研究所编制的共赢观量表的五维结构模型拟合良好，且量表的可靠性和有效性均符合心理测量学标准。

共赢观量表分为诚信性、先进性、利他性、和谐性和协同性等 5 个维度。诚信性是共赢观的基础。诚信是人际交往的主要纽带之一（张帆，钟年，2017），奠定了合作共赢的基石。先进性是共赢观的动力。先进性体现了个体为寻求进一步发展而展现出来的积极进取心，是个体奋发有为、担当作为而谋发展的强大驱动力量。如果个体对自己的要求较高，那么其会更加积极地面对各种冲突和问题（Eizen & Desivilya，2003；Vera et al.，2004），不断创新学习并在互利共赢中快速成长。利他性是共赢观的前提。利他性的核心是换位思考，个体在考虑自己的同时也顾及他人利益。和谐性是共赢观的核心。和谐性影响着人们的社会沟通和互动（Gabrenya & Hwang，1996）。和谐性不是基于线性的"输赢"思维模式，也不意味着盲目地避免冲突，而是注重统一与共存，相互尊重与包容，达成多赢进而实现和谐发展。协同性是共赢观的机制。协同性强调人与人之间的合作，这需要个体具有整体意识以及团队精神。只有加强协作，强化配合，同心同德，同频共振，形成合力，才能相得益彰并促成共赢。综上所述，5 个维度是共赢观不可或缺的重要方面（张锋，2024）。

共赢观源自我国优秀传统文化中的价值取向（张岱年，1996），并在不同文化环境中得到推广。本研究基于合作、信任和亲社会行为的研究（Duijf，2018；Smith，2015；Zlatev，2019）而编制了共赢观量表，为培育大学生良好的社会心态提供了新的视角，具有重要的理论和应用价值。

总之，在本研究条件下，共赢观的心理结构包含诚信性、先进性、利他性、和谐性、协同性等 5 个维度，自编的共赢观量表是可靠而有效的测评工具。

## 第二节　家庭经济地位对共赢观的影响：
## 未来自我的中介作用

共赢观是指个体在寻求自身利益时能够主动考虑并照顾他人利益，以互惠互利为基础来实现和谐发展的价值观，这是自利、互利、共利的实现，体现了一种道义和价值取向（李德周，杜婕，2002；张锋，张杉，2020，2022）。个体如果过分追求自身利益，并把自己的成功建立在对方失败的基础上，甚至为达目的不择手段，其结果是损人也不利己。因此，共赢观体现了社会主义新时代的义利观，与社会主义核心价值体系与核心价值观相一致，不仅有助于构建携手并进的人类命运共同体，而且能够加快实现人民对美好生活的向往。

2021年10月，习近平在中华人民共和国恢复联合国合法席位50周年纪念会议上指出，"我们应该顺应历史大势，坚持合作、不搞对抗，坚持开放、不搞封闭，坚持互利共赢、不搞零和博弈"，"人类应该和衷共济、和合共生，朝着构建人类命运共同体方向不断迈进，共同创造更加美好未来"。[①]马克思主义合作理论从整体利益观出发，强调在获取个人利益时不损害他人利益（王睿腾，2019）。由此来看，共赢观是以马克思主义理论为指导，植根于我国优秀传统文化，注重全局性视野和整体性思维，强调以共同发展为合作导向的价值取向。

目前，由于过分强调个体主义的价值取向以及优胜劣汰的竞争意识，西方鲜有共赢观方面的相关研究。在国内，许多有关研究主要聚焦于哲学、经济学、管理学等研究领域，较少从心理学与教育学的视角对共赢观进行直接探讨。最近，有研究发现，共赢者最重要的10项特征包括讲诚信、能够尊重他人、具有全局意识、具有团队精神、乐于与人团结合作、追求彼此间的共同利益、理解体谅他人、善于换位思考、善于倾听、善于与人沟通交流。而且，共赢观的心理结构包含诚信性、利他性、先进性、协同性、和谐性等5个维度（张锋，张杉，2020；Zhang et al.，2021）。

---

[①] 在中华人民共和国恢复联合国合法席位50周年纪念会议上的讲话．https://www.gov.cn/gongbao/content/2021/content_5649721.htm．（2021-10-25）[2024-09-29]．

培育家庭经济困难大学生对共赢的价值追求，对于践行社会主义核心价值观和推进共同富裕进程具有重要意义。我国人民所追求的富强是一种合作共赢的价值取向，是一种全新的共享共赢模式，并不崇尚弱肉强食的丛林法则，倡导互利共赢才是共同富裕所需的价值观。当前，我国社会价值观呈现出多元化与多样性的特点，个人主义价值取向不断增强，使得竞争价值观略占上风，如果不加以正确引导，则会出现损人利己等极端个人主义行为（周晓虹，2018），这不符合当今社会所倡导的"合作共赢"价值观（沈潘艳等，2017）。对于越发突出个人价值主体地位、不同阶层的青年价值取向有明显差异等问题，未来还要多方面加以探索、研究与引导（杨艳，2016）。而且，社会经济地位是价值观形成的重要条件（李从松，2002；林芙蓉，2007；马顺林，2009），低社会经济地位使个体更倾向于关注短期结果，忽视长远利益（Mani et al., 2013；Shah et al., 2012），更多考虑个人利益，缺乏合作，这些都不利于共赢观的形成。因此，本研究拟探讨家庭经济困难大学生的共赢观的现状及其影响因素，合理引导家庭经济困难大学生对共赢的价值追求，从而将他们培养成为堪当民族复兴大任的时代新人。

时间自我在家庭经济困难大学生共赢观的形成与发展中具有重要作用。未来自我是个体对未来自己的感受（黄希庭，夏凌翔，2004）。研究发现，大学生经常会思考自己的未来，而在思考未来的同时，其对自己的看法也不断被塑造（Shah et al., 2012）。根据"三因素洋葱模型"，个体的消极自我观念导致消极的价值观（傅安国等，2020），自我感觉良好的个体对自己未来的看法更积极（Zeira & Dekel, 2005）。此外，研究还发现，家庭经济地位通过未来自我连续性的中介效应对共赢观产生影响（Zhang et al., 2022）。大学生的家庭经济地位是时间自我的重要影响因素（张锋等，2021），与未来自我连续性密切相关（张锋等，2020），在边缘地位（marginal position）环境中长大的个体可能会存在无望感以及绝望感（Browman et al., 2019），倾向于对未来自我持有消极的评价，而未来自我又会进一步影响个体的价值观。因此，未来自我可能在家庭经济地位与共赢观之间起到中介效应。

综上，本研究拟对家庭经济困难大学生的共赢观及其与家庭经济地位、未来自我的关系进行问卷调查，从而探索共赢观的形成机制与培育路径。

## 一、研究方法

### （一）研究对象

采用方便取样法，选取 350 名大学生进行问卷调查，回收 324 份有效问卷。其中，男生 104 人，女生 220 人；城市 132 人，农村 192 人；独生子女 83 人，非独生子女 241 人。

### （二）研究工具

#### 1. 社会经济地位问卷

该问卷从父母受教育程度、父母职业以及家庭月收入等三方面（师保国，申继亮，2007；Bradley & Corwyn，2002）测量大学生的家庭经济地位。根据有关研究（徐夫真等，2009；石雷山等，2013）并结合当前经济发展状况，将家庭月收入分为如下水平：①2000 元以下；②2000—2999 元；③3000—3999 元；④4000—4999 元；⑤5000—5999 元；⑥6000—6999 元；⑦7000—7999 元；⑧8000—8999 元；⑨9000—9999 元；⑩10000—10999 元；⑪11000—11999 元；⑫12000 元及以上。参照已有研究（Bradley & Corwyn，2002；师保国，申继亮，2007；徐夫真等，2009），将各项得分转化为标准分并相加得到总分，分数越高，说明个体的家庭经济地位越高。

#### 2. 时间自我评价词表

根据以往研究（黄希庭，张蜀林，1992；高俊鹏，2018），选择 15 个描述未来自我的积极形容词，组成时间自我评价词表。采用利克特 5 点计分，要求被试根据句子描述，选出最符合自身情况的选项。分数越高，表示个体的未来自我越积极。在本研究中，该词表的 Cronbach's $\alpha$ 系数是 0.93。

#### 3. 共赢观量表

选用自编的共赢观量表，包括 16 个题项，采用利克特 5 点计分，要求被试根据句子描述，选出最符合自身情况的选项。分数越高，说明个体的共赢观水平越高。在本研究中，该量表的 Cronbach's $\alpha$ 系数是 0.88。

## （三）研究程序

通过网络与现场调查相结合的方式招募大学生填写问卷。运用 SPSS 22.0 软件进行数据整理与处理。

## 二、结果与分析

### （一）共同方法偏差检验

Harman 单因子检验结果表明，有 9 个特征值大于 1 的因子，第 1 个公因子解释总变异的 35.74%，低于临界值 40%。因此，本研究不存在严重的共同方法偏差。

### （二）描述统计与相关矩阵

324 名大学生的家庭经济地位、未来自我、共赢观的平均数、标准差，以及各变量之间的相关矩阵见表 7.5。结果显示，家庭经济地位与未来自我呈显著正相关，家庭经济地位与共赢观呈显著正相关，未来自我和共赢观呈显著正相关。这说明，家庭经济地位、未来自我与共赢观之间关系密切。

表 7.5　描述统计和相关矩阵

| 变量 | $M \pm SD$ | 1 | 2 |
| --- | --- | --- | --- |
| 1 家庭经济地位 | -0.11±0.91 | 1 | |
| 2 未来自我 | 4.10±0.55 | 0.14** | 1 |
| 3 共赢观 | 3.88±0.47 | 0.12* | 0.68*** |

### （三）中介效应分析

以共赢观为结果变量，以家庭经济地位和未来自我为预测变量进行逐步回归分析，结果表明（表 7.6），家庭经济地位（$\beta=0.12$, $p=0.029$）和未来自我（$\beta=0.68$, $p<0.001$）对共赢观均有显著的正向预测作用，未来自我在家庭经济地位和共赢观之间存在显著的中介作用。这说明，家庭经济地位通过未来自我的中介效应对共赢观具有显著的间接影响。

表 7.6　中介分析结果

| 步骤 | 结果变量 | 预测变量 | $\beta$ | $t$ | $R^2$ | $F$ |
| --- | --- | --- | --- | --- | --- | --- |
| 1 | 共赢观 | 家庭经济地位 | 0.12 | 2.19* | 0.02 | 4.80 |
| 2 | 共赢观 | 未来自我 | 0.68 | 16.44*** | 0.46 | 270.13 |
| 3 | 共赢观 | 家庭经济地位 | 0.02 | 0.59 | 0.46 | 134.96 |
|   |   | 未来自我 | 0.67 | 16.16*** |   |   |

## （四）未来自我与共赢观的组别差异

选取家庭经济地位得分位于前 27%（得分>0.50，共 87 人）和后 27%（得分<-0.78，共 84 人）的被试作为高家庭经济地位组和低家庭经济地位组，进行独立样本 $t$ 检验。结果发现（表 7.7），两组在未来自我和共赢观上均存在显著差异。

表 7.7　组别差异分析

| 变量 | 低家庭经济地位组（$M\pm SD$） | 高家庭经济地位组（$M\pm SD$） | $t$ | $p$ |
| --- | --- | --- | --- | --- |
| 未来自我 | 4.02±0.62 | 4.23±0.53 | -2.39 | 0.018 |
| 共赢观 | 3.84±0.49 | 3.98±0.43 | -2.05 | 0.042 |

## （五）家庭经济困难大学生的相关分析与回归分析

首先，根据家庭经济地位得分后 27% 的 84 名家庭经济困难大学生的调查数据，对未来自我和共赢观进行相关分析。结果显示，家庭经济困难大学生的未来自我与共赢观及其维度均呈显著正相关，见表 7.8。

表 7.8　家庭经济困难大学生的未来自我和共赢观的相关分析

| 变量 | $M\pm SD$ | 1 | 2 | 3 | 4 | 5 | 6 |
| --- | --- | --- | --- | --- | --- | --- | --- |
| 1 未来自我 | 4.02±0.62 | 1 |   |   |   |   |   |
| 2 共赢观 | 3.84±0.49 | 0.69** | 1 |   |   |   |   |
| 3 诚信性 | 4.41±0.58 | 0.56** | 0.65** | 1 |   |   |   |
| 4 先进性 | 3.63±0.75 | 0.59** | 0.81** | 0.33** | 1 |   |   |
| 5 利他性 | 3.87±0.56 | 0.53** | 0.81** | 0.52** | 0.58** | 1 |   |
| 6 和谐性 | 3.82±0.58 | 0.58** | 0.76** | 0.42** | 0.52** | 0.54** | 1 |
| 7 协同性 | 3.46±0.79 | 0.36** | 0.73** | 0.29** | 0.53** | 0.38** | 0.46** |

其次，对家庭经济困难大学生的未来自我和共赢观进行回归分析（表 7.9）。结果发现，未来自我能够显著正向预测家庭经济困难大学生的共赢观（$\beta$=0.69，$p$<0.001）。而且，未来自我对共赢观的 5 个维度均有显著的预测作用：诚信性（$\beta$=0.56，$p$<0.001）；先进性（$\beta$=0.59，$p$<0.001）；利他性（$\beta$=0.53，$p$<0.001）；和谐性（$\beta$=0.58，$p$<0.001）；协同性（$\beta$=0.36，$p$=0.001）。

表 7.9　家庭经济困难大学生的未来自我对共赢观的回归分析

| 步骤 | 结果变量 | 预测变量 | $\beta$ | $t$ | $R^2$ | $F$ |
| --- | --- | --- | --- | --- | --- | --- |
| 1 | 共赢观 | 未来自我 | 0.69 | 8.52*** | 0.47 | 72.64 |
| 2 | 诚信性 | 未来自我 | 0.56 | 6.18*** | 0.32 | 38.22 |
| 3 | 先进性 | 未来自我 | 0.59 | 6.61*** | 0.35 | 43.70 |
| 4 | 利他性 | 未来自我 | 0.53 | 5.69*** | 0.28 | 32.33 |
| 5 | 和谐性 | 未来自我 | 0.58 | 6.41*** | 0.33 | 41.02 |
| 6 | 协同性 | 未来自我 | 0.36 | 3.44*** | 0.13 | 11.82 |

## 三、讨论与结论

树立共赢观可以深化社会主义核心价值观，并提升家庭经济困难大学生脱离相对贫困的内生动力。共赢观源于"中庸""和谐""仁爱""大同"等优秀传统文化思想（张锋，张杉，2020），与马克思主义合作理论（王睿腾，2019）是一致的，实际上是一种"共赢"博弈。合作是手段，共赢是目的（张贤明，薛佳，2016）。共赢不是"零和博弈""独善其身"，而是一种有远见的和谐发展观，不仅利他，而且利己，也利于社会进步。因此，家庭经济困难大学生树立积极向上的"共赢"价值观，坚持协同合作互助，必将有助于快步迈向共同富裕之路。

本研究结果发现，共赢观不仅与家庭经济地位呈显著正相关，并存在显著的组别差异（低家庭经济地位大学生的共赢观得分显著低于高家庭经济地位大学生的共赢观得分），而且，未来自我在家庭经济地位与共赢观的关系中存在中介效应，说明家庭经济地位可以通过时间自我的中介作用来影响共赢观。因此，家庭经济困难大学生的未来自我对共赢观具有显著影响。

未来自我对共赢观的影响机制可能与大学生较低的家庭经济地位有关。家庭经济困难大学生常常缺乏资源，不倾向于把现在自我延伸至未来并与之建立联结（Joshi & Fast，2013）。低家庭经济地位大学生拥有的资源相对较少，对未来自我的态度不够积极，因而减少了需付出成本的合作行为（Hart & Edelstein，1992）。与之相比，家庭经济良好的大学生享有更多的资源，生活压力相对较小，拥有更高的生活满意度（杨娃等，2017；Zhang & Aggarwal，2015），更关注声誉和印象管理（Hart & Edelstein，1992；Krausb & Callaghan，2016；Weininger & Lareau，2009），有更多的亲社会行为（Hart & Edelstein，1992；Weininger & Lareau，2009），更愿意与别人合作（Krausb & Callaghan，2016），这使其在实现自身利益时能考虑他人，在人际互动中更有可能达成共赢（Zhang & Aggarwal，2015）。

本研究结果表明，家庭经济困难大学生的共赢观仍需进一步培育与提升。青年大学生作为整个社会的中坚力量，其价值追求会影响到自身发展与社会发展（李从松，2002）。引导家庭经济困难大学生树立共赢的价值观，是对我国优秀传统文化的传承发展，也是实现社区和谐的重要路径（黄希庭，2021a）。首先，要以培育正确的义利观为抓手（何丽梅，2020），消除功利主义的负面影响，引导家庭经济困难大学生为他人、集体与社会做贡献，促使个人、集体与社会的相互成就，携手建设合作发展共同体。其次，要促进家庭经济困难大学生的成长发展，使其拥有积极的未来自我。健全人格者会辩证、积极地看待未来自我（黄希庭，2021b）。研究显示，社会经济地位与未来自我是密切相关的（Antonoplis & Chen，2021；Griskevicius et al.，2011；Piff & Moskowitz，2018；Spencer & Castano，2007；Stephens et al.，2012），高家庭经济地位个体的自我价值感较高，他们能更好地应对生活压力与危机（徐岩，2017），低家庭经济地位个体由于物质资源匮乏和生活环境不良而更少体验到积极的情绪（Kraus & Stephens，2012）。因此，只有为家庭经济困难大学生的成长成才与建功立业创造良好的环境和条件，才能提升其积极的未来自我心态，从而培育共赢观的内生动力。

总之，在本研究条件下，家庭经济困难大学生的未来自我对共赢观具有显著影响，未来自我在大学生的家庭经济地位与共赢观之间存在显著的中介作用。

# 第八章　家庭经济困难大学生的未来自我对亲社会倾向的影响研究

## 第一节　家庭经济困难大学生的未来自我对亲社会外显行为影响的 ERP 研究

亲社会行为是良好社会心态的外在行为反应，指的是个体自愿做出的对他人、群体和社会有益的行为（Penner et al., 2005）。亲社会行为不仅使接受者得到了帮助，也对给予者的主观幸福感有积极影响（崔馨月等，2021）。而且，社会经济地位较高的群体有更为丰富的物质资源、社会资源，会产生更多的亲社会行为（Andreoni et al., 2021；郭永玉等，2015）。

然而，目前却有证据显示，家庭经济困难大学生有更强的亲社会性（乐国安，李文姣，2010；李文姣，2016），更容易形成情境主义的社会认知风格，更关注他人和外部环境，从而表现出更多的亲社会行为（Guinote et al., 2015；Piff & Robinson, 2017）。依据阶层流动动态视角理论，低阶层的个体对阶层流动性的感知水平越高，越有可能增加亲社会行为（Rao et al., 2021）。换句话说，当家庭经济困难大学生认为达到未来理想自我的可能性越大时，他们也可能会表现出较多的亲社会行为。研究发现，家庭经济困难大学生对未来自我的积极评价与家庭经济良好的大学生相当（陈幼贞，苏丹，2009），即他们对于未来自我同样充满了积极的期待。而这种积极良好的未来自我可能是促进家庭经济困难大学生亲社会行为的有力保护性因素。

目前，鲜有研究对家庭经济困难大学生的未来自我与亲社会行为之间的关系进行深入探讨，但有大量研究结果证实了与自我相关的概念对亲社会行为的影响。例如，研究发现，自我概念、自我效能感、自尊、自恋等均可以正面影响亲社会行为（丁如一等，2016；Fu et al.，2017；Patrick et al.，2018）。个体对自我的肯定可以增强自我同情反应，从而促进亲社会行为（Lindsay & Creswell，2014），也可以削弱低自我控制对亲社会行为的负面影响（Huang et al.，2021）。此外，未来自我连续性高的个体表现出更多的亲社会行为（Zhang & Aggarwal，2015）。未来自我是个体对未来我的综合认知和评价，与自尊、自我概念清晰性、未来自我连续性等内涵相似，所以未来自我可能是促进亲社会行为的重要变量。因此，本研究假设，未来自我有助于增加家庭经济困难大学生的亲社会行为。

此外，以往研究探讨了亲社会决策背后的神经生理基础，结果发现，个体在做出亲社会决策的过程中会出现较大波幅的 P2 成分和 P3 成分。在社会决策过程中，P2 波幅反映了个体注意力资源的分配（Chen et al.，2011；Kenemans et al.，1993），波幅越大表示个体对于决策需要投入的注意力资源越多（Dainer-Best et al.，2017）。此外，P3 成分是反映亲社会行为动机水平的重要指标（Carlson et al.，2016；Xiao et al.，2015），当个体表现出较高水平的亲社会倾向时，P3 波幅较大。

综上所述，虽然已有大量研究探讨了自我相关变量与亲社会行为的关系，但是对家庭经济困难大学生的未来自我与亲社会行为之间的关系及其认知神经基础的研究较少。本实验研究旨在运用 ERP 技术，采用 Carlson 等（2016）的金钱捐赠范式，探讨家庭经济困难大学生的未来自我对外显亲社会行为的影响及其神经生理机制。

## 一、研究方法

### （一）被试

选取某高校 60 名家庭经济困难大学生，其中男生 30 人，女生 30 人，年龄为 18—24 岁。6 名被试的脑电数据漂移较大而未被纳入数据分析，有效被试共 54 人，基本信息见表 8.1。

表 8.1　有效被试基本信息

| 组别 | 年龄/岁（M±SD） | 性别 男/人 | 性别 女/人 |
| --- | --- | --- | --- |
| 积极未来自我组 | 20.48±1.42 | 13 | 14 |
| 消极未来自我组 | 20.56±1.19 | 13 | 14 |

### （二）实验设计

采用 2（组别：积极未来自我组、消极未来自我组）×3（捐赠条件：高、中、低）的混合实验设计，组别为被试间变量，捐赠条件为被试内变量。

### （三）实验工具与实验任务

#### 1. 时间自我评价词表

采用自编的时间自我评价词表，共 30 个形容词，积极词和消极词各 15 个，要求被试评价五年后的自我与这些词的符合程度（不符合为 0 分，不确定为 1 分，符合为 2 分）。15 个积极词和 15 个消极词在好恶度上差异显著（$t$=48.59，$p$<0.001），而在熟悉度、意义度和笔画数等方面的差异均不显著，见表 8.2。

表 8.2　时间自我评价词的差异检验分析

| 变量 | 积极词（M±SD） | 消极词（M±SD） | $t$ |
| --- | --- | --- | --- |
| 好恶度 | 5.64±0.25 | 2.75±0.41 | 48.59*** |
| 熟悉度 | 3.55±0.14 | 3.39±0.14 | 2.85 |
| 意义度 | 3.27±0.12 | 3.14±0.09 | 2.95 |
| 笔画数 | 25.60±2.59 | 25.67±4.43 | -0.06 |

#### 2. 捐赠实验任务

采用捐赠实验任务测量被试的外显亲社会行为，包括 20 种捐赠方式（自己—福利院）：0—100，5—95，10—90，15—85，20—80，25—75，30—70，35—65，40—60，45—55，50—50，55—45，60—40，65—35，70—30，75—25，80—20，85—15，90—10，95—5。如果被试同意某种捐赠方式，则按照该方案进行捐赠；如果不同意该捐赠方式，则所有钱由被试自己保管。

## （四）实验程序

所有被试均被随机分配到积极未来自我组和消极未来自我组，首先进行未来自我的启动，即要求被试在 5 分钟内写下五年后希望成为的自我（积极未来自我组）或害怕成为的自我（消极未来自我组），并详细地描述出来，想到什么就写什么，尽可能多写。其次，被试填写时间自我评价词表，对五年后的自己进行评价，以检验启动操作的有效性。最后，两组被试均需完成捐赠实验任务。具体流程如下。

在屏幕中央呈现注视点 500ms 之后，呈现金钱分配方案，要求被试把 100 元在自己和福利院之间进行分配（如 20—80，表示 20 元归自己，80 元捐给福利院）。被试如果同意该分配方案则按"F"键；不同意则按"J"键，此时 100 元仍归被试所有。接着，在空屏 800ms 后呈现分配结果 1500ms。按键反应在被试之间进行平衡。

捐赠实验包括 2 个组块，各有 76 个试次，共 152 个试次。实验中的分配方案有 19 种，其中 5—95（自己—福利院）、10—90、15—85、20—80、25—75、30—70 为高捐赠条件；35—65、40—60、45—55、50—50、55—45、60—40、65—35 为中捐赠条件；70—30、75—25、80—20、85—15、90—10、95—5 为低捐赠条件。

## （五）脑电数据的收集与处理

采用 BrainCap 64 导 Ag/AgCl 电极帽收集 EEG 数据，参考电极为 FCz，接地点为 FPz。电极与头皮的接触电阻均小于 10kΩ，采样频率为 500Hz，滤波带通为 0.05—100Hz。对记录的数据采用离线分析。

参考前人研究（Carlson et al., 2016；Li et al., 2021，2022a）和本研究波形图，选取 P2 和 P3 脑电成分进行分析。P2 成分（148—200ms）选择 F3、Fz、F4、FC3、FCz、FC4、C3、Cz、C4 等电极点，P3 成分（460—600ms）选择 C3、Cz、C4、CP3、CPz、CP4、P3、Pz、P4 等电极点来计算脑电数据。使用 SPSS 22.0 软件进行数据分析，根据 Greenhouse-Geisser 法进行校正（Greenhouse & Geisser, 1959）。

## 二、结果与分析

### （一）未来自我启动操作的有效性检验

两组被试在时间自我评价词表上的得分情况见表 8.3。2（组别：积极未来自我组、消极未来自我组）×2（词性：积极词、消极词）的重复测量方差分析结果显示，组别的主效应不显著$[F(1, 52)=0.003, p=0.955]$；词性的主效应显著$[F(1, 52)=73.54, p<0.001, \eta^2=0.586]$；组别与词性的交互作用显著$[F(1, 52)=26.33, p<0.001, \eta^2=0.336]$。简单效应分析结果显示，在积极词上，积极未来自我组的得分显著高于消极未来自我组（$p<0.001$）；在消极词上，积极未来自我组的得分则显著低于消极未来自我组（$p<0.001$）。这说明，本研究的启动操作是有效的。

表8.3  两组被试在时间自我评价词表上的得分情况

| 变量 | $n$ | $M$ | $SD$ |
| --- | --- | --- | --- |
| 积极未来自我组-积极词 | 27 | 1.81 | 0.17 |
| 积极未来自我组-消极词 | 27 | 0.34 | 0.25 |
| 消极未来自我组-积极词 | 27 | 1.26 | 0.56 |
| 消极未来自我组-消极词 | 27 | 0.89 | 0.55 |

### （二）行为结果

积极未来自我组、消极未来自我组的捐赠金额结果见表8.4。对捐赠金额进行2（组别：积极未来自我组、消极未来自我组）×3（捐赠条件：高、中、低）的两因素重复测量方差分析。结果显示，组别的主效应显著，$F(1, 52)=12.20$，$p=0.001$，$\eta^2=0.19$；捐赠条件的主效应显著，$F(2, 104)=8.53$，$p<0.001$，$\eta^2=0.14$；组别与捐赠条件的交互作用显著，$F(2, 104)=4.92$，$p=0.009$，$\eta^2=0.09$。简单效应分析结果显示，在高、中、低捐赠条件下，积极未来自我组的捐赠金额均显著大于消极未来自我组（$p_{高}=0.006$，$p_{中}=0.002$，$p_{低}=0.013$）。在积极未来自我组，高、中捐赠条件下的捐赠金额均显著大于低捐赠条件（$p_{高}=0.008$，$p_{中}<0.001$）；在消极未来自我组，不同捐赠条件下的捐赠金额则没有显著差异。

表 8.4　积极未来自我组、消极未来自我组的捐赠金额结果（$M±SD$）

| 捐赠条件 | 积极未来自我组 | 消极未来自我组 |
| --- | --- | --- |
| 高 | 35.39±34.83 | 11.85±24.58 |
| 中 | 37.25±17.49 | 20.58±20.21 |
| 低 | 16.87±1.93 | 13.78±5.96 |

（三）脑电结果

P2 与 P3 成分在高、中、低捐赠条件下的波幅见表 8.5，两组被试在高、中、低捐赠条件下的 P2 与 P3 的平均波形图见图 8.1 和图 8.2。

表 8.5　不同条件下的脑电波幅（$M±SD$）　　　　单位：μV

| 脑电成分 | 捐赠条件 | 积极未来自我组 | 消极未来自我组 |
| --- | --- | --- | --- |
| P2 | 高 | 1.71±3.17 | 0.43±1.88 |
|  | 中 | 1.61±3.39 | 0.10±2.26 |
|  | 低 | 1.58±3.10 | 0.09±2.25 |
| P3 | 高 | 2.59±2.97 | 1.03±2.24 |
|  | 中 | 2.21±2.65 | 0.80±2.21 |
|  | 低 | 2.25±2.68 | 0.68±2.14 |

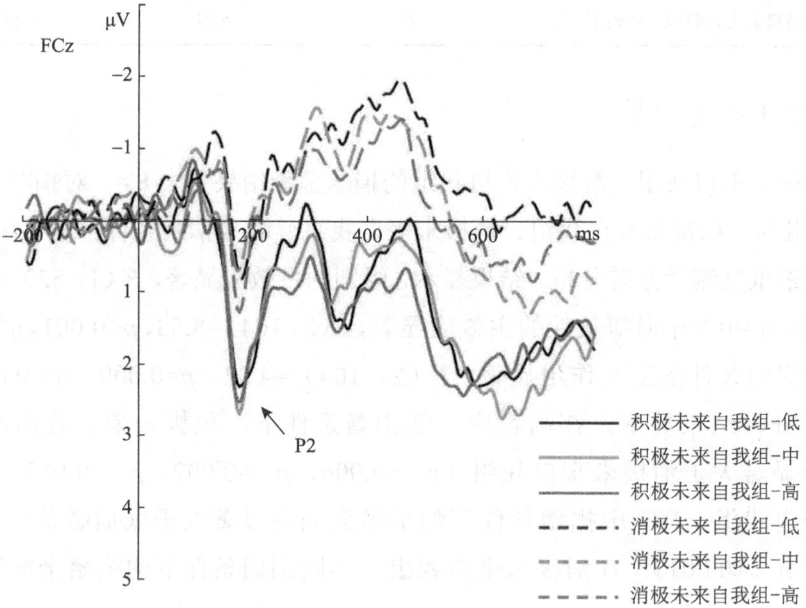

图 8.1　两组被试在不同捐赠条件下的 P2 平均波形图

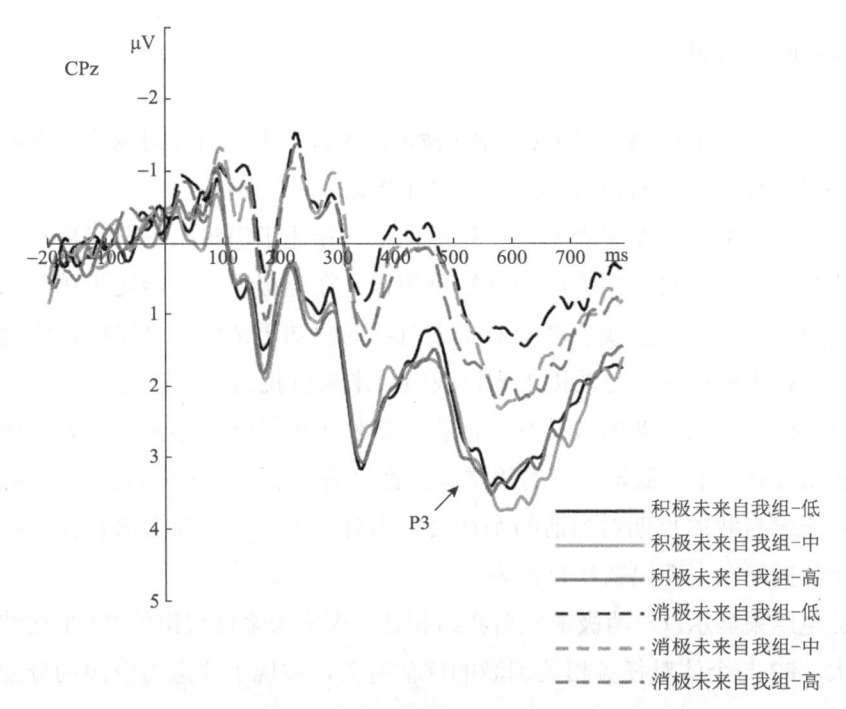

图 8.2 两组被试在不同捐赠条件下的 P3 平均波形图

### 1. P2 成分

对 P2 波幅进行 2（组别：积极未来自我组、消极未来自我组）×3（捐赠条件：高、中、低）的重复测量方差分析。结果显示，组别的主效应显著[$F$（1, 52）=4.12, $p$=0.047, $\eta^2$=0.07]，积极未来自我组的 P2 波幅（$M$=1.63, $SD$=3.18）显著大于消极未来自我组（$M$=0.21, $SD$=2.12）；捐赠条件的主效应不显著[$F$（2, 104）=0.73, $p$=0.48]；组别与捐赠条件的交互作用不显著[$F$（2, 104）=0.18, $p$=0.827]。

### 2. P3 成分

对 P3 波幅进行 2（组别：积极未来自我组、消极未来自我组）×3（捐赠条件：高、中、低）的重复测量方差分析。结果显示，组别的主效应显著[$F$（1, 52）=5.84, $p$=0.019, $\eta^2$=0.10]，积极未来自我组的 P3 波幅（$M$=2.35, $SD$=2.74）显著大于消极未来自我组（$M$=0.84, $SD$=2.17）；捐赠条件的主效应不显著[$F$（2, 104）=1.35, $p$=0.265]；组别与捐赠条件的交互作用不显著[$F$（2, 104）=0.07, $p$=0.931]。

## 三、讨论与结论

本研究采用金钱捐赠任务和 ERP 技术，探讨了未来自我对家庭经济困难大学生外显亲社会行为的影响及其神经生理基础。

启动操作的检验结果表明，在积极词上，相比于消极未来自我启动组，积极未来自我启动组对未来自我的感知更积极；在消极词上，相比于积极未来自我启动组，消极未来自我启动组对未来自我的感知更消极。这说明，实验成功启动了积极未来自我组与消极未来自我组对未来自我的不同感知。

行为结果表明，两组被试在不同捐赠条件下的捐赠金额差异显著，积极未来自我组在高、中、低条件下的捐赠金额都显著高于消极未来自我组。这表明，个体对未来自我的预期对当前的亲社会行为有显著影响，对未来自我有积极认知的个体更愿意表现出亲社会行为。

脑电结果显示，与消极未来自我组相比，积极未来自我组的 P2 平均波幅显著增大。P2 与个体对任务相关刺激的评估有关，体现了注意力资源的分配情况（Chen et al.，2011；Kenemans et al.，1993；Martin & Potts，2004）。Li 等（2021）在慈善捐赠研究中发现，金钱刺激会诱发更大的 P2 波幅。在本研究中，积极未来自我组的家庭经济困难大学生的 P2 波幅更大，说明积极未来自我组对分配方案投入了更多的注意资源。这可能是因为，消极未来自我组被试感知到自己未来的不利处境，更关注自身利益得失，因而减少了对需要帮助的对象分配的注意力资源。积极未来自我组被试则对自身的未来处境有更少的担忧，因而能够对需要帮助的对象给予更多的关注。

本研究结果还发现，在晚期认知过程中，与消极未来自我组相比，积极未来自我组的家庭经济困难大学生的 P3 波幅更大。在以往研究中，P3 被认为代表了精细加工过程，反映了有意注意和认知资源在决策任务中的分配（Nieuwenhuis et al.，2005；Patalano et al.，2018；Polich，2007）。Li 等（2021）使用金钱捐赠范式研究发现，金钱刺激条件诱发了更大的 P3 成分。捐赠金额越高，P3 波幅越大。大量研究表明，P3 成分是亲社会性动机相关的重要指标，P3 波幅越大，亲社会动机越强（Carlson et al.，2016；Li et al.，2021，2022a）。晚期 P3 成分还反映了个体对刺激的评估和判断推理过程，也有研究者认为其代表了自上而下的认知共情加工过程（Polich，2007）。Carlson 等（2016）的研究发现，在高共情条件下，中央顶叶区域的 P3 波幅更大。在决策过程中，P3 波幅反映了亲社会动机，能够预测随后的亲社会行为。在本研究中，积极未来自我组的家庭经济困难大学生诱发了更大的 P3 波幅，这可能是因为他们在对金钱分配刺激的判断和评估过程中诱发了更高水平的认知共情，所以表现出了更强的亲社会性动机。

总之，在本研究条件下，对于家庭经济困难大学生而言，积极未来自我组的捐赠金额显著高于消极未来自我组；在对分配刺激的加工过程中，积极未来自我组比消极未来自我组所分配的注意力资源更多，表现出更高的亲社会行为水平。

## 第二节　家庭经济困难大学生的未来自我对亲社会内隐态度影响的 ERP 研究

根据双重态度理论，人们对事物的态度分为外显和内隐两种，前者受到意识的控制，后者通常代表个体下意识或无意识的反应（Wilson et al., 2000）。因此，亲社会倾向也包括外显亲社会行为和内隐亲社会态度。研究发现，内隐亲社会态度和外显亲社会行为相互独立（田俊美等，2018）。外显亲社会行为容易受到社会赞许性的影响，内隐亲社会态度是个体无意识的反应，通常更能代表人们真实的态度或行为倾向。

研究发现，家庭经济困难大学生有更为积极的内隐亲社会行为倾向（乐国安，李文姣，2010；李文姣，2016）。这可能是因为不利的经济处境会促使个体采取更多的互助、分享和合作等亲社会行为来抱团取暖（Han et al., 2008），也可能是因为经济处境不利总是与充满不确定性的环境变动和压力相关，从而使得个体更需要关注他人和外部环境，以更好地适应环境和缓解生存压力（Piff & Robinson, 2017）。在不良的经济处境下，家庭经济困难大学生仍然有较高水平的亲社会态度或行为倾向，这在很大程度也与其对未来自我的积极看法有关。

在本章上一节研究中，金钱捐赠范式虽然被用于考察家庭经济困难大学生在模拟的捐赠情景中的亲社会行为,但却难以避免被试对实验目的的猜测,而对亲社会行为的内隐测量可以消除被试猜测与社会赞许效应。因此,本研究采用单类内隐联想测验范式并结合 ERP 技术,探讨家庭经济困难大学生的未来自我对内隐亲社会态度的影响及其神经生理基础。

## 一、研究方法

### (一)研究对象

选取 60 名高校家庭经济困难大学生(男女各 30 人,年龄为 18—24 岁)。实验中有 3 名被试的脑电数据漂移较大而未被纳入数据分析,因此有效被试共 57 人,基本信息见表 8.6。

表 8.6 有效被试基本信息

| 组别 | 年龄/岁 ($M\pm SD$) | 性别 男/人 | 性别 女/人 |
| --- | --- | --- | --- |
| 积极组 | 20.59±1.38 | 14 | 15 |
| 消极组 | 20.57±1.23 | 14 | 14 |

### (二)实验设计

采用 2(组别:积极未来自我组、消极未来自我组)×2(条件类型:相容条件、不相容条件)的混合实验设计,组别为被试间变量,条件类型为被试内变量。

### (三)研究工具与实验任务

**1. 时间自我评价词表**

采用自编的时间自我评价词表,共 30 个形容词,积极词和消极词各 15 个,要求被试评价五年后的自我与这些词的符合程度。15 个积极词和 15 个消极词在好恶度上差异显著($t$=48.59,$p$<0.001),在熟悉度、意义度和笔画数等方面的差异均不显著,见表 8.7。

表 8.7  时间自我评价词的检验分析表

| 变量 | 积极词（M±SD） | 消极词（M±SD） | t |
|---|---|---|---|
| 好恶度 | 5.64±0.25 | 2.75±0.41 | 48.59*** |
| 熟悉度 | 3.55±0.14 | 3.39±0.14 | 2.85 |
| 意义度 | 3.27±0.12 | 3.14±0.09 | 2.95 |
| 笔画数 | 25.60±2.59 | 25.67±4.43 | −0.06 |

### 2. 单类内隐联想测验

该测验包括一致任务以及不一致任务，每项任务包括 20 次练习实验以及 80 次测试实验。在一致任务中，自我词汇或亲社会词汇按"F"键，非亲社会词汇按"J"键。在不一致任务中，亲社会词汇按"F"键，自我词汇或非亲社会词汇按"J"键。

在该测验中，有 10 个目标词和 5 个属性词。目标词包括 5 个亲社会词汇和 5 个非亲社会词汇。实验前，采用提名法获取这些词语，即邀请大学生写下与捐款有关的亲社会词语和非亲社会词语各 8 个。经过统计分析，选出提名最多的亲社会词语和非亲社会词语各 5 个。亲社会词语是"捐款""捐资""捐钱""资助""救济"，非亲社会词语是"索要""索取""索拿""抢占""讨要"。属性词为 5 个与自我有关的词，分别是"我""我们""自己""我的""咱们"。

### （四）实验程序

所有被试均被随机分配到积极未来自我组和消极未来自我组，分别进行积极或消极未来自我的启动，即要求被试在 5 分钟内在纸上写下五年后希望成为的自我（未来积极自我组）或害怕成为的自我（未来消极自我组），并详细地描述出来，想到什么就写什么，尽可能多写。然后，被试填写时间自我评价词表，对其五年后的自己进行评价，以检验启动操作的有效性。最后，两组被试均完成单类内隐联想测验。

单类内隐联想测验包括四个阶段，其中 1、3 阶段为练习阶段，2、4 阶段为正式测验，见表 8.8。1、2 阶段为相容任务，此时被试看到自我词语和亲社会词语时需要做出同样的按键反应（如按"F"键），看到非亲社会词语时需要单独按键（如按"J"键）；3、4 阶段为不相容任务，此时被试看到自我词语和非亲社会词语时需要做出同样的按键反应（如按"J"键），看到亲社会词语时需要单独按键(如按"F"键)。此外,为了避免出现反应偏差,参考艾传国和佐斌(2011)的研究,相容任务中的自我词语、亲社会词语、非亲社会词语呈现的比例为1∶1∶2;不相容任务中的自我词语、亲社会词语、非亲社会词语呈现的比例为1∶2∶1。因此,在实验中按"F"键和按"J"键的反应概率均为50%。

表8.8 单类内隐联想测验程序

| 阶段 | 试次 | 任务描述 | 按键反应 ||
| --- | --- | --- | --- | --- |
|  |  |  | "F"键 | "J"键 |
| 1 | 20 | 相容任务练习 | 自我词语+亲社会词语 | 非亲社会词语 |
| 2 | 80 | 相容任务测试 | 自我词语+亲社会词语 | 非亲社会词语 |
| 3 | 20 | 不相容任务练习 | 亲社会词语 | 自我词语+非亲社会词语 |
| 4 | 80 | 不相容任务测试 | 亲社会词语 | 自我词语+非亲社会词语 |

在每个试次中,在屏幕中心呈现注视点500ms后,呈现一个词语让被试进行判断并进行按键反应。在一致任务中,自我词语或亲社会词语按"F"键,非亲社会词语按"J"键;在不一致任务中,亲社会词语按"F"键,自我词语或非亲社会词语按"J"键。接着,在500ms空屏后,呈现结果反馈200ms。当被试做出正确反应时,呈现绿色的"√";反之,呈现红色的"×"(Karpinski & Steinman, 2006)。不同试次之间的时间间隔是500ms。

(五)脑电数据采集和分析

采用BrainCap 64导Ag/AgCl电极帽收集脑电数据,参考电极为FCz,接地点为FPz。电极与头皮的接触电阻均小于10kΩ,采样频率为500Hz,滤波带通为0.05—100Hz。对记录的数据采用离线分析。

参考前人的研究(Lou et al., 2021; Xiao et al., 2015)与本研究波形图,选取N1(100—152ms)、P2(180—260ms)和P3(452—600ms)脑电成分进行统计分析,根据Greenhouse-Geisser法进行校正(Greenhouse & Geisser, 1959)。

## 二、结果与分析

(一)未来自我启动操作的有效性检验

两组被试在时间自我评价词表的得分情况见表8.9。进行2(组别:积极未来自我组、消极未来自我组)×2（词性：积极词、消极词）的重复测量方差分析，结果显示，组别的主效应不显著，$F(1, 55)=0.06$，$p=0.812$；分数的主效应显著，$F(1, 55)=71.05$，$p<0.001$，$\eta^2=0.56$；组别与分数的交互作用显著，$F(1, 55)=34.27$，$p<0.001$，$\eta^2=0.38$。简单效应分析结果显示，在积极词上，积极未来自我组的得分显著大于消极未来自我组（$p<0.001$）；在消极词上，积极未来自我组显著小于消极未来自我组（$p<0.001$）。这表明，本研究的启动操作是有效的。

表8.9 两组被试在时间自我评价词表的得分情况

| 变量 | n | M | SD |
| --- | --- | --- | --- |
| 积极未来自我组-积极词 | 29 | 1.81 | 0.17 |
| 积极未来自我组-消极词 | 29 | 0.31 | 0.24 |
| 消极未来自我组-积极词 | 28 | 1.21 | 0.59 |
| 消极未来自我组-消极词 | 28 | 0.94 | 0.56 |

（二）行为结果

采用 $D$ 值作为内隐亲社会态度的指标，即用不相容任务与相容任务的平均反应时的差值除以正确反应时的标准差。$D$ 值越大，表示被试在内隐水平上有亲社会行为倾向。

结果显示，积极未来自我组的 $D$ 值为0.47，消极未来自我组的 $D$ 值为-0.53。独立样本 $t$ 检验结果表明，两组没有显著差异，$t=1.25$，$p=0.216$。这说明，尽管积极未来自我组的内隐亲社会态度得分高于消极组，但两者的差异没有达到统计学上的显著水平。

（三）脑电结果

N1、P2与P3成分在不同条件下的波幅见表8.10，两组被试在相容与不相容条件下的N1、P2与P3平均波形图见图8.3—图8.5。

表8.10 被试在不同条件下的脑电波幅　　　　　　　　　　单位：μV

| 成分 | 积极未来自我组-相容 | 积极未来自我组-不相容 | 消极未来自我组-相容 | 消极未来自我组-不相容 |
| --- | --- | --- | --- | --- |
| N1 | -1.48±1.89 | -1.42±1.58 | -2.38±2.05 | -2.22±1.80 |
| P2 | 6.18±4.03 | 6.12±3.75 | 5.98±4.02 | 6.02±4.06 |
| P3 | 5.54±2.64 | 4.89±2.53 | 4.85±3.54 | 5.12±3.75 |

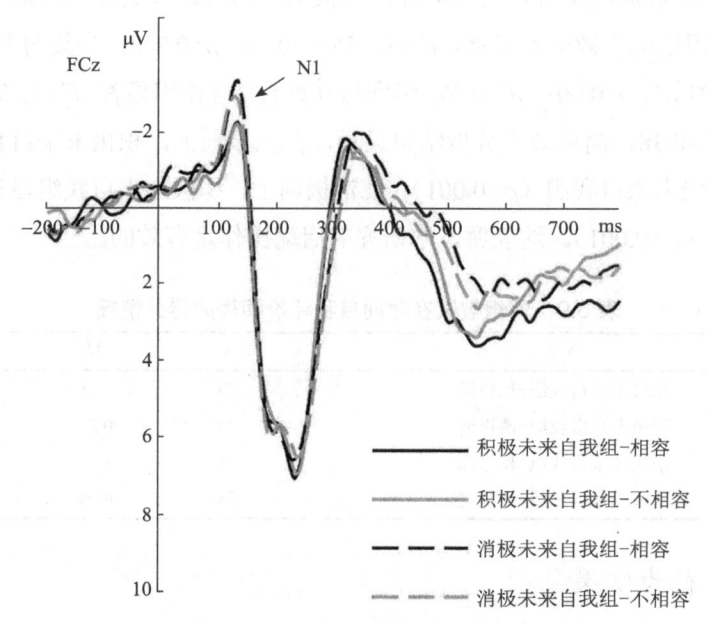

图 8.3　两组被试在不同条件下的 N1 平均波形图

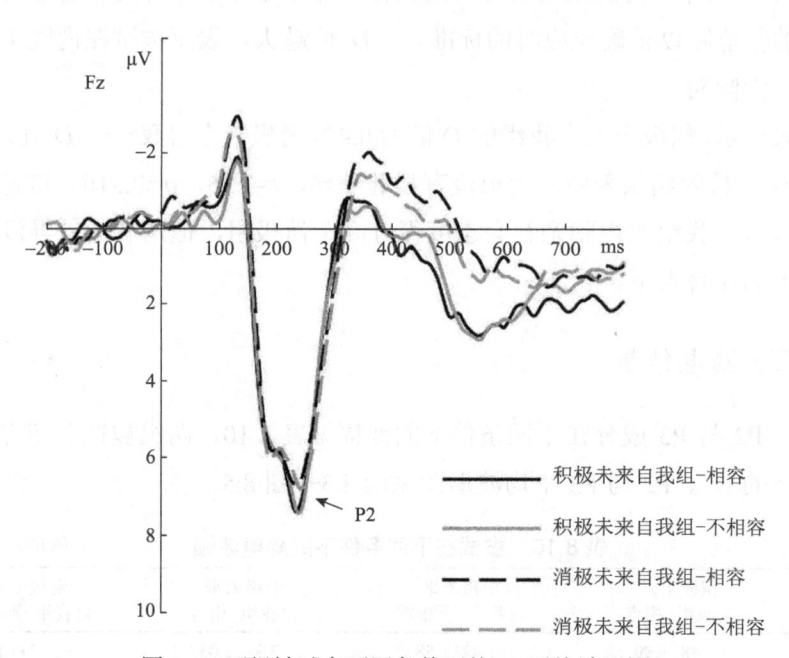

图 8.4　两组被试在不同条件下的 P2 平均波形图

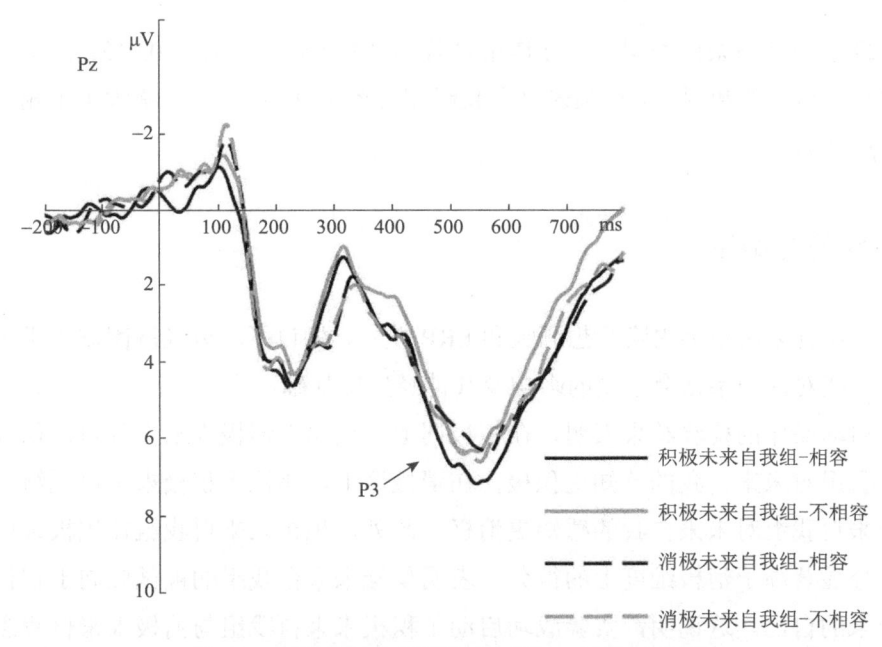

图 8.5 两组被试在不同条件下的 P3 平均波形图

**1. N1 成分**

对 N1 波幅进行 2（组别：积极未来自我组、消极未来自我组）×2（条件类型：相容条件、不相容条件）的重复测量方差分析。结果显示，组别的主效应不显著，$F(1, 55)=3.51$，$p=0.066$；条件类型的主效应不显著，$F(1, 55)=0.39$，$p=0.535$；组别与条件类型的交互作用不显著，$F(1, 55)=0.08$，$p=0.777$。

**2. P2 成分**

对 P2 波幅进行 2（组别：积极未来自我组、消极未来自我组）×2（条件类型：相容条件、不相容条件）的重复测量方差分析。结果显示，组别的主效应不显著，$F(1, 55)=0.02$，$p=0.88$；条件类型的主效应不显著，$F(1, 55)=0.01$，$p=0.947$；组别与条件类型的交互作用不显著，$F(1, 55)=0.06$，$p=0.813$。

**3. P3 成分**

对 P3 波幅进行 2（组别：积极未来自我组、消极未来自我组）×2（条件类型：相容条件、不相容条件）的重复测量方差分析。结果显示，组别的主效应不显著，$F(1, 55)=0.08$，$p=0.777$；条件类型的主效应不显著，$F(1, 55)=1.13$，

$p$=0.293；组别与条件类型的交互作用显著，$F(1,55)$=6.76，$p$=0.012，$\eta^2$=0.109。简单效应分析结果显示，积极未来自我组在相容条件下的 P3 波幅大于不相容条件（$p$=0.012）。

## 三、讨论与结论

本研究采用单类内隐联想测验和 ERP 技术，探讨了家庭经济困难大学生的未来自我对内隐亲社会态度的影响及其神经生理基础。

启动操作的检验结果表明，在积极词上，相比于消极未来自我组，积极未来自我组对未来自我的感知更积极；在消极词上，相比于积极未来自我组，消极未来自我组对未来自我的感知更消极。此外，积极未来自我组在积极维度上的得分显著高于消极维度上的得分，表明积极未来自我组的被试倾向于积极评价未来的自己。这说明，实验成功启动了积极未来自我组与消极未来自我组被试对未来自我的不同感知。

行为结果表明，尽管积极未来自我组的内隐亲社会态度高于消极未来自我组，但两者都差异没有达到统计学上的显著水平。这可能是因为，虽然实验成功启动了两组被试对未来自我的积极和消极感知，但内隐测量反映的是不受意识控制的阶段，因而不容易受到个体有意识的启动效应的影响（Fazio & Olson，2003）。因此，两组被试在内隐态度上并没有表现出显著差异。

脑电结果显示，N1 成分的组别主效应、条件类型主效应以及两者的交互效应都不显著。已有研究表明，N1 是高阶精细加工的重要前提，与早期注意和知觉选择辨别有关（Ito & Urland，2003；Slagter et al.，2016）。在 IAT 中，早期 N1 成分是反映内隐认知过程的重要指标（Van Nunspeet et al.，2012）。Xiao 等（2015）通过间接测量目标词和属性词之间的关联强度来评估个体内隐亲社会态度，结果在额叶和中央区域发现了明显的 N1 成分，与条件有关的主效应和交互效应不显著。因此，积极未来自我组和消极未来自我组大学生的 N1 波幅差异不显著，可能是因为两组被试在早期的知觉辨别中没有显著差异。

本研究结果显示，P2 成分的组别主效应、条件类型主效应以及两者的交互效应均不显著。Xiao 等（2015）在采用 IAT 测量个体的内隐亲社会态度时，在额叶和中央区域发现了明显的 P2 成分。而且，P2 与早期知觉处理的注意资源分配有关（Imbir et al., 2017；Ito & Urland, 2003；Yuan et al., 2011）。因此，积极未来自我组和消极未来自我组大学生在 P2 波幅上差异不显著，反映了两组被试在内隐认知加工过程中的注意分配上没有显著差异。

本研究结果发现，P3 成分的组别主效应和条件类型主效应不显著，但两者的交互效应显著，积极未来自我组在相容条件下的 P3 波幅显著大于不相容条件。IAT 通过目标词和属性词相联结，可以测量个体的内隐亲社会态度，并在顶叶区域诱发明显的 P3 成分（Xiao et al., 2015）。与其他刺激相比，自我相关的刺激诱发了更大的 P3 波幅（Gray et al., 2004）。而且，相容条件下的 P3 波幅显著大于不相容条件下的 P3 波幅（Fleischhauer et al., 2014；Grundy et al., 2015；Lou et al., 2021；Xiao et al., 2015）。因此，积极未来自我组在相容条件下产生的 P3 波幅更大，可能表明未来自我和亲社会词语的联结更为密切。

总之，在本研究条件下，对于家庭经济困难大学生而言，积极未来自我组和消极未来自我组在反映个体内隐亲社会性的 D 值以及在 N1、P2 和 P3 成分上的组别差异不显著。这表明，家庭经济困难大学生的亲社会态度是内隐而相对稳定的，不易受到有意识启动的显著影响。

# 第九章　家庭经济困难大学生的时间自我与社会心态的干预研究

## 第一节　书写任务提升家庭经济困难大学生的未来自我连续性的干预实验

时间自我的一个重要方面是未来自我连续性。未来自我连续性是指现在自我与未来自我之间的连续和一致程度（Hershfield et al.，2009），在个体的决策行为、社会行为、学业投入和健康领域等方面具有重要的作用（Adelman et al.，2016；Antonoplis & Chen，2021；Blouin-Hudon & Pychyl，2015；刘云芝等，2018）。研究发现在经济不良环境中的个体缺乏追求未来目标的动机和行为（Chen et al.，2018；Dalton et al.，2016）；家庭经济困难家庭子女的职业抱负水平更低（Cochran et al.，2011）；低社会经济地位会导致不良的亲子关系，影响孩子的学习动机、阅读能力（Chen et al.，2018）。生态系统理论认为，个体会受到外层环境系统的影响，而社会经济地位作为外层系统，也会影响个体的未来自我连续性（Guo et al.，2012；Ottsen & Berntsen，2015；Wang et al.，2015）。因此，设计相应的干预策略来提升未来自我连续性，对于家庭经济困难大学生的积极时间自我认知与健康发展具有重要的价值和意义。

目前，研究者已经开发出未来自我连续性的干预方法，如阅读任务、互动任务和书写任务等（刘云芝等，2018）。具体来说，阅读任务要求被试阅读不同人物的故事，以此来操纵被试的未来自我与现在自我之间的联系强度。例如，研究者让两组同质被试分别阅读经历较少的人物故事和经历曲折的人物故事，结果发现，被试借助经历曲折人物故事的阅读和学习，能更多地认识到现在自我和未来自我之间的联系，从而提升未来自我连续性（Bartels & Rips，2010）。互动任务则是通过虚拟现实技术，让被试与未来自我进行交流和互动（Hershfield et al.，2011）。书写任务即要求被试想象并描述现在自我与五年后的未来自我之间的相似之处（Zhang & Aggarwal，2015），或要求被试给未来的自己写信（Van Gelder et al.，2013），以增加未来自我的生动性，进而提升未来自我连续性。

目前，研究者多采用书写任务进行干预实验，结果发现，未来自我连续性的提升对于健康行为、跨期决策、学业成就、亲社会行为等具有显著的预测作用（刘云芝等，2018；Hershfield et al.，2012；Rutchick et al.，2018；Zhang & Aggarwal，2015）。不过，书写任务对家庭经济困难大学生的未来自我连续性的改善效果还需进一步检验，本研究对此进行了探讨。

## 一、研究方法

### （一）研究对象

采取方便取样法，选取 262 名大学生作为研究对象进行家庭社会经济地位问卷调查，回收有效问卷 237 份。根据被试的家庭社会经济地位问卷得分，将总分后 27%（64 人）的被试选定为家庭经济困难大学生。

随后，将 64 名家庭经济困难大学生按人数和男女比例基本相当的原则随机分为干预组和控制组，每组各 32 人。在排除未完成所有测试（$n=4$）、未遵循指示完成书写任务（$n=2$）的被试后，最终获得有效样本共 58 人（干预组 28 人，对照组 30 人）。其中，男生 25 人（干预组 13 人，对照组 12 人），女生 33 人（干预组 15 人，对照组 18 人）；生源地为城镇的 14 人（干预组 7 人，对照组 7 人），农村的 44 人（干预组 21 人，对照组 23 人）；干预组的平均年龄为 18.54 岁（$SD=1.07$），对照组的平均年龄为 18.47 岁（$SD=0.73$）。

## （二）研究工具

**1. 社会经济地位问卷**

社会经济地位问卷包括父母的职业、受教育程度和家庭月收入等指标（Moreno-Maldonado et al., 2018；任春荣，2010），家庭月收入分为12级：①2000元以下；②2000—2999元；③3000—3999元；④4000—4999元；⑤5000—5999元；⑥6000—6999元；⑦7000—7999元；⑧8000—8999元；⑨9000—9999元；⑩10000—10999元；⑪11000—11999元；⑫12000元及以上（Zhang et al., 2022）。得分越高，表明其家庭经济状况越好。

**2. FSCQ**

采用自编的中文版FSCQ测量家庭经济困难大学生的未来自我连续性。该问卷有10个题项，包括生动性、积极性以及相似性3个维度。总分越高，说明未来自我连续性水平越高。在前后测中，该问卷的Cronbach's $\alpha$ 系数分别为0.90与0.93。

**3. FSCS**

FSCS（Hershfield et al., 2009）中有7对重叠程度不同的圆，重叠越多，表示现在自我和未来自我之间的紧密程度越大，则未来自我连续性水平就越高。在前后测中，该量表的Cronbach's $\alpha$ 系数分别为0.85和0.88。

## （三）干预研究程序

采用干预组、对照组前后测设计，对干预组进行未来自我连续性干预，对照组不做干预。两组被试均接受第一阶段的前测（FSCQ和FSCS），8周后进行后测（FSCQ和FSCS）。

在干预组，被试在前测后完成一个信件书写任务（给十年后的自己写一封信）。4周后进入第二阶段，被试依照主试的引导，想象现在来到了十年后，并为自己写一封回信。再过4周后，第二阶段结束，进行FSCQ和FSCS的后测。

参照Chishima和Wilson（2021）的研究，干预组被试在任务开始前将收到主试提供的关于该环节的简短指导，即根据信件书写任务提示信息给未来的自己写信,信件被放进一个信封内,信封由主试保存,并在第二阶段的回信任务开始前交给被试。为保护隐私和减少社会赞许性带来的影响,主试告知被试信封不会被打开。

## 二、结果与分析

### (一)同质性检验

独立样本 $t$ 检验结果发现,两组被试在 FSCQ 及其 3 个维度上的前测得分均不存在显著差异,两组被试在 FSCS 上的前测得分也不存在显著差异,见表 9.1。这表明,两组被试在初始基线水平上是相当的,具有同质性。

表 9.1　干预组、对照组的前测得分差异比较

| 比较项 | 干预组($M\pm SD$) | 对照组($M\pm SD$) | $t$ | $p$ |
| --- | --- | --- | --- | --- |
| FSCQ | 30.75±4.93 | 31.23±5.61 | −0.35 | 0.31 |
| 相似性 | 10.21±2.96 | 9.97±3.53 | 0.29 | 0.73 |
| 生动性 | 9.07±2.48 | 9.77±2.94 | −0.98 | 0.73 |
| 积极性 | 11.46±2.78 | 11.23±3.76 | 0.27 | 0.11 |
| FSCS | 4.68±1.57 | 4.30±1.77 | 0.86 | 0.30 |

### (二)干预效果检验

首先,独立样本 $t$ 检验结果发现,干预组的 FSCQ 及其 3 个维度和 FSCS 的后测得分均显著高于对照组的后测得分,见表 9.2。这表明,相对于对照组,信件书写任务显著提升了干预组的未来自我连续性。

表 9.2　干预组、对照组的后测得分差异比较

| 比较项 | 干预组($M\pm SD$) | 对照组($M\pm SD$) | $t$ | $p$ |
| --- | --- | --- | --- | --- |
| FSCQ | 37.54±5.21 | 31.47±5.12 | 0.02 | <0.001 |
| 相似性 | 13.68±2.96 | 11.20±2.98 | 3.18 | 0.002 |
| 生动性 | 11.11±1.75 | 9.83±2.89 | 2.01 | 0.046 |
| 积极性 | 12.75±3.03 | 10.43±1.76 | 0.78 | <0.001 |
| FSCS | 5.36±1.22 | 3.93±1.64 | 0.81 | <0.001 |

其次，配对样本 $t$ 检验结果发现，干预组被试的 FSCQ 及其 3 个维度和 FSCS 的后测得分均显著高于前测得分，见表 9.3。这表明，信件书写任务显著提升了干预组的未来自我连续性。

表 9.3　干预组的前后测得分差异比较

| 比较项 | 前测（$M±SD$） | 后测（$M±SD$） | $t$ | $p$ |
| --- | --- | --- | --- | --- |
| FSCQ | 30.75±4.93 | 37.54±5.21 | -5.90 | <0.001 |
| 相似性 | 10.21±2.96 | 13.68±2.96 | -4.37 | <0.001 |
| 生动性 | 9.07±2.48 | 11.11±1.75 | -4.12 | <0.001 |
| 积极性 | 11.46±2.78 | 12.75±3.03 | -2.64 | 0.014 |
| FSCS | 4.68±1.57 | 5.36±1.22 | -2.95 | 0.007 |

再次，配对样本 $t$ 检验结果发现，对照组的 FSCQ 及其 3 个维度和 FSCS 的前测与后测得分均无显著差异（表 9.4）。

表 9.4　对照组的前后测得分差异比较

| 比较项 | 前测（$M±SD$） | 后测（$M±SD$） | $t$ | $p$ |
| --- | --- | --- | --- | --- |
| FSCQ | 31.23±5.61 | 31.47±5.12 | -0.24 | 0.81 |
| 相似性 | 9.97±3.52 | 11.20±2.98 | -1.48 | 0.15 |
| 生动性 | 9.77±2.94 | 9.83±2.89 | -0.12 | 0.91 |
| 积极性 | 11.23±3.76 | 10.43±1.76 | 1.50 | 0.15 |
| FSCS | 4.30±1.77 | 3.93±1.64 | 1.17 | 0.25 |

最后，独立样本 $t$ 检验结果发现，干预组的 FSCQ 及其 3 个维度和 FSCS 的前后测差值均显著高于对照组（表 9.5），再次验证了干预任务对于未来自我连续性的提升效应。

表 9.5　干预组、对照组的前后测差值比较

| 比较项 | 干预组（$M±SD$） | 对照组（$M±SD$） | $t$ | $p$ |
| --- | --- | --- | --- | --- |
| FSCQ | 6.79±6.08 | 0.24±5.28 | 4.39 | <0.001 |
| 相似性 | 3.47±4.19 | 1.23±3.58 | 2.45 | 0.018 |
| 生动性 | 2.04±2.62 | 0.06±3.14 | 2.58 | 0.012 |
| 积极性 | 1.29±2.58 | -0.80±2.93 | 2.87 | 0.006 |
| FSCS | 0.68±1.22 | -0.37±1.71 | 2.66 | 0.01 |

## 三、讨论与结论

本研究探讨了信件书写任务对家庭经济困难大学生的未来自我连续性的干预效果，结果发现，干预组未来自我连续性的后测得分显著高于前测，干预组未来自我连续性的后测得分以及前后测差值均分别显著高于对照组的后测得分以及前后测差值。这说明，信件书写任务（Chishima & Wilson，2021；Van Gelder et al.，2013；Rutchick et al.，2018）对家庭经济困难大学生的未来自我连续性具有显著的干预效果，支持了本研究的假设。

理论上，本研究的信件书写任务支持了未来思维的两阶段模型的观点（Baumeister et al.，2016）。未来思维的两阶段模型认为，人们在思考未来时分为两个阶段：第一个阶段是首先想象他们希望发生的事情，总体上呈现乐观的心态；第二阶段，个体会在期望发生事情的基础上进行前瞻性的思考，即思考需要哪些条件才能达成所期望的未来事件。在本研究的信件书写任务中，给未来的自己写信可以引发一种乐观的预期，增强个体思考未来自我的生动性（步骤1），而回信则给个体提供了实现未来积极预期事件的现实行动方案或策略，增强了个体联结现在行动和未来结果之间的关系（步骤2），从而加强了个体的未来自我和现在自我之间的一致性，并提升了其紧密程度。写信和回信给被试提供了充分的机会以使他们能从两个角度看待现在未来和未来自我之间的联系，鼓励个体对未来持有更多现实的看法，从而提升个体的未来自我连续性（Oettingen，2012；Pronin & Ross，2006）。

在实践中，信件书写任务对于提升家庭经济困难大学生的未来自我发展具有重要的启示。教育工作者应加强对家庭经济困难大学生未来自我思维的训练，可以开展定期的书信写作活动，从而提升这些学生的未来自我连续性。

本研究亦存在一定局限。首先，信件书写任务包括给未来自己写信和给过去自己回信两个阶段，但是写信和回信的作用差异很难区分，未来研究可以考虑采用多组比较的方式来进一步明晰写信和回信的作用差异。其次，本研究仅探讨了信件书写任务对未来自我连续性的干预效果，其能否促进其他心理与行为结果还有待进一步验证。

总之，在本研究条件下，信件书写任务可以显著提升家庭经济困难大学生的未来自我连续性。

## 第二节　意义摄影提升家庭经济困难大学生的时间自我与共赢观的干预实验

共赢观是个体在寻求自身利益时能够主动考虑并照顾他人利益，以互惠互利为基础来实现和谐发展的价值观（Zhang et al.，2021），反映出理性平和、积极向上的社会心态。社会经济地位是影响个体心理与行为等方面的重要因素（Manstead，2018），而这些方面又是价值观形成的重要条件（李从松，2002）。与高家庭经济地位相比，低家庭经济地位使个体倾向于关注短期结果而忽视长期结果与长远利益，因而更多考虑个人利益而缺乏合作，不利于共赢观的形成（Mani et al.，2013；Shah et al.，2012）。因此，家庭经济困难大学生的共赢观的提升值得进一步探讨。

根据"三因素洋葱模型"（傅安国等，2020），家庭经济困难大学生的消极自我观念会导致消极的价值观。自我感觉良好的个体对自己的未来有更积极的看法（Zeira & Dekel，2005），更容易形成积极向上的社会心态。由此来看，提升时间自我的积极认知与评价，可能是促进家庭经济困难大学生的共赢观的重要路径。

在最近研究中，摄影干预（photography-based interventions）逐渐受到研究者的重视。意义摄影干预任务是参与者每天要拍摄符合一定主题的照片，并写下相关感悟（Steger et al.，2014）。这种新颖的干预方式具有灵活多变、省时省力的特点，可以使参与者不受时间和空间的限制而轻松参与其中，并能结合现代通信技术更好地调动参与者的积极性（Steger et al.，2014）。个体拍摄一些具有生命意义价值的照片，可以促使个体聚焦在积极事物上，从而提升生命意义感和积极情绪（Chen et al.，2016；Miao & Gan，2019），并消除抑郁和焦虑等负面情绪（刘竹等，2021），进而增加个体对自我的积极认知与评价。

因此，摄影干预可能有助于提升家庭经济困难大学生的积极时间自我，从而促进共赢观的形成，本研究对此进行了探讨。

## 一、研究方法

### （一）研究对象

基于方便取样法，选取 240 名大学生进行家庭经济地位问卷调查，回收有效问卷 222 份。根据问卷得分，将位于总分后 27%（60 人）的被试选定为家庭经济困难大学生。

随后，将被试随机分为干预组和控制组各 30 人。其中，5 名干预组被试和 8 名对照组被试未认真完成干预任务或问卷测试任务，最终有效被试为 47 人（干预组 25 人，对照组 22 人），年龄为 18—20 岁（$M$=19.06，$SD$=0.58），其中男生 3 人，女生 44 人；生源地为城镇的 12 人，农村的 35 人。

### （二）研究工具

**1. 社会经济地位问卷**

同本章第一节。

**2. 时间自我评价词表**

选用自编的时间自我评价词表来测量家庭经济困难大学生的时间自我。该词表包括积极词和消极词各 15 个，并分别从过去我、现在和未来我的角度进行评定，采用利克特 3 点计分，0="不符合"，2="符合"，总分越高，代表个体对不同时间维度上的自我评价越积极。在本研究中，该词表的前后测的 Cronbach's $\alpha$ 系数分别为 0.92 和 0.94。

**3. 共赢观量表**

选择自编的共赢观量表，包括 16 个题项，采用利克特 5 点计分，要求被试根据句子描述，选出最符合自身情况的选项。分数越高，说明个体的共赢观水平越高。在本研究中，该量表的前后测的 Cronbach's $\alpha$ 系数分别为 0.83 和 0.85。

### （三）干预程序

采用 Steger 等（2014）的摄影干预范式，对干预组被试进行为期两周的干预实验。在早上 8 点，研究人员提醒被试拍摄照片。在晚上 9 点，研究人员提醒被试上传照片并回答相应问题。在两周的时间里，干预组被试每两天拍摄一张照片，并在每次拍摄结束的当晚上传照片及其对照片意义的描述。具体来说，干预组被试每两天使用智能手机拍摄让他们"觉得生活有意义的事件"的照片，每次拍摄结束后被试都会收到提醒，要求将其所拍摄的照片上传到指定网站，并完成在线调查，即根据当天拍摄的照片内容回答以下问题：①这张照片代表什么？②为什么该照片会让你觉得你的生活很有意义？

在干预前后，两组被试均需完成时间自我和共赢观的测量。

## 二、结果与分析

### （一）同质性检验

独立样本 $t$ 检验结果发现，两组被试在时间自我和共赢观上的前测得分均不存在显著差异，见表 9.6。这表明，两组被试在初始基线水平上是相似的，具有同质性。

表 9.6　对照组、干预组的前测得分差异比较

| 变量 | 对照组 M | 对照组 SD | 干预组 M | 干预组 SD | $t$ | $p$ |
|---|---|---|---|---|---|---|
| 时间自我 | 119.27 | 20.84 | 120.72 | 22.97 | −0.23 | 0.823 |
| 共赢观 | 54.55 | 5.09 | 56.08 | 6.68 | −0.88 | 0.385 |

### （二）干预效果检验

首先，独立样本 $t$ 检验结果发现，干预组被试在时间自我与共赢观上的后测得分显著高于对照组（表 9.7）。这表明，相对于对照组，意义摄影干预显著提升了干预组被试的积极时间自我和共赢观。

表 9.7　对照组、干预组的后测得分差异比较

| 变量 | 对照组 M | 对照组 SD | 干预组 M | 干预组 SD | $t$ | $p$ |
|---|---|---|---|---|---|---|
| 时间自我 | 123.95 | 22.22 | 138.28 | 22.32 | −2.20 | 0.033 |
| 共赢观 | 53.95 | 5.10 | 58.04 | 6.62 | −2.35 | 0.023 |

其次，配对样本 t 检验结果发现，干预组被试在时间自我与共赢观上的后测得分均显著高于前测得分，见表 9.8。

表 9.8 干预组的前后测得分差异比较

| 变量 | 前测 M | 前测 SD | 后测 M | 后测 SD | t | p |
|---|---|---|---|---|---|---|
| 时间自我 | 120.72 | 22.97 | 138.28 | 22.32 | -4.48 | <0.000 |
| 共赢观 | 56.08 | 6.68 | 58.04 | 6.62 | -2.21 | 0.037 |

最后，配对样本 t 检验结果发现，对照组被试在时间自我和共赢观上的前测与后测得分均无显著差异，见表 9.9。

表 9.9 对照组的前后测得分差异比较

| 变量 | 前测 M | 前测 SD | 后测 M | 后测 SD | t | p |
|---|---|---|---|---|---|---|
| 时间自我 | 119.27 | 20.84 | 123.95 | 22.22 | -1.57 | 0.131 |
| 共赢观 | 54.55 | 5.09 | 53.95 | 5.10 | 0.49 | 0.631 |

（三）中介效应分析

采用 Process 宏程序中的模型 4 进行中介效应分析，其中，摄影干预（1=干预组，0=对照组）为自变量，时间自我的后测得分为中介变量，共赢观的后测得分为因变量，对所有变量进行标准化处理以得到标准化回归系数。

分析结果显示，摄影干预可以显著正向预测时间自我（$\beta=0.31$，$p<0.05$），时间自我可以显著正向预测共赢观（$\beta=0.30$，$p<0.05$）。时间自我在摄影干预与共赢观之间的间接效应显著，效应值为 0.09，$SE=0.07$，95%CI=[0.001，0.312]。因此，时间自我在摄影干预与共赢观之间起到中介作用。

## 三、讨论与结论

本研究旨在探讨意义摄影对于家庭经济困难大学生的时间自我和共赢观的干预效果。实验结果发现，意义摄影可以显著提升家庭经济困难大学生的时间自我和共赢观，证实了本研究的假设。

意义摄影任务是不同于传统的信件书写任务的干预手段。摄影干预有助于提升个体的生命意义感，而生命意义与个体对时间自我的认知评价是分不开的。研究发现，总是从积极的角度来思考未来的个体，往往有更高水平的生命意义感，而低生命体验感的个体难以与未来的自我建立良好的联系（Rubin et al.，2016）。而且，意义摄影可以引导参与者连贯地表达照片的意义，使其对自己的日常生活有更深的理解（Hong et al.，2022；King & Hicks，2021），从而认为自己的生活富有意义，具有积极的情绪状态（Chen et al.，2016；Steger et al.，2014）。此外，在摄影干预的过程中，被试需要对拍摄的图片进行有意义的解释和描述，这种方式能使个体体验到更高水平的自尊，从而促使其产生积极的情绪与情感（Zhang et al.，2023）。依据拓宽构建理论（broaden-and-build theory）的观点，处于积极情绪状态的个体对当前的生活更满意，也有更多积极的未来预期（Fredrickson，2004）。因此，意义摄影干预能够显著提升家庭经济困难大学生对时间自我的积极认知与评价，从而进一步增强共赢观。

总之，在本研究条件下，意义摄影能够显著提升家庭经济困难大学生的时间自我与共赢观，时间自我在摄影干预与共赢观之间具有中介作用。

## 第三节 意义摄影提升家庭经济困难大学生的时间自我、未来自我连续性与社会心态的干预实验

社会心态对于社会有序发展、良好风尚营造以及利他行为促进都具有重要的引导作用（程家明，2009）。家庭经济困境带来的生存压力和社会排斥（Manstead，2018；Patel & Kleinman，2003）使家庭经济困难大学生容易形成负面的社会认知倾向（蔡翻飞等，2020），从而引发不良的社会心态。因此，通过有效的干预策略来塑造家庭经济困难大学生的积极社会心态是值得探讨的重要课题。

意义摄影是近年来兴起的一种便捷、灵活的干预策略。该干预主要是以提升个体对生活的目的性和价值感的认知与情感评估为切入点，从而提升个体的

生命意义感（Steger et al.，2014；Zhang et al.，2023）。相较于传统的干预策略只是一味地消除个体身上现有的症状，意义摄影主要是通过激发人们的生命意义感，促使人们发现生活中美好的方面，以实现人们对社会心态的主动调节，提升他们面向未来的积极应对的能力（Miao & Gan，2019）。研究发现，摄影干预可以显著地提升个体的生命意义感和积极情绪，并通过提升个体的控制感来缓解抑郁（Chen et al.，2016；刘竹等，2021）。同时，意义摄影要求个体持续拍摄对个人有意义的照片，这能帮助个体保存对过去事件的清晰、美好的记忆，而且不易出现记忆偏差，能最大限度地唤醒其对过去事件的记忆，促使其产生积极的情绪体验（Chen et al.，2016）。而且，自我结构良好的个体有更高的乐观倾向，更倾向于采用积极方式应对生活环境的变化，有更多的心理资源应对社会危机事件，能够更好地抵御不确定性所带来的负面效应（胡兴蕾等，2019；刘志军，白学军，2008），从而维持个体良好的社会心态。由此可以推测，意义摄影可能通过时间自我来促进家庭经济困难大学生的积极社会心态。

　　意义摄影干预的核心是增加个体的生命意义感（Steger et al.，2014）。而生命意义感的核心功能之一是过去、现在和未来的时间整合（Baumeister et al.，2013）。研究表明，寻求和发现有意义的生活，可以维持和增强现在与未来之间的自我连续性的能力（King & Hicks，2021）。而生命意义感低、具有自杀倾向的个体，往往缺乏对过去事件、现在自我和未来期望之间有意义的联系（Greenber et al.，2008；Landau et al.，2009）。通过一系列连贯的生活照片的拍摄，个体能更好认识到不同时间维度上的自我之间的连续性（Hong et al.，2022），从而增加未来自我连续性。而未来自我连续性在个体的跨期决策行为中具有引导和动机驱动作用（Bartels & Rips，2010；Bartels & Urminsky，2011），提升个体的未来自我连续性可以促进亲社会行为的产生（Zhang & Aggarwal，2015）。此外，未来自我连续性有助于个体缓解抑郁（刘云芝等，2018），而更少的抑郁与更公平的社会感知呈正相关（韦春丽等，2023）。未来自我连续性还能帮助个体增强生活的控制感（Pietroni & Hughes，2016），进而提升社会安全感。未来自我连续性与更多的成就密切相关（刘云芝等，2018），也会增强个体的社会获得感；未来自我连续性高的个体更易积极地看待未来自我，有更多的积极情绪和更高的生活满意度（Zhang et al.，2023），进而体验到更多的社会美好感。

因此，意义摄影可以通过促进未来自我连续性来提升家庭经济困难大学生的积极社会心态。

## 一、研究方法

### （一）研究对象

采用方便取样法，选取 330 名大学生进行家庭经济地位问卷调查，回收有效问卷 296 份。根据问卷得分，将位于总分后 27%（80 人）的被试选定为家庭经济困难大学生。

随后，把被试随机分为干预组和控制组各 40 人。其中，6 名干预组被试和 7 名对照组被试未认真完成干预任务或问卷测试任务，最终有效被试为 67 人（干预组 34 人，对照组 33 人），年龄为 17—22 岁（$M$=19.10，$SD$=0.61），其中男生 5 人，女生 62 人；生源地为城镇的 13 人，农村的 54 人。

### （二）研究工具

**1. 社会经济地位问卷**

同本章第一节。

**2. 时间自我评价词表**

同本章第二节。在本研究中，该词表的前后测的 Cronbach's $\alpha$ 系数分别为 0.94 和 0.95。

**3. FSCQ**

同本章第一节。在本研究中，该问卷的前后测的 Cronbach's $\alpha$ 系数分别为 0.83 与 0.85。

**4. 大学生社会心态量表**

采用自编的大学生社会心态量表，包括社会公平感、社会安全感、社会获得感、社会美好感等 4 个维度。总分越高，说明个体的社会心态越积极。本研究中，该量表的前后测的 Cronbach's $\alpha$ 系数分别为 0.84 与 0.88。

## （三）干预程序

在干预前，所有被试均完成时间自我、未来自我连续性和社会心态的前测任务，以此评估他们的基线水平。然后，干预组被试在两周内每两天拍摄一张照片，并在每次拍摄结束的当晚上传照片及其对照片意义的描述。具体来说，干预组被试每两天使用智能手机拍摄让他们"觉得生活有意义的事件"的照片，每次拍摄结束后被试都会收到提醒，要求将其所拍摄的照片上传到指定网站，并完成在线调查，即根据当天拍摄的照片内容回答以下问题：①这张照片代表什么？②为什么该照片会让你觉得你的生活很有意义？

最后，两组被试均再次完成时间自我、未来自我连续性和社会心态的后测任务。

## 二、结果与分析

### （一）同质性检验

独立样本 $t$ 检验结果显示，两组被试在时间自我、未来自我连续性和社会心态上的前测得分均不存在显著差异（表9.10）。这表明，两组被试在这些变量上的初始基线水平是相当的，具有同质性。

表9.10　干预组、对照组的前测得分差异比较

| 变量 | 对照组 $M$ | 对照组 $SD$ | 干预组 $M$ | 干预组 $SD$ | $t$ | $p$ |
| --- | --- | --- | --- | --- | --- | --- |
| 时间自我 | 124.45 | 22.98 | 123.85 | 22.11 | 0.11 | 0.913 |
| 未来自我连续性 | 34.94 | 5.51 | 34.74 | 6.21 | 0.14 | 0.887 |
| 社会心态 | 49.55 | 6.65 | 50.79 | 5.09 | -0.87 | 0.390 |

### （二）干预效果检验

独立样本 $t$ 检验结果发现，干预组被试在时间自我、未来自我连续性与社会心态上的后测得分均显著高于对照组（表9.11）。

表 9.11　对照组、干预组的后测得分差异比较

| 变量 | 对照组 M | 对照组 SD | 干预组 M | 干预组 SD | t | p |
|---|---|---|---|---|---|---|
| 时间自我 | 124.18 | 22.70 | 135.74 | 23.32 | -2.05 | 0.044 |
| 未来自我连续性 | 33.12 | 5.90 | 37.76 | 6.12 | -3.16 | 0.002 |
| 社会心态 | 49.24 | 6.39 | 52.15 | 5.71 | -1.96 | 0.045 |

配对样本 t 检验结果发现，干预组被试在时间自我、未来自我连续性与社会心态上的后测得分均显著高于前测得分（表 9.12）。

表 9.12　干预组的前后测得分差异比较

| 变量 | 前测 M | 前测 SD | 后测 M | 后测 SD | t | p |
|---|---|---|---|---|---|---|
| 时间自我 | 123.85 | 22.11 | 135.74 | 23.32 | -3.41 | 0.002 |
| 未来自我连续性 | 34.74 | 6.21 | 37.76 | 6.12 | -3.00 | 0.005 |
| 社会心态 | 50.79 | 5.09 | 52.15 | 5.71 | -2.07 | 0.046 |

### （三）中介效应分析

采用 Process 宏程序中的模型 4 进行中介效应分析。摄影干预（1=干预组，0=对照组）为自变量，未来自我连续性和时间自我的后测得分为中介变量，社会心态的后测得分为因变量，对所有变量进行标准化处理，以得到标准化回归系数。

分析结果显示，摄影干预可以显著正向预测未来自我连续性（$\beta=0.725$，$p<0.01$）和时间自我（$\beta=0.490$，$p<0.05$），未来自我连续性可以显著正向预测社会心态（$\beta=0.336$，$p<0.01$），时间自我可以显著正向预测社会心态（$\beta=0.451$，$p<0.001$），因此未来自我连续性、时间自我在摄影干预与社会心态之间的关系中均起到中介作用。其中，未来自我连续性的间接效应值为 0.243，$SE=0.106$，95%CI=[0.086，0.529]，时间自我的间接效应值为 0.221，$SE=0.119$，95%CI=[0.017，0.488]。

## 三、讨论与结论

本研究旨在通过意义摄影法提升家庭经济困难大学生的时间自我、未来自我连续性和社会心态，以及检验意义摄影是否可以通过提升时间自我、未来自我连续性来间接影响社会心态。经过两周的干预实验，结果发现，照片拍摄和意义描述相结合的干预策略对于家庭经济困难大学生社会心态的改善效果显著，进一步扩展了以往关于意义摄影积极作用的相关研究结果（Chen et al., 2016；Steger et al., 2014；Zhang et al., 2023）。

摄影干预可以促使个体发现生活中积极、有意义的事情（丁思远，2016），提升他们的生活控制感，减少他们可能存在的负面情绪（刘竹等，2021），从而使他们保持良好的心境状态，进而促进其积极社会心态的形成与发展。

本研究结果还发现，时间自我与未来自我连续性在摄影干预与社会心态之间均具有中介作用。这表明，摄影干预对社会心态的影响可能主要是通过促进时间自我积极认知与评价而实现的。因此，意义摄影可以帮助个体保持过去自我、现在自我和未来自我之间的连续性，提升个体当前的美好生活体验（King & Hicks, 2021），促进个体的乐观倾向（刘志军，白学军，2008），增加他们应对外界不确定性压力的心理资源和弹性（马伟娜等，2008），并通过心境一致性效应（岑延远，郑雪，2004）弥散到对社会事件的积极认知与评价，从而提升家庭经济困难大学生积极向上的社会心态。

总之，在本研究条件下，意义摄影干预可以有效地提升家庭经济困难大学生的时间自我、未来自我连续性和社会心态。摄影干预不仅可以直接提升积极的社会心态，而且可以通过时间自我以及未来自我连续性的中介作用间接提升积极的社会心态。

# 第十章 研究结论、实践启示与未来展望

## 一、研究结论

本书通过综合研究方法,探讨了家庭经济困难大学生的社会心态的现状与特点、时间自我的现状与特点、时间自我与社会心态的关系与机制、时间自我与社会心态的干预与培育等四部分内容,取得了丰富的研究结果。

（一）家庭经济困难大学生的社会心态的现状与特点

**1. 大学生社会心态量表的编制与信效度检验**

许多学者探讨了民众的社会心态的内涵与结构,但是少有研究关注大学生社会心态的独特维度与成分。本书从积极心理学的视角出发,在现有量表的基础上（Keyes,1998；王益富,潘孝富,2013）构建大学生社会心态的评价体系。

通过对现有题项的挑剔性审查、改编以及专家讨论,本书最终形成了大学生社会心态的初始调查问卷。基于对两个独立样本的探索性因子分析和验证性因子分析,最终确定了包含 16 个题项的大学生社会心态量表。该量表分为 4 个维度,即社会公平感、社会安全感、社会获得感与社会美好感,分别反映了当代大学生对于社会公平、社会安全、社会获得、社会美好的认知、评价与态度。信度分析表明,4 个维度与总量表的信度良好。结构方程模型分析结果发现,四维度验证性因子模型的结构效度良好。因此,本书所编制的大学生社会心态量表具有良好的信效度,可以作为评价大学生社会心态的有效测量工具。

## 2. 家庭经济困难大学生的社会心态的调查结果

家庭经济困难会带来很多负面的心理结果，如相对剥夺感、抑郁、焦虑、心境障碍、认知障碍等（Adamkovič & Martončik, 2017；熊猛，叶一舵，2016a；徐富明等，2017），这些结果可能进一步导致个体的社会认知偏差，并阻碍其社会公平感、社会安全感和社会幸福感的发展。因此，家庭经济困难可能是威胁大学生社会心态发展的重要风险因素。

首先，本书选取两个样本，分别采用社会公平感与社会安全感量表（王益富，潘孝富，2013）和社会幸福感量表（Keyes, 1998）进行调研，并基于家庭经济地位问卷得分情况将大学生分为家庭经济困难组和家庭经济良好组。结果发现，家庭经济困难大学生的社会公平感、社会安全感和社会幸福感均低于家庭经济良好大学生。其次，本书采用自编的大学生社会心态量表，对家庭经济困难大学生和家庭经济良好大学生进行差异分析，结果发现，家庭经济困难大学生的社会公平感、社会安全感、社会获得感、社会美好感和整体社会心态得分均显著低于家庭经济良好大学生。这些研究结果表明，家庭经济困难大学生的积极社会心态有待进一步提升与改善。

## 3. 家庭经济困难大学生的亲社会倾向的特点分析

亲社会倾向在一定程度上体现了大学生的积极社会心态，包括外显行为与内隐态度。亲社会倾向是指采取合作、信任和帮助等有利于他人的自愿行为倾向，有助于提升健康和幸福，增加社会财富（Knack & Keefer, 1997；Le et al., 2018）。然而，关于社会经济地位与亲社会倾向关系的研究结果并不一致，有研究发现高社会经济地位的人更可能做慈善捐赠和志愿工作，也更容易信任他人（Korndörfer et al., 2015），也有研究发现低社会经济地位的人比高社会经济地位的人更具亲社会性（Piff et al., 2010）。鉴于以往研究结果存在争议，为深入探究家庭经济困难大学生的亲社会倾向的特点，本书设计了相应实验以研究社会经济地位启动对大学生亲社会行为倾向的影响。

首先，为探究家庭经济困难大学生的外显亲社会行为特点，本书将 46 名大学生随机分为高家庭经济地位启动组和低家庭经济地位启动组，采用 10 级阶梯图（Adler et al., 2000）进行家庭经济地位启动，然后要求被试完成捐赠任务。结果发现，低家庭经济地位组的大学生在捐款任务中愿意捐赠的金额更高，表明家庭经济困难大学生有更高的外显亲社会意愿。

其次，考虑到外显捐赠任务可能会受到被试自我表现动机的影响，本书采用单类内隐联想测验探究家庭经济困难大学生的内隐亲社会态度，将 50 名大学生随机分为高家庭经济地位启动组和低家庭经济地位启动组，采用 10 级阶梯图（Adler et al.，2000）进行家庭经济地位启动后，要求被试完成单类内隐联想测验，以测量自我概念词与亲社会倾向的关联程度。结果发现，相较于高家庭经济地位组，低家庭经济地位组在一致任务的反应时显著短于不一致任务，表明家庭经济困难大学生被试的自我概念和内隐亲社会倾向的联结程度更高。

最后，考虑到行为实验的结果有时会受到社会赞许性等因素的影响而不够稳定，本书运用 ERP 技术采集脑电数据，探讨家庭经济困难大学生的亲社会倾向的神经生理机制，从而更客观地探讨社会经济地位对亲社会倾向的影响。将 60 名大学生随机分为高家庭经济地位启动组和低家庭经济地位启动组，采用 10 级阶梯图（Adler et al.，2000）进行社会地位启动后，要求被试依次完成捐赠任务和单类内隐联想测验任务，同时采集被试的脑电数据。行为结果发现，尽管两组被试的外显捐赠行为倾向没有显著差异，但是低家庭经济地位组的内隐亲社会态度更积极。脑电结果表明，低家庭经济地位组的 P3 波幅显著大于高家庭经济地位组。P3 波幅与更高水平的认知和共情决策有关（Fan & Han，2008；Luo et al.，2015；Nieuwenhui et al.，2005）。因此，这一结果可能表明，低家庭经济地位组具有相对较高的认知共情以及捐款动机。脑电结果还发现，低家庭经济地位组在单类内隐联想测验任务中的 P3 和 P2 波幅均显著大于高家庭经济地位组。P3 波幅与刺激评估和分类过程中的注意力资源分配有关（Gray et al.，2004），P2 成分与个体无意识的注意资源投入有关（Huang & Luo，2006）。因此，这一结果可能说明，低家庭经济地位组被试将更多的注意力资源分配到相容任务上，其自我和亲社会词汇的联系更为紧密。

综合上述三个实验研究可知，家庭经济困难大学生具有更高的共情水平和捐赠动机，表现出更高水平的亲社会意愿。这可能与低家庭经济地位群体的情景主义的社会认知风格有关（Piff et al.，2010，2012）。由于占有资源稀少，家庭经济困难大学生需要依赖外部环境维系生活，更容易受到外部环境的影响，在社会交往中表现出更高的公共倾向，更易知觉他人的状态，较为关注他人需求，所以具有较高的亲社会倾向（苑明亮等，2019）。

## （二）家庭经济困难大学生的时间自我的现状与特点

### 1. 时间自我评价词表的编制

为了探讨家庭经济困难大学生的时间自我的特点，本书首先编制了适用于大学生的时间自我评价词表，基于黄希庭和张蜀林（1992）研究中的由562个人格特质形容词组成的词库，结合专家讨论和评定，最终确定30个人格形容词（包括15个积极词与15个消极词）用于对大学生时间自我的认知和评价。

本书对所选定的形容词的好恶度、熟悉度、意义度、笔画数等进行了组间差异检验，结果表明，积极词和消极词在熟悉度、意义度、笔画数上的差异不显著，但在好恶度上具有显著差异。在具体的时间自我评价任务中，要求被试判断这些形容词分别与过去自我、现在自我和未来自我之间的相符程度。结果表明，选取的30个形容词可用于大学生对时间自我进行积极或消极评价，该词表是大学生时间自我评价的有效测量工具。

### 2. 家庭经济困难大学生的外显的时间自我评价

为了探究家庭经济困难大学生外显的时间自我特点，本书采用2（组别：低家庭经济地位组、高家庭经济地位组）×3（时间自我：过去自我、现在自我、未来自我）的混合实验设计，对60名大学生进行了时间自我评价的测量，并收集了相应的脑电数据。行为结果发现，在积极时间自我评价任务中，两组被试在未来自我条件下对积极词选择"是"的比例显著高于现在自我和过去自我条件下，而在现在自我和过去自我条件下对积极词选择"是"的比例并没有显著差异。在消极自我评价任务中，两组被试在未来自我条件下对消极词选择"是"的比例显著低于过去自我和现在自我条件下，而在过去自我和现在自我条件下对消极词选择"是"的比例并没有显著差异。这些结果说明，家庭经济困难大学生与家庭经济良好大学生的外显的时间自我评价是一致的。

脑电结果发现，在消极时间自我评价任务中，家庭经济困难大学生的N1和N2波幅显著低于家庭经济良好大学生。N1反映了个体在注意早期加工阶段的资源分配情况，N2通常被认为是人脑对外界信息偏差的自动加工，反映了正确反应前的冲突监控。这一结果表明，家庭经济困难大学生对消极词的敏感度较低，可能反映了家庭经济困难大学生经常面临消极刺激环境，因而在神经基础上表现为自我与消极词的联结具有更少的冲突和反应抑制。而家庭经济良好大学生在成长中享有相对更好的环境和教育等条件，更少受到负面因素的影响，自我感觉良好，所以他们觉得大部分消极词不能用于描述自我。

### 3. 家庭经济困难大学生的内隐的时间自我评价

为探究家庭经济困难大学生的内隐的时间自我特点，本书采用2（组别：低家庭经济地位组、高家庭经济地位组）×3（时间自我：过去自我、现在自我、未来自我）的混合实验设计，对60名大学生的时间自我与积极词和消极词的联结强度进行了研究。IAT结果发现，家庭经济困难大学生的内隐时间自我评价与家庭经济良好大学生是相似的，即消极词与过去自我的联结最强，与未来自我的联结最弱。因此，家庭经济困难大学生表现出更多的消极过去自我评价和更少的消极未来自我评价。脑电结果显示，高家庭经济地位组被试在IAT任务中激发了更大的N1波幅。这可能表明，高家庭经济地位大学生更少关注对自我的评价，导致其对时间自我进行评价时占用了更多的早期注意和加工资源，而家庭经济困难大学生则在平时比较注重自我评价，易于激活对时间自我进行评价的注意资源，因而不需要耗费更多的注意资源。

总之，家庭经济困难大学生的内隐时间自我评价总体上呈现积极的特点，并且对过去自我有更多的消极评价，但对未来自我有更少的消极评价。家庭经济困难大学生在时间自我评价任务中的N1平均波幅显著较低，说明家庭经济困难大学生更容易面临自我评价的场景，需要不断地寻求外在环境信息来维持对过去自我、现在自我和未来自我的认知与评价。

## （三）家庭经济困难大学生的时间自我与社会心态的关系与机制

### 1. 家庭经济困难大学生的时间自我对社会心态的影响及其机制

首先，本书采用时间自我评价词表、大学生社会心态量表、应对方式量表和心理弹性量表对276名家庭经济困难大学生进行了调查，以探讨家庭经济困难大学生的现在自我与社会心态的横向关系，以及应对方式和心理弹性的中介作用。结果发现，现在自我与社会心态呈显著正相关，而应对方式和心理弹性在两者间起到链式中介作用。一方面，现在自我是时间自我结构中联结过去自我和现在自我的核心，反映了个体对当前自我的满意程度，往往与其当前的心理健康状况密切相关（Sobol-Kwapinska，2013）。良好的现在自我可以使个体通过心境一致性效应（岑延远，郑雪，2004）来积极认知和评价社会，从而使其形成良好的社会心态，也可能会提升个体的社会认同，从而促进其社会心态的健康发展。另一方面，应对方式和心理弹性是现在自我与社会心态之间的重要中介机制。人们对压力性事件的良好应对，预示着他们会有较高的生活满意度和积极情绪体验（Samuel & Violet，2003；蔺秀云等，2009；周菌等，2022），这些本身就是良好社会心态的重要组成部分。而且，积极的应对倾向会使个体正确知觉和理解所处环境，从而促进良好社会心态的形成。心理弹性水平较高的个体可以避免压力性环境刺激对自身的负面影响，从而保持良好的心理健康水平，帮助个体从负性生活事件中快速地恢复情绪，在逆境中获得学习和成长（Davydov et al.，2010；刘文等，2019），他们可以有效地控制生活，保持生活的意义和对生活的情感投入，因此形成了良好的社会心态。

其次，本书采用时间自我评价词表、大学生社会心态量表、人生目的量表对 322 名家庭经济困难大学生进行了问卷调查，以探讨时间自我与社会心态的横向关系，以及人生目的的中介作用。结构方程模型检验结果表明，时间自我与社会心态呈正相关，人生目的在两者之间起中介作用。人生目的可以为人生提供一种意义感（McKnight & Kashdan，2009），很可能来自自我的认知和评价。对自我认识越清晰、对自我的评价越积极的个体越可能会有清晰明确的人生目的，更愿意追求对自我和社会有意义的事情。而人生目的对于个体的积极发展意义重大（兰公瑞等，2017），有目的的人生会激发个体产生更多的生命意义感和社会幸福感等（Burrow & Hill，2011；Hill et al.，2014；Yeager & Bundick，2009），从而促进个体良好社会心态的建设。

最后，本书还采用时间自我评价词表、大学生社会心态量表、积极心理资本量表对 324 名家庭经济困难大学生进行了调查，以探讨积极心理资本的中介作用。相关分析发现，时间自我与社会心态呈正相关，这一结果表明了时间自我对社会心态正向作用的稳健性，将时间自我作为社会心态提升与干预的重要心理变量是一种可行的途径。研究结果还发现，心理资本在时间自我与社会心态之间存在中介效应。一方面，个体对自我的认知和评价是心理资本的重要来源，高自尊、自我强化、积极的自我认知和评价均是心理资本的重要来源（Hobfoll，1989；Luthans et al.，2006）。另一方面，作为一种健康的心理状态，积极心理资本对于身处不利处境的个体具有明显的保护作用，可以帮助他们调动自身资源以有效应对社会压力，保持灵活的认知（Fredrickson，2001），拥有积极的社会心态。总之，积极心理资本是解释时间自我与社会心态的重要机制变量。

总之，本书通过上述系列研究，揭示了心理弹性、人生目的、心理资本在时间自我对社会心态的影响中具有重要作用。

### 2. 家庭经济困难大学生的未来自我连续性对社会心态的影响及其机制

未来自我连续性也是自我结构中的重要组成部分，指的是未来自我与现在自我之间的连续性和一致性（刘云芝等，2018）。本书探究了家庭经济困难大学生的未来自我连续性对社会心态的影响及其机制。

首先，考虑到目前没有适用于中国大学生未来自我连续性的有效测量工具，本书将 Sokol 和 Serper（2020）编制的问卷进行了本土化修订，基于对两个独立样本的探索性因子分析和验证性因子分析，确定了包含 10 个题项的中文版 FSCQ，该文件包含 3 个维度，分别是相似性、生动性和积极性。统计分析结果表明，总问卷及其 3 个维度的信度良好，三维度因子模型的结构效度良好。因此，自编的中文版 FSCQ 具有良好的信效度，可用于评价大学生的未来自我连续性。

其次，本书采用中文版 FSCQ、大学生社会心态量表、心理韧性量表对 369 名家庭经济困难大学生进行了调查，以探究未来自我连续性与社会心态的关系以及心理韧性的中介作用。相关分析发现，未来自我连续性与社会心态呈正相关，未来自我连续性高的个体对未来有更多积极的设想、期望和目标，更愿意为实现未来目标而采取更多的适应性行为（刘云芝等，2018；Pietroni & Hughes，2016），能保持良好的情绪（Zhang et al.，2023），因此更易激发社会公平感、社会安全感、社会获得感和社会美好感。回归分析结果表明，心理韧性在未来自我连续性与社会心态之间具有部分中介作用。未来自我的一致性是时间知觉广度的重要特征之一，而时间知觉广度能帮助个体应对环境变化中的不确定性，从而形成心理韧性和复原力等积极心理品质（纪丽君等，2023）。因此，高心理韧性个体会采取更积极的方式应对负面的社会事件，减少负面事件对自身的影响，保持对社会的正确认知，从而维持良好的社会心态。

最后，本书采用中文版 FSCQ、大学生社会心态量表、社会支持量表和自尊量表对 361 名家庭经济困难大学生进行了调查，以探索自尊在未来自我连续性与社会心态之间的中介作用以及社会支持的调节作用。有调节的中介效应分析结果显示，自尊可以中介未来自我连续性与社会心态之间的关系，社会支持主要调节未来自我连续性与社会心态之间的直接效应。高自尊者偏向于对环境中的积极信息做出反应，而低自尊者偏向于负面地看待社会环境和社会事件（岑延远，郑雪，2004）。高社会支持是个体应对压力的重要外部资源，有助于个体有效地解决问题（Xu & Ou，2014），正确知觉周遭的环境。因此，高自尊和高社会支持是家庭经济困难大学生提升积极社会心态的重要路径。

### 3. 家庭经济困难大学生的未来自我对共赢观的影响及其机制

从社会价值观的视角来探究家庭经济困难大学生的社会心态，是本书的一项重要研究内容。共赢观指的是个体在寻求个人利益时主动考虑并照顾他人利益的价值追求，反映的是社会成员通过合作互利而实现共同发展与进步的积极向上的社会心态（张锋，张杉，2020）。因此，本书探讨了家庭经济困难大学生的未来自我对共赢观的影响及其机制。

首先，本书对共赢观的结构与内涵进行了探讨，并通过对两个独立样本进行探索性因子分析和验证性因子分析，确定了包含 16 个题项的共赢观量表，该量表共有 5 个维度，分别是诚信性、先进性、利他性、和谐性、协同性。结果发现，总量表与 5 个维度的信度良好（Cronbach's $\alpha$ 系数为 0.740—0.959）；五维度验证性因子模型拟合较为理想，表明共赢观量表的结构效度较高。因此，本书开发的共赢观量表具有良好的信效度，可用于测量大学生的共赢观。

其次，本书采用家庭社会经济地位问卷、共赢观量表、时间自我词表对大学生进行了调查，以探讨家庭社会经济地位通过未来自我对共赢观的影响。差异分析表明，低家庭经济地位大学生的共赢观显著低于高家庭经济地位大学生，未来自我在家庭经济地位与共赢观之间起中介作用。研究发现，家庭经济困难大学生常处于物质匮乏的生存环境中，难以从积极视角认知和评价未来自我（Joshi & Fast，2013），对未来自我的消极态度可能导致家庭经济困难大学生减少需付出成本的合作行为（Hart & Edelstein，1992）。因此，家庭经济困难大学生的未来自我对共赢观具有显著影响。

### 4. 家庭经济困难大学生的未来自我对亲社会倾向的影响及其机制

亲社会倾向是大学生的积极社会心态的重要方面，包括外显行为与内隐态度。亲社会行为是良好社会心态的外在行为反应（Penner et al., 2005）。本书采用捐赠任务和 IAT 任务，运用 ERP 技术探讨了未来自我对家庭经济困难大学生亲社会倾向的影响及其机制。

首先，本书基于捐赠任务范式，选取 60 名家庭经济困难大学生，采用 2（组别：积极未来自我组、消极未来自我组）×3（捐赠条件：高、中、低）的混合实验设计，探究未来自我对家庭经济困难大学生外显亲社会行为的影响。结果发现，积极未来自我组大学生的捐款金额显著高于消极未来自我组，说明积极未来自我组表现出更多外显的亲社会行为。在脑电结果上，积极未来自我组在捐赠任务中诱发的 P2、P3 波幅显著大于消极未来自我组。P2 反映了个体对刺激的注意力资源分配（Chen et al., 2011；Kenemans et al., 1993；Martin & Potts, 2004），P3 反映了有意注意和认知资源在决策任务中的分配（Nieuwenhuis et al., 2005；Patalano et al., 2018；Polich, 2007）。因此，在捐赠任务中，积极未来自我组比消极未来自我组分配的注意力资源更多，具有更强的亲社会性动机以及更多的亲社会行为。

其次，本书基于 IAT 任务，选取 60 名家庭经济困难大学生，采用 2（组别：积极未来自我组、消极未来自我组）×2（条件类型：相容条件、不相容条件）的混合实验设计，探究未来自我对家庭经济困难大学生内隐亲社会态度的影响及神经机制。研究结果发现，虽然实验成功启动了家庭经济困难大学生的积极未来自我和消极未来自我，但内隐测验不易受到个体意识性意图的影响（Fazio & Olson, 2003），所以并未发现积极未来自我组与消极未来自我组的内隐亲社会态度之间的显著差异。这说明，个体的内隐态度是相对稳固的，不易受到有意识启动未来自我的影响。

### （四）家庭经济困难大学生的时间自我与社会心态的干预与培育

#### 1. 家庭经济困难大学生的时间自我、未来自我连续性与共赢观的干预实验

首先，本书开展了书写任务提升家庭经济困难大学生的未来自我连续性的干预实验。该实验将 64 名家庭经济困难大学生随机分为干预组和对照组，两组

被试在干预前后均需完成未来自我连续性的问卷调查。独立样本 $t$ 检验结果发现，两组被试在未来自我连续性的初始基线水平上没有显著差异，干预组被试的 FSCQ 及其 3 个维度（相似性、生动性、积极性）和 FSCS 的后测得分均显著高于对照组的后测得分。配对样本 $t$ 检验结果显示，干预组被试的 FSCQ 及其 3 个维度以及未来自我连续性量表的后测得分均显著高于前测得分，对照组被试的 FSCQ 及其 3 个维度和 FSCS 的前测与后测得分均无显著差异。这些结果说明，信件书写干预可以显著提升家庭经济困难大学生的未来自我连续性。

其次，本书进行了意义摄影提升家庭经济困难大学生的时间自我与共赢观的干预实验。该实验将 60 名家庭经济困难大学生随机分为干预组和对照组，并在干预前后对家庭经济困难大学生的时间自我和共赢观进行了测量。统计分析检验结果显示，意义摄影干预显著地提升了家庭经济困难大学生的时间自我和共赢观，时间自我在摄影干预与共赢观之间起中介作用。这说明，摄影干预通过意义图片拍摄与意义描述记录，使个体形成了积极的自我认识与评价，进一步促进其共赢观的提升。

**2. 家庭经济困难大学生的时间自我、未来自我连续性与社会心态的干预实验**

此外，本书还进行了意义摄影提升家庭经济困难大学生的时间自我、未来自我连续性与社会心态的干预实验。该实验将 80 名家庭经济困难大学生随机分为干预组和对照组，干预组被试需完成为期两周的意义摄影任务。研究结果表明，意义摄影显著提升了家庭经济困难大学生的时间自我、未来自我连续性和社会心态，并且时间自我、未来自我连续性在摄影干预与社会心态之间具有中介作用。

总之，研究结果证实了意义摄影干预对家庭经济困难大学生的时间自我和社会心态的积极促进作用。意义摄影之所以能起到良好的干预效果，主要原因可能有如下几点：第一，拍摄有意义的照片可以使个体将生活事件清晰地记录下来，而且表达性写作有助于个体将抽象的生命意义感转化为积极的语言与情感，这两种方式的有机结合可以使被试对生活进行深入的思考，使其发现更多积极美好的生活事件。第二，表达性写作通过"启动"认知加工过程，可以为个体带来心理上的益处，促进个体进行自我反省，为寻找事件的连贯意义和重新评估事件提供了机会（Travagin et al., 2015；Pennebaker & Seagal, 1999）。

而且，表达性写作也可以引导个体对照片的内容和相关感受进行连贯叙述，促进个体深入思考和了解社会生活的意义。这是激发个体对自我进行积极思考的重要方式，可以使个体将注意力转移到那些可能被忽视的积极方面。另外，个体在持续记录和书写与自我价值相关的内容时，多维的思维方式会被引发，进而促进其积极社会心态的产生（Fredrickson，2004）。因此，本书的干预研究结果为家庭经济困难大学生的积极自我认知与社会心态的培育与提升提供了新的视角与路径。

## （五）总结论

在本书的研究条件下，可以得出下列总括性结论：

1）大学生的社会心态的心理结构包括社会公平感、社会安全感、社会获得感与社会美好感等4个维度，自编的大学生社会心态量表具有良好的信效度。

2）与家庭经济良好大学生相比，家庭经济困难大学生的社会公平感、社会安全感、社会获得感与社会美好感相对较低，积极社会心态有待进一步改善与提升。

3）与家庭经济良好大学生相比，家庭经济困难大学生在外显行为与内隐态度上具有较高的亲社会倾向。

4）家庭经济困难大学生的时间自我评价总体上呈现积极的特点，在外显水平上对未来自我的态度最积极，在内隐水平上对过去自我有更多的消极评价，对未来自我有更少的消极评价。

5）家庭经济困难大学生的时间自我对社会心态具有显著影响，心理弹性、人生目的、心理资本在时间自我对社会心态的影响中存在中介作用。

6）大学生未来自我连续性的心理结构包括相似性、生动性和积极性3个维度，自编的中文版FSCQ具有良好的信效度。

7）家庭经济困难大学生的未来自我连续性对社会心态存在显著影响，心理韧性、自尊在未来自我连续性对社会心态的影响中具有中介作用，社会支持具有调节作用。

8）大学生共赢观的心理结构包括诚信性、先进性、利他性、和谐性与协同性，自编的大学生共赢观量表具有良好的信效度。

9）大学生的家庭经济地位对共赢观具有显著影响，未来自我在家庭经济地位对共赢观的影响中存在中介作用。

10）家庭经济困难大学生的未来自我对外显亲社会行为具有显著影响，但内隐亲社会态度相对稳固而不易受到未来自我有意识启动的影响。

11）信件书写干预能够显著提升家庭经济困难大学生的未来自我连续性，意义摄影干预能显著提升家庭经济困难大学生的时间自我与未来自我连续性，从而促进共赢观与积极社会心态的提升。

总之，家庭经济困难大学生的社会心态与时间自我具有积极与消极并存的双重特点。时间自我不仅对社会心态具有直接影响，而且通过不同的中介或调节机制对社会心态具有间接影响。家庭经济困难大学生的积极社会心态与时间自我可以通过科学的干预策略加以有效提升。

## 二、实践启示

本书从社会心理学、教育心理学、积极心理学、自我心理学的视角，开展了家庭经济困难大学生的时间自我与社会心态的现状与特点、关系与机制、干预与培育等方面的系列研究，取得了丰硕的研究成果，对于家庭经济困难大学生的积极社会心态培育工作具有重要的现实意义与实践启示。

### （一）积极时间自我评价是良好社会心态培育的重要前提与基础

本书研究发现，积极时间自我对于良好社会心态的维持、促进和发展均具有显著影响。对于家庭经济困难大学生而言，可以从消除负面的时间自我评价并提升积极的时间自我评价两方面入手来培育积极的社会心态。家庭经济相对困难使得大学生面临压力和挫折，可能会导致他们有较多的消极经历，而这些经历往往又是个体评价过去自我的易得性材料。个体可以尝试重新解读以往的挫折事件，将其转换成供自身学习和成长的经验，这种认知上重新解释过往的经历对个体积极自我心态的影响也被证实是有显著效果的（Garland et al., 2009）。所以，家庭经济困难大学生可以采取重构或认知意义重评的方式进行调节，以促进自身对过去自我的积极认知。在具体实践中，大学生还可以采取增加过去积极信息的策略。家庭经济困难大学生要有意识地重温和体验过去的美好经历来增加积极的过去自我态度。意义摄影干预的核心实际上就是要求个体记录并逐渐积累美好的事件或情绪体验，当个体记录了足够多的积极信息后，那么再次评价和认知自我时，他们就有了更多的积极素材和依据（Fredrickson，2009）。

因此，通过重评过去消极经历以及有意识增加美好事件记忆，家庭经济困难大学生就可以在总体上形成较为积极的过去自我评价。类似地，家庭经济困难大学生可以乐观地看待自己的未来，减少对未来的消极认知，将对未来的担忧和害怕替换为当前更充足的计划和准备，从而在总体上形成积极的未来自我认知和评价。当然，家庭经济困难大学生最重要的是学会积极活在当下。只有采取当下积极的应对方式，持续成功地解决生活中面临的问题，灵活地进行自我调节，那么这些当下行为也会逐渐转换成积极的过往经历和正确看待与思考未来的良好基础。

## （二）提升人生目的感、心理资源与积极应对倾向是积极社会心态培育的关键路径

本书通过时间自我对社会心态的影响机制研究，结果发现了一系列有助于家庭经济困难大学生积极心态建设的路径，包括人生目的感、心理资源（心理资本、心理弹性、心理韧性、社会支持、自尊）和应对方式。具体来说，可以从以下三个方面来开展家庭经济困难大学生积极社会心态的培育工作。

首先，要加强家庭经济困难大学生的人生目的教育，使他们明确自己的人生目的，设定清晰的目标，制定达成目标的计划，从而给家庭经济困难大学生带来方向感和动力，让他们有意识地朝着自己想要的生活前进，在大学生涯中不断奋斗，进一步增强其获得感与幸福感，使其形成积极向上的社会心态。

其次，要注重家庭经济困难大学生心理资源的拓展与累积。从个人角度而言，大学生要主动适应学校环境，加强自身与同学、朋友、老师等的联系和交往，获取更多的社会支持，在面对挫折或负面生活事件时将之视为自身成才的锻炼素材，有意识地提升自己应对挫折的能力，培养自己的抗压能力，并学会从积极的角度解释生活事件，增加生活中的积极体验，逐渐扩展积极的心理资

源。对于学校而言，可以通过有关课程、讲座、实践活动、个体咨询等多元化的形式，让家庭经济困难大学生的心理素质得以提升，使其了解到心理资源的相关知识，掌握增加心理资源和提升心理调适能力的方法，为积极社会心态的养成提供充足而多样的心理资源。

最后，要提升家庭经济困难大学生的积极应对倾向。从个体角度而言，家庭经济困难大学生要对自身处境有正确的认知，不可自暴自弃，多采取积极的应对方式来解决生活中遇到的问题，从灵活变通的视角寻求自我发展的多元化道路。从学校角度而言，可以多开展逆境信念教育，帮助家庭经济困难大学生增强不屈不挠、努力奋斗的信念，使他们在面临环境压力时更多采取积极的应对策略，在解决困难的过程中塑造积极、阳光的心态。

### （三）心理帮扶与经济资助并重是家庭经济困难大学生积极社会心态培育的长效机制

家庭经济环境的压力是家庭经济困难大学生积极社会心态发展的重要影响因素。政府、高校与有关部门要持续加大帮扶力度，认真解决家庭经济困难大学生面临的困难，切实改善这些大学生弱势群体的生存处境与发展条件，扎实做好资助育人工作，为积极社会心态培育工作奠定坚实的基础。

心理帮扶是家庭经济困难大学生积极社会心态培育工作的重要抓手与实施路径。本书研究发现，家庭经济困难大学生的自我认知与社会心态仍存在消极的一面，还需要采用多种举措加以改善。因此，在实践工作中，我们要高度重视并做好家庭经济困难大学生的心理帮扶工作，为家庭经济困难大学生形成良好的时间自我评价和积极的社会心态提供及时而必要的心理援助与关爱。

在具体工作实践中，可以借鉴本书的研究成果提升心理帮扶的成效。例如，可以采取本书采用的意义摄影方式来促进家庭经济困难大学生积极社会心态的建设与发展。从个体内部因素来看，大学阶段是个体从青少年时期向成年初期过渡的关键转折期，大学生在这个阶段会接触到新的想法和价值观，并通过回顾他们已有的经验形成新的身份，这种身份的形成是生命意义感的一个重要组成部分（Steger，2009）。在身份形成的过程中，大学生可以通过拍照和表达性写作，从第三视角对自己生活的意义有更直观的了解，深入思考和发现生活中积极、美好和有意义的事情，并从快乐而有意义的生活中获得更多的积极情绪。从外部环境因素来看，拍照和表达性写作类似于个人在微信、微博等社交平台上分享自己的生活经历。大学生通过与他人分享自己积极美好的生活进行社会互动，可以促进自我反思和增强社会关系（Sedikides & Wildschut, 2018），产生更多的积极心态。此外，学校可以从社会价值观的视角出发，加强团结协作教育，培育家庭经济困难大学生的共生共荣、互助互利的共赢观；也可以开展自我认知与发展教育讲座，让家庭经济困难大学生积极参与各种社团活动与助学行动，从而增强他们对学校的融入感和认同感，构建积极的自我评价体系，让学生向阳成长，在"心理脱贫"过程中形成"自尊自信、理性平和、积极向上"的社会心态。

## 三、未来展望

### （一）取样范围需要进一步扩大

尽管本书采用调查研究、实验研究以及 ERP 技术等多种方法相结合的方式探讨了家庭经济困难大学生的时间自我与社会心态关系及其作用机制，然而，由于研究条件的限制，本书的研究对象大多来源于有限的几所高校。而且，在通过网络进行的在线调查研究中，虽然有来自全国各地的研究对象参与调查，但各地人数规模不尽相同。考虑到我国各地的经济发展水平差异较大，未来的研究需要进一步扩大取样范围，从而探讨不同区域的家庭经济困难大学生的时间自我对社会心态的影响及其机制，也可以进一步对本书的研究结果进行深入检验。

此外，未来研究在扩大取样范围时要考虑样本的均衡性。在本书的研究样本分布中，存在一定的不均衡性，比如，有些研究由于受样本所在高校生源的男女比例所限，在取样时女生样本所占的比例较高，而男生所占的比例较低。此外，本书中有些研究的取样很难在大一至大四之间实现均衡分布，这些取样误差可能对研究结果造成潜在的影响。因此，未来研究可以遵循系统分层抽样原则，尽可能使研究对象在性别、年级等方面均衡分布，进一步提升研究结果的准确性与可推广性。

## （二）研究设计需要进一步完善

首先，本书采用外显和内隐测量研究范式，结合 ERP 技术开展了相应的研究，但在研究方法上仍存在一些不足。例如，本书的部分研究中采用的金钱捐赠任务与实际的生活情景存在一定的差异，在实验室研究中很难排除社会期望或其他动机等因素的影响。因此，未来可以运用生态效度更高的研究设计（如现场实验）来进行相关的研究。

其次，在干预实验研究中，干预时间相对较短，而且没有在干预后持续地进行追踪测量。因此，未来研究可以增加干预周期，并进行干预后的重复测量，以更好地评估干预项目的短期效果与长期效应。

## （三）研究手段需要进一步拓展

本书尽管采用 ERP 技术开展了脑电研究，但研究结果仍缺乏更多的生理和脑科学相关研究的强力佐证。

以往研究发现，不利经济处境主要通过改变大脑皮层不同区域的结构而对个体的认知、情绪和行为表现产生不良影响，从而造成了不利经济处境的个体与其他个体的认知和行为差异（胡小勇等，2022）。然而，受限于研究条件，本书没有采用脑成像技术等研究手段开展脑与神经机制方面的研究，因此，未来研究可以借助新技术来拓展、优化研究手段，如采用功能磁共振成像（functional magnetic resonance imaging，fMRI）等技术，系统地探究相关脑区在时间自我与社会心态关系中的激活和联结强度，从而更深入地探讨两者之间的脑神经机制。

# 参考文献

艾传国, 佐斌. (2011). 单类内隐联想测验 (SC-IAT) 在群体认同中的初步应用. *中国临床心理学杂志*, 19 (4), 476-478.

蔡翻飞, 余秀兰, 刘小瑜. (2020). 贫穷限制了想象？寒门大学生社会认知特征分析. *中国青年研究*, (4), 102-110.

曹丛, 王美萍, 曹衍淼, 纪林芹, 张文新. (2017). MAOA 基因 T941G 多态性与同伴侵害对男青少年早期抑郁的交互作用: COMT 基因 Val158Met 多态性的调节效应. *心理学报*, 49 (2), 206-218.

岑延远, 郑雪. (2004). 自尊的认知加工偏向研究述评. *心理科学*, 27 (5), 1184-1186.

陈浩彬, 苗元江. (2012). 主观幸福感、心理幸福感与社会幸福感的关系研究. *心理研究*, 5 (4), 46-52.

陈洪. (2022). 近年来国内大学生社会心态培育研究述评. *现代教育科学*, (3), 139-143.

陈满琪. (2018). 自我类别化对公平感的影响. 见王俊秀. *中国社会心态研究报告（2018）* (pp. 74-93). 北京: 社会科学文献出版社.

陈艳红, 程刚, 关雨生, 张大均. (2014). 大学生客观社会经济地位与自尊: 主观社会地位的中介作用. *心理发展与教育*, 30 (6), 594-600.

陈莹. (2008). *时间自我: 过去我、现在我和将来我的一致与不一致*. 重庆: 西南大学博士学位论文.

陈幼贞. (2013). 贫困大学生时间自我情感体验与自我同一性的关系. *四川精神卫生*, 26 (3), 186-189.

陈幼贞, 苏丹. (2009). 大学生时间自我的内容与特点研究. *西南大学学报（社会科学版）*, 35 (5), 22-27.

陈志霞, 于洋航. (2019). 城市社会管理、社会支持与社会幸福感——基于 41 个城市 2284

位居民的实证研究. *西北人口, 40*（3），44-56.

程家明. (2009). 关于社会心态研究的述评. *学术研究*，(7)，36-41.

崔馨月，李斌，贺汝婉，张淑颖，雷励. (2021). 亲社会支出对主观幸福感的影响及其作用机制. *心理科学进展, 29*（7），1279-1290.

崔雨晴. (2021). 安全感的空间分异. 见王俊秀. *中国社会心态研究报告*（*2021*）(pp. 26-40). 北京：社会科学文献出版社.

戴隽文，曹慧，王彦华，郑芳，白晓宇，祝卓宏，李凌，李新影. (2021). 中文学生版同胞关系问卷的效度和信度. *中国心理卫生杂志, 35*（7），590-595.

戴晓阳. (2010). *常用心理评估量表手册*. 北京：人民军医出版社.

邓玉琴，刘兴华，梁耀坚，攸佳宁，唐一源. (2010). 觉知抗抑郁训练对参与者抑郁情绪干预初探. *中国临床心理学杂志, 18*（6），813-816.

丁如一，周晖，张豹，陈晓. (2016). 自恋与青少年亲社会行为之间的关系. *心理学报, 48*（8），981-988.

丁思远. (2016). *意义摄影对大学生生命意义感影响研究*. 广州：南方医科大学硕士学位论文.

董帅兵，郝亚光. (2020). 后扶贫时代的相对贫困及其治理. *西北农林科技大学学报（社会科学版），20*（6），1-11.

范楠楠，叶宝娟，倪林英，杨强. (2020). 家庭功能对大学生网络利他行为的影响：有调节的中介模型. *中国临床心理学杂志, 28*（1），185-187，193.

范兴华，简晶萍，陈锋菊，于梦娇，周妍，谌俏. (2018). 家庭处境不利与留守儿童心理适应：心理资本的中介. *中国临床心理学杂志, 26*（2），353-357.

方小平. (2022). 父母元情绪理念对幼儿自我概念的影响——亲子关系和幼儿心理弹性的中介作用. *南昌大学学报（人文社会科学版），53*（4），125-136.

冯俊科. (1992). *西方幸福论*. 长春：吉林人民出版社.

傅安国，张再生，郑剑虹，岳童，林肇宏，吴娜，黄希庭. (2020). 脱贫内生动力机制的质性探究. *心理学报, 52*（1），66-80.

高洁，李晓敏，马璐，辛铁钢，梁明明，曾超超. (2018). 萨提亚团体心理辅导对大学生无聊倾向的干预效果. *中国健康心理学杂志, 26*（2），276-280.

高俊鹏. (2018). *应届大学毕业生时间自我、创业效能感与创业意向的关系*. 开封：河南大学硕士学位论文.

高文珺，杨宜音，赵志裕，王俊秀，王兵. (2013). 几种重要需求的满足状况：基于网络调查数据的社会心态分析. *民主与科学*, (4), 73-76.

顾红磊, 刘君, 夏天生. (2017). 家庭社会经济地位对小学生阅读自主性的影响: 父母鼓励和阅读动机的中介作用. *心理学报*, 49 (8), 1063-1071.

郭丹, 郑永安. (2020). 新时代大学生积极社会心态培育的路径探析. *中国高等教育*, (1), 19-21.

郭海英, 刘方, 刘文, 蔺秀云, 林丹华. (2017). 积极青少年发展: 理论、应用与未来展望. *北京师范大学学报 (社会科学版)*, (6), 5-13.

郭永玉, 杨沈龙, 李静, 胡小勇. (2015). 社会阶层心理学视角下的公平研究. *心理科学进展*, 23 (8), 1299-1311.

韩磊, 任跃强, 陈英敏, 徐洁, 高峰强. (2016). 羞怯对自我控制的影响: 安全感和应对方式的多重中介效应. *中国特殊教育*, (5), 63-68.

何丽梅. (2020). 新生代农民工如何实现价值观的理性构建. *人民论坛*, (25), 88-89.

何颖颖. (2013). *城市越轨底层群体的社会心态解析*. 南京: 南京大学硕士论文.

侯杰泰, 温忠麟, 成子娟. (2004). *结构方程模型及其应用*. 北京: 教育科学出版社.

胡红生. (2014). *社会心态论*. 武汉: 武汉大学博士学位论文.

胡洁. (2017). 当代中国青年社会心态的变迁、现状与分析. *中国青年研究*, (12), 85-89, 115.

胡小勇, 杜棠艳, 李兰玉, 王甜甜. (2022). 低社会经济地位影响自我调节的神经机制. *心理科学进展*, 30 (10), 2278-2290.

胡小勇, 李静, 芦学璋, 郭永玉. (2014). 社会阶层的心理学研究: 社会认知视角. *心理科学*, 37 (6), 1509-1517.

胡小勇, 徐步霄, 杨沈龙, 郭永玉. (2019). 心理贫困: 概念、表现及其干预. *心理科学*, 42 (5), 1224-1229.

胡兴蕾, 余思, 刘勤学, 张微. (2019). 青少年网络被欺负与自杀意念的关系: 自尊和情绪应对方式的链式中介作用. *心理发展与教育*, 35 (3), 368-375.

胡月琴, 甘怡群. (2008). 青少年心理韧性量表的编制和效度验证. *心理学报*, 40 (8), 902-912.

黄希庭. (2021a). *社区心理学导论*. 北京: 人民教育出版社.

黄希庭. (2021b). *探寻健全人格结构*. 重庆: 西南大学出版社.

黄希庭, 夏凌翔. (2004). 人格中的自我问题. *陕西师范大学学报 (哲学社会科学版)*, 33 (2), 108-111.

黄希庭, 张蜀林. (1992). 562 个人格特质形容词的好恶度、意义度和熟悉度的测定. *心理科学*, (5), 17-22, 63.

黄希庭, 郑涌. (2000). 时间透视的自我整合：I. 心理结构方式的投射测验. *心理学报*, 32（1）, 30-35.

黄希庭, 凤四海, 王卫红. (2003). 青少年学生自我价值感全国常模的制定. *心理科学*, 26（2）, 194-198.

黄晓佳, 郜鑫, 陈昕苑, 孙荣君, 吴菁. (2020). 大学生生命意义感的影响因素及干预的研究进展. *中国健康心理学杂志*, 28（12）, 1900-1905.

黄梓航, 王俊秀, 苏展, 敬一鸣, 蔡华俭. (2021). 中国社会转型过程中的心理变化：社会学视角的研究及其对心理学家的启示. *心理科学进展*, 29（12）, 2246-2259.

纪丽君, 吴莹, 杨宜音. (2023). 中国人的时间知觉广度. *心理学报*, 55（3）, 421-434.

蒋虹, 吕厚超. (2017). 青少年未来时间洞察力与学业成绩的关系：坚韧性的中介作用. *心理发展与教育*, 33（3）, 321-327.

焦丽颖, 杨颖, 许燕, 高树青, 张和云. (2019). 中国人的善与恶：人格结构与内涵. *心理学报*, 51（10）, 1128-1142.

焦迎娜, 苏春景. (2019). 精致的利己主义者：一个亟待关注的当代青年群体. *中国青年研究*, (3), 91-96, 79.

金灿灿, 邹泓, 侯珂. (2011). 情绪智力和父母社会支持对犯罪青少年社会适应的影响：直接效应还是缓冲效应? *心理科学*, 34（6）, 1353-1359.

康育文, 陈青萍. (2006). 贫困大学生心身健康与自尊、人际关系、成就动机的相关. *中国临床心理学杂志*, 14（5）, 510-512, 509.

兰公瑞, 李厚仪, 盖笑松. (2017). 人生目的：一个能预示积极发展的心理结构. *心理科学进展*, 25（12）, 2192-2202.

李斌, 马红宇, 郭永玉. (2014). 心理资本作用机制的研究回顾与展望. *心理研究*, 7（6）, 53-63.

李从松. (2002). 贫困对贫困生价值观形成的影响. *青年研究*, (2), 5-9.

李德周, 杜婕. (2002). "共赢"——一种全球化进程中的建设性思维方式. *人文杂志*, (5), 140-147.

李路路, 王鹏. (2018). 转型中国的社会态度变迁（2005—2015）. *中国社会科学*, (3), 83-101.

李敏, 周明洁. (2017). 志愿者心理资本与利他行为：角色认同的中介. *应用心理学*, 23

（3），248-257.

李培林．（2020）．我国改革开放以来社会平等与公正的变化．*东岳论丛，41*（9），5-14，191.

李文辉，蒋重清，李婵，刘颖，刘富斌．（2015）．人脑加工自我参照任务的时空特点：来自 ERP 的证据．*心理学探新，35*（2），147-152.

李文姣．（2016）．贫困大学生内隐亲社会倾向研究．*心理技术与应用，4*（3），144-149.

李小保，毛忆晨，吕厚超，王艺琪．（2021）．中文版时间态度量表的信效度检验．*中国临床心理学杂志，29*（2），375-379.

李育辉，张建新．（2004）．中学生的自我效能感、应对方式及二者的关系．*中国心理卫生杂志，18*（10），711-713.

梁宁建，吴明证，高旭成．（2003）．基于反应时范式的内隐社会认知研究方法．*心理科学，26*（2），208-211.

林芙蓉．（2007）．高校贫困生心理健康问题探析．*集美大学学报（教育科学版），8*（2），50-54.

蔺秀云，方晓义，刘杨，兰菁．（2009）．流动儿童歧视知觉与心理健康水平的关系及其心理机制．*心理学报，41*（10），967-979.

刘桂珍，德吉央宗．（2019）．音乐治疗对大学生负面情绪的干预研究．*当代教育与文化，11*（1），86-90.

刘文，于增艳，林丹华．（2019）．儿童青少年心理弹性与心理健康关系的元分析．*心理与行为研究，17*（1），31-37.

刘霞，黄希庭，普彬，毕翠华．（2010）．未来取向研究概述．*心理科学进展，18*（3），385-393.

刘云芝，杨紫嫣，王娱琦，陈鋆，蔡华俭．（2018）．未来自我连续性及其对个体心理和行为的影响．*心理科学进展，26*（12），2161-2169.

刘志军，白学军．（2008）．不同生活取向学生的应对策略与自我概念．*心理与行为研究，6*（4），275-279，305.

刘志军，刘旭，李维．（2016）．初中生乐观归因风格与抗挫折能力：自尊的中介作用．*心理与行为研究，14*（1），64-69.

刘竹，孙若铭，刘昊，王佳萌，罗明浩，甘怡群．（2021）．新冠疫情下在线摄影干预对控制感及焦虑抑郁的影响：一项随机对照实验．*中国临床心理学杂志，29*（5），1104-1109.

隆莉，赵玉芳，雷丹，吴娟．（2009）．重庆大学生现在与将来时间自我比较研究．*中国学校卫生，30*（11），1001-1002.

卢汉龙．（1996）．收入差距会引起民众的不安全感．*探索与争鸣，*（4），32.

卢谢峰, 韩立敏. (2008). 家庭社会经济地位对小学生自我概念的影响. *中国心理卫生杂志*, 22 (1), 24-25.

罗涛, 程李梅, 秦立霞, 肖水源. (2021). 简式自我控制量表中文版的信效度检验. *中国临床心理学杂志*, 29 (1), 83-86.

罗扬眉. (2011). *时间自我态度的外显和内隐测量*. 重庆: 西南大学硕士学位论文.

罗扬眉, 黄希庭. (2011). 时间自我评价的性质. *西南大学学报（社会科学版）*, 37 (6), 1-6, 201.

吕厚超. (2014). *青少年时间洞察力研究*. 北京: 科学出版社.

马广海. (2008). 论社会心态: 概念辨析及其操作化. *社会科学*, (10), 66-73, 189.

马顺林. (2009). 当代大学生价值观成长过程中的断裂与失衡. *集美大学学报（教育科学版）*, 10 (4), 34-37.

马伟娜, 桑标, 洪灵敏. (2008). 心理弹性及其作用机制的研究述评. *华东师范大学学报（教育科学版）*, 26 (1), 89-96.

马向真. (2015). *当代中国社会心态与道德生活状况研究报告*. 北京: 中国社会科学出版社.

苗元江, 王青华. (2009). 大学生社会幸福感调查研究. *赣南师范学院学报*, 30 (4), 76-81.

欧旭理, 徐建军, 胡文根. (2012). 高校家庭经济困难学生社会心态调查分析. *现代大学教育*, (3), 74-80.

任春荣. (2010). 学生家庭社会经济地位（SES）的测量技术. *教育学报*, 6 (5), 77-82.

申燕. (2016). 大学生社会心态的影响因素及调节机制. *现代教育*, (16), 47-49.

沈贺, 马虎, 吕少博, 赵阳, 于文涛, 高邦哲. (2023). 社会支持对青少年足球运动员职业决策的影响: 核心自我评价和心理资本的链式中介效应. *中国健康心理学杂志*, 31 (8), 1234-1238.

沈潘艳, 辛勇, 高靖, 冯春. (2017). 中国青少年价值观的变迁（1987—2015）. *青年研究*, (4), 1-10, 94.

师保国, 申继亮. (2007). 家庭社会经济地位、智力和内部动机与创造性的关系. *心理发展与教育*, 23 (1), 30-34.

石雷山, 陈英敏, 侯秀, 高峰强. (2013). 家庭社会经济地位与学习投入的关系: 学业自我效能的中介作用. *心理发展与教育*, 29 (1), 71-78.

石孟磊. (2016). 社会心态研究述评: 概念、结构与测量. *江苏科技大学学报（社会科学版）*, 16 (4), 73-80.

孙炯雯, 郑全全. (2004). 在社会比较和时间比较中的自我认识. 心理科学进展, 12 (2), 240-245.

孙伟平. (2013). 论影响社会心态的诸因素. 吉首大学学报（社会科学版）, 34 (1), 53-58.

唐家林, 李祚山, 张小艳. (2012). 大学生积极心理资本与主观幸福感的关系. 中国健康心理学杂志, 20 (7), 1105-1108.

田俊美, 刘丹丹, 卢富荣. (2018). 道德情绪对大学生亲社会行为的影响. 心理技术与应用, 6 (12), 714-721.

田录梅, 陈光辉, 王姝琼, 刘海娇, 张文新. (2012). 父母支持、友谊支持对早中期青少年孤独感和抑郁的影响. 心理学报, 44 (7), 944-956.

汪向东, 王希林, 马弘. (1999). 心理卫生评定量表手册（增订版）. 北京：中国心理卫生杂志社.

汪映川, 郑国祥, 时平. (2019). 健身瑜伽课程实践对大学生负性情绪干预研究. 高教学刊, (21), 58-60.

王大为, 张潘仕, 王俊秀. (2002). 中国居民社会安全感调查. 统计研究, (9), 23-29.

王丹, 王典慧, 陈文锋. (2022). 青少年心理韧性与恶意创造性行为倾向的关系. 心理学报, 54 (2), 154-167.

王俊秀. (2008). 面对风险：公众安全感研究. 社会, (4), 206-221, 227.

王俊秀. (2013a). 社会情绪的结构和动力机制：社会心态的视角. 云南师范大学学报（哲学社会科学版）, 45 (5), 55-63.

王俊秀. (2013b). 社会心态的结构和指标体系. 社会科学战线, (2), 167-173.

王俊秀. (2014). 社会心态：转型社会的社会心理研究. 社会学研究, 29 (1), 104-124, 244.

王俊秀. (2018). 中国社会心态研究报告（2018）. 北京：社会科学文献出版社.

王俊秀. (2021). 中国社会心态研究报告（2021）. 北京：社会科学文献出版社.

王俊秀, 张跃. (2023). 我国社会心态的新变化与应对——基于三年社会心态调查数据的分析报告. 人民论坛, 754 (3), 20-24.

王俊秀, 杨宜音, 陈午晴. (2007). 中国社会心态调查报告. 民主与科学, (2), 40-44.

王俊秀, 杨宜音等. (2018). 社会心态理论前沿. 北京：社会科学文献出版社.

王琳, 陈增祥, 何云. (2020). 传承动机对金融冒险行为的影响：未来自我连续性的中介. 心理学报, 52 (8), 1004-1016.

王睿腾. (2019). 习近平合作共赢理念的传统文化内涵. 学理论, (11), 7-9.

王益富, 潘孝富. (2013). 中国人社会心态的经验结构及量表编制. 心理学探新, 33 (1),

79-83.

王兆国, 马丽丽, 李春香, 孙妞妞, 史素玲. (2020). 新型冠状病毒肺炎疫情下感染科隔离病房护士心理健康、负面情绪和应对方式现状及相关性研究. *河南医学研究*, 29 (31), 5767-5770.

韦春丽, 李庆庆, 罗一君, 向光璨, 连紫伊, 陈红. (2023). 居民社会公平感与抑郁的关系: 一项交叉滞后分析. *中国临床心理学杂志*, 31 (2), 426-431.

魏华, 周宗奎, 张永欣, 丁倩. (2018). 压力与网络成瘾的关系: 家庭支持和朋友支持的调节作用. *心理与行为研究*, 16 (2), 266-271.

吴明隆. (2009). *结构方程模型——AMOS 的操作与应用*. 重庆: 重庆大学出版社.

席居哲, 桑标, 左志宏. (2008). 心理弹性 (Resilience) 研究的回顾与展望. *心理科学*, 31 (4), 995-998, 977.

肖丰. (1994). 关于抑郁的认知理论中自我图式的实验研究. *心理科学*, 17 (3), 186-188.

肖水源. (1994). 《社会支持评定量表》的理论基础与研究应用. *临床精神医学杂志*, 4 (2), 98-100.

谢晓非, 余媛媛, 陈曦, 陈晓萍. (2006). 合作与竞争人格倾向测量. *心理学报*, 38 (1), 116-125.

谢熠. (2016). 转型期社会公平感现状及变迁——基于 CSS2006 和 2013 的对比分析. *辽宁行政学院学报*, (9), 47-52.

谢熠. (2018). 转型期青年社会心态的现状与特征——基于公平感、安全感视角的实证分析. *广西青年干部学院学报*, 28 (6), 27-31, 36.

解晓娜, 李小平. (2018). 主观社会阶层对亲社会行为的影响. *心理与行为研究*, 16 (4), 563-569.

解亚宁. (1998). 简易应对方式量表信度和效度的初步研究. *中国临床心理学杂志*, 6 (2), 114-115.

辛双倩. (2020). *心理日记对大学生情绪调节效能感的干预研究*. 西宁: 青海师范大学硕士学位论文.

熊俊梅, 海曼, 黄飞, 辛亮, 徐颖. (2020). 家庭累积风险与青少年心理健康的关系: 心理资本的补偿效应和调节效应. *心理发展与教育*, 36 (1), 94-102.

熊猛, 叶一舵. (2016a). 相对剥夺感: 概念、测量、影响因素及作用. *心理科学进展*, 24 (3), 438-453.

熊猛, 叶一舵. (2016b). 积极心理资本的结构、功能及干预研究述评. *心理与行为研究*,

14（6），842-849.

徐夫真，张文新，张玲玲．（2009）．家庭功能对青少年疏离感的影响：有调节的中介效应．*心理学报*，41（12），1165-1174.

徐富明，张慧，马红宇，邓颖，史燕伟，李欧．（2017）．贫困问题：基于心理学的视角．*心理科学进展*，25（8），1431-1440.

徐岩．（2017）．家庭社会经济地位、社会支持与大学生幸福感．*青年研究*，（1），47-56，95.

许珂，左凤利，张俐，李敏，任辉，宋彩萍．（2015）．援利医疗队护理人员执行任务前心理弹性特点及其与社会支持和应对方式的关系．*第三军医大学学报*，37（21），2165-2168.

严标宾，郑雪．（2006）．大学生社会支持、自尊和主观幸福感的关系研究．*心理发展与教育*，22（3），60-64.

严标宾，郑雪．（2007）．幸福感研究对娱乐治疗法的启示．*华南师范大学学报（社会科学版）*，169（5），123-129，160.

严标宾，郑雪．（2008）．解构幸福：从冯友兰的人生境界说看幸福感．*内蒙古师范大学学报（哲学社会科学版）*，37（1），73-77.

燕玉霞．（2017）．贫困大学生社会幸福感状况调查研究．*南昌师范学院学报*，38（3），87-90.

杨沈龙，郭永玉，胡小勇，舒首立，李静．（2016）．低阶层者的系统合理化水平更高吗？——基于社会认知视角的考察．*心理学报*，48（11），1467-1478.

杨娃，邢禹，关梅林，李永娟．（2017）．积极心理健康教育视角下心理资源对中职生亲社会和攻击行为的影响——情绪的中介作用．*中国特殊教育*，（5），30-35.

杨艳．（2016）．文化热点与青年生活方式及价值观转变研究．*中国青年研究*，（8），79-83.

杨宜音．（2006）．个体与宏观社会的心理关系：社会心态概念的界定．*社会学研究*，（4），117-131，244.

杨宜音．（2012）．社会心态形成的心理机制及效应．*哈尔滨工业大学学报（社会科学版）*，14（6），2-7，145.

杨莹，张梦圆，寇彧．（2016）．青少年亲社会行为量表的编制与维度的再验证．*中国社会心理学评论*，（1），135-150.

杨治良，孙连荣．（2009）．内隐社会认知研究发展述评．*心理学探新*，29（4），11-14.

杨中芳，赵志裕．（1990）．测谎题到底是在测什么．*教育研究与实验*，（3），63-72.

尧国靖，张锋．（2013）．自尊水平、事件效价与时距对过去事件时距估计的影响．*心理发展与教育*，29（1），18-22.

姚若松，郭梦诗，叶浩生．（2018）．社会支持对老年人社会幸福感的影响机制：希望与孤独感的中介作用. 心理学报, 50（10），1151-1158.

叶静, 张戌凡. （2021）. 老年人心理韧性与幸福感的关系：一项元分析. 心理科学进展, 29（2），202-217.

银小兰, 周路军, 朱翠英. （2023）. 学校环境对农村留守儿童亲社会行为的影响：心理资本与生活满意度的中介作用. 心理发展与教育, 39（4），497-504.

尹天子. （2016）. 将来自我认知的乐观偏向——ERP 研究的证据. 心理学探新, 36（5），427-432.

于斌, 乐国安, 刘惠军. （2013）. 自我控制的力量模型. 心理科学进展, 21（7），1272-1282.

于肖楠, 张建新. （2007）. 自我韧性量表与 Connor-Davidson 韧性量表的应用比较. 心理科学, 30（5），1169-1171.

俞国良. （2017）. 社会转型：社会心理服务与社会心理建设. 心理与行为研究, 15（4），433-439.

俞国良. （2022）. 心理健康的新诠释：幸福感视角. 北京师范大学学报（社会科学版）, 289（1），72-81.

苑明亮, 李文岐, 寇彧. （2019）. 社会阶层如何影响个体的亲社会行为？——机制与相关因素的探讨. 北京师范大学学报（社会科学版），（5），37-46.

乐国安, 李文姣. （2010）. 弱势引发亲社会行为——来自贫困大学生的实证研究. 南开学报（哲学社会科学版），（6），63-68，102.

张潮, 靳星星, 陈泓逸, 侯文花. （2021）. 生命意义感与心理健康关系的元分析. 中国健康心理学杂志, 29（6），821-825.

张岱年. （1996）. 传统文化的发展与转变. 光明日报, 1996-05-04（2）.

张二芳. （1996）. 社会心态的研究及其意义. 理论探索，（1），28-31.

张帆, 钟年. （2017）. 中国人的信任与生命史策略. 中国社会心理学评论, 13（2），44-61，197.

张锋. （2024）. 乡村振兴与共同富裕：基于共赢观的视角. 集美大学学报（教育科学版），25（4），15-23.

张锋, 张杉. （2020）. 公众共赢观的结构探索. 社区心理学研究, 10（2），113-124.

张锋, 张杉. （2022）. 共赢观与社会经济地位、积极未来自我. 集美大学学报（教育科学版），23（6），13-19.

张锋, 朱豫敏. （2021）. 家庭经济困难大学生的自我研究综述. 保定学院学报, 34（5），110-115.

张锋, 靳凯歌, 朱豫敏. （2021）. 时间自我的研究综述. 心理研究, 14（3），209-215.

张锋, 张杉, 臧鑫磊, 杨丽萍. (2020). 家庭经济地位与未来自我连续性的关系: 时间管理倾向的中介作用. 心理研究, 13 (5), 467-473.

张锋, 高旭, 臧鑫磊, 胡会丽, 王贺娜. (2022). 中文版未来自我连续性问卷的信效度检验. 中国临床心理学杂志, 30 (6), 1358-1362.

张光珍, 王娟娟, 梁宗保, 邓慧华. (2017). 初中生心理弹性与学校适应的关系. 心理发展与教育, 33 (1), 11-20.

张珂, 张大均. (2009). 内隐联想测验研究进展述评. 心理学探新, 29 (4), 15-18.

张阔, 张赛, 董颖红. (2010). 积极心理资本: 测量及其与心理健康的关系. 心理与行为研究, 8 (1), 58-64.

张丽华, 张旭. (2009). 认知加工偏向视野下的自尊研究. 心理学探新, 29 (5), 42-45.

张玲玲, 张文新, 纪林芹, Nurmi, J. E. (2006). 青少年未来取向问卷中文版的测量学分析. 心理发展与教育, 22 (1), 103-108.

张陆, 佐斌. (2007). 自我实现的幸福——心理幸福感研究述评. 心理科学进展, 15 (1), 134-139.

张赛男. (2021). 社会经济地位对亲社会行为影响的 ERP 研究. 开封: 河南大学硕士学位论文.

张贤明, 薛佳. (2016). 合作共赢: 改革发展成果共享的核心理念. 理论探讨, (5), 5-9.

张旭东, 刘卫川, 曹卉. (2013). 高中生心理弹性与应对方式相关研究. 现代中小学教育, (1), 79-82.

张衍. (2021). 主客观地位和流动感知对公平感的影响与变化 (2019—2020 年). 见王俊秀. 中国社会心态研究报告 (2021) (pp. 41-64). 北京: 社会科学文献出版社.

章鹏程, 李杨卓, 周淑金, 高湘萍, 潘鑫. (2019). 自我参照加工的近空间距离增强效应: 来自行为与 ERPS 的证据. 心理学报, 51 (8), 879-889.

郑涌, 黄希庭. (1997). 自我概念的结构: 大学生"我是谁"反应的内容分析. 西南师范大学学报 (哲学社会科学版), (1), 72-77.

郑涌, 黄希庭. (1998). 自我概念的结构: Ⅱ. 大学生自我概念维度的因素探析. 西南师范大学学报 (哲学社会科学版), (5), 55-60.

周畅, 李红, 杨燕平. (2009). 大学生现在将来的自我时间比较研究. 社会心理科学, (2), 64-68.

周菡, 李冠军, 朱卓影. (2022). 新冠肺炎疫情下的评估、应对与抑郁和焦虑的关系: 多元多重中介模型. 心理科学, 45 (3), 695-701.

周晓虹. (2014). 转型时代的社会心态与中国体验——兼与《社会心态：转型社会的社会心理研究》一文商榷. *社会学研究*, (4), 1-23, 242.

周晓虹. (2018). 从青年入手重塑中国人的价值观——《中长期青年发展规划（2016—2025年）》的精神启示. *中国青年研究*, (3), 35-40.

朱美侠, 蔡丹, 武云露, Zhang, X. C., Margraf, J. (2016). 大学生社会支持对乐观倾向的影响：心理弹性与心理一致感的中介作用. *心理科学*, 39(2), 371-376.

朱志玲. (2018). 矛盾遭遇对基层政府评价的影响——以社会公平感、社会安全感为中介变量. *华东理工大学学报（社会科学版）*, 33(5), 97-109.

邹涛, 姚树桥. (2006). 抑郁认知易感性应激模式的研究：起源、发展和整合. *心理科学进展*, 14(5), 762-768.

Abrams, D., & Hogg, M. A. (1988). Comments on the motivational status of self-esteem in social identity and intergroup discrimination. *European Journal of Social Psychology, 18*, 317-334.

Adamkovič, M., & Martončik, M. (2017). A review of consequences of poverty on economic decision-making: A hypothesized model of a cognitive mechanism. *Frontiers in Psychology, 8*, 1784.

Adelman, R. M., Herrmann, S. D., Bodford, J. E., Barbour, J. E., Graudejus, O., Okun, M. A., & Kwan, V. S. (2016). Feeling closer to the future self and doing better: Temporal psychological mechanisms underlying academic performance. *Journal of Personality, 85*(3), 398-408.

Adler, N. E., Epel, E. S., Castellazzo, G., & Ickovics, J. R. (2000). Relationship of subjective and objective social status with psychological and physiological functioning: Preliminary data in healthy, white women. *Health Psychology, 19*(6), 586-592.

Aksoy, O. (2019). Crosscutting circles in a social dilemma: Effects of social identity and inequality on cooperation. *Social Science Research, 82*(6), 148-163.

Albert, S. (1977). Temporal comparison theory. *Psychological Review, 84*(6), 485-503.

Alós-Ferrer, C., & Garagnani, M. (2020). The cognitive foundations of cooperation. *Journal of Economic Behavior & Organization, 175*, 71-85.

Alvaredo, F., Chancel, L., Piketty, T., Saez, E., & Zucman, G. (2018). *World Inequality Report 2018*. Boston: Belknap Press.

Anderson, N. H. (1968). Likableness ratings of 555 personality-trait words. *Journal of Personality and Social Psychology, 9*, 272-279.

Andreoni, J. (1990). Impure altruism and donations to public goods: A theory of warm-glow giving. *The Economic Journal, 100*(401), 464-477.

Andreoni, J., Nikiforakis, N., & Stoop, J. (2021). Higher socioeconomic status does not predict decreased prosocial behavior in a field experiment. *Nature Communications, 12*(1), 4266.

Anosike, C., Isah, A., Igboeli, N. U. (2020). Development and validation of a questionnaire for evaluating knowledge of risk factors for teen depression among health care trainees of a Nigerian university. *Asia-Pacific Psychiatry, 12*(3), e12391.

Antonoplis, S., & Chen, S. (2021). Time and class: How socioeconomic status shapes conceptions of the future self. *Self and Identity, 20*(8), 961-981.

Antúnez, J. M., Navarro, J. F., & Adan, A. (2015). Circadian typology is related to resilience and optimism in healthy adults. *Chronobiology International, 32*(4), 524-530.

Auerbach, R. P., Stanton, C. H., Proudfit, G. H., & Pizzagalli, D. A. (2015). Self-referential processing in depressed adolescents: A high-density event-related potential study. *Journal of Abnormal Psychology, 124*(2), 233-245.

Avey, J. B., Wernsing, T. S., & Luthans, F. (2008). Can positive employees help positive organizational change? Impact of psychological capital and emotions on relevant attitudes and behaviors. *Journal of Applied Behavioral Science, 44*(1), 48-70.

Balliet, D., & Van Lange, P. A. M. (2013). Trust, conflict, and cooperation: A meta-analysis. *Psychological Bulletin, 139*(5), 1090-1112.

Bartels, D. M., & Rips, L. J. (2010). Psychological connectedness and intertemporal choice. *Journal of Experimental Psychology*: *General, 139*(1), 49-69.

Bartels, D. M., & Urminsky, O. (2011). On intertemporal selfishness: How the perceived instability of identity underlies impatient consumption. *Journal of Consumer Research, 38*(1), 182-198.

Batson, C. D. (1997). Self-other merging and the empathy-altruism hypothesis: Reply to Neuberg et al. *Journal of Personality and Social Psychology, 73*(3), 517-522.

Batson, C. D., & Moran, T. (1999). Empathy-induced altruism in a prisoner's dilemma. *European Journal of Social Psychology, 29*(7), 909-924.

Baumeister, R. F., Campbell, J. D., Krueger, J. I., & Vohs, K. D. (2003). Does high self-esteem cause better performance, interpersonal success, happiness, or healthier lifestyles? *Psychological Science in the Public Interest, 4*(1), 1-44.

Baumeister, R. F., Vohs, K. D., & Oettingen, G. (2016). Pragmatic prospection: How and why people think about the future. *Review of General Psychology, 20*(1), 3-16.

Baumeister, R. F., Vohs, K. D., Aaker, J. L., & Garbinsky, E. N. (2013). Some key differences between a happy life and a meaningful life. *The Journal of Positive Psychology, 8*(6), 505-516.

Baumert, A., Schlösser, T., & Schmitt, M. (2014). Economic games: A performance-based assessment of fairness and altruism. *European Journal of Psychological Assessment, 30*(3), 178-192.

Berkowitz, L. (1972). Social norms, feelings, and other factors affecting helping and altruism. *Advances in Experimental Social Psychology, 6*, 63-108.

Bixter, M. T., McMichael, S. L., Bunker, C. J., Adelman, R. M., Okun, M. A., Grimm, K. J., … Kwan, V. S. (2020). A test of a triadic conceptualization of future self-identification. *PLoS One, 15*(11), e0242504.

Black, R. A., Yang, Y. Y., Beitra, D., & McCaffrey, S. (2015). Comparing fit and reliability estimates of a psychological instrument using second-order CFA, bifactor, and essentially tau-equivalent (coefficient alpha) models via AMOS 22. *Journal of Psychoeducational Assessment, 33*(5), 451-472.

Blouin-Hudon, E., & Pychyl, T. A. (2015). Experiencing the temporally extended self: Initial support for the role of affective states, vivid mental imagery, and future self-continuity in the prediction of academic procrastination. *Personality and Individual Differences, 86*, 50-56.

Bolton, B. (1980). Second-order dimensions of the work values inventory(WVI). *Journal of Vocational Behavior, 17*(1), 33-40.

Bradley, R. H., & Corwyn, R. F. (2002). Socioeconomic status and child development. *Annual Review of Psychology, 53*, 371-399.

Brockmann, H., Delhey, J., Welzel, C., & Yuan, H. (2009). The China puzzle: Falling happiness in a rising economy. *Journal of Happiness Studies, 10*(4), 387-405.

Browman, A. S., Destin, M., Kearney, M. S., & Levine, P. B. (2019). How economic inequality shapes mobility expectations and behaviour in disadvantaged youth. *Nature Human Behaviour, 3*(3), 214-220.

Buchan, N., Grimalda, G., Wilson, R., Brewer, M., Fatas, E., & Foddy, M. (2009). Globalization and human cooperation. *Proceedings of the National Academy of Sciences, 106*(11),

4138-4142.

Burrow, A. L., & Hill, P. L. (2011). Purpose as a form of identity capital for positive youth adjustment. *Developmental Psychology, 47*(4), 1196-1206.

Callan, M. J., Kim, H., Gheorghiu, A. I., & Matthews, W. J. (2017). The interrelations between social class, personal relative deprivation, and prosociality. *Social Psychological and Personality Science, 8*(6), 660-669.

Campbell, W. K., Bonacci, A. M., Shelton, J., Exline, J. J., & Bushman, B. J. (2004). Psychological entitlement: Interpersonal consequences and validation of a self-report measure. *Journal of Personality Assessment, 83*(1), 29-45.

Carey, R. M., & Markus, H. R. (2017). Social class shapes the form and function of relationships and selves. *Current Opinion in Psychology, 18*, 123-130.

Carlson, R. W., Aknin, L. B., & Liotti, M. (2016). When is giving an impulse? An ERP investigation of intuitive prosocial behavior. *Social Cognitive and Affective Neuroscience, 11*(7), 1121-1129.

Chandler, M. J., Lalonde, C. E., Sokol, B. W., & Hallett, D. (2003). Personal persistence, identity development, and suicide: A study of native and non-native north American adolescents. *Monographs of the Society for Research in Child Development, 68*(2), 1-138.

Chen, J., Yuan, J., Feng, T., Chen, A., Gu, B., & Li, H. (2011). Temporal features of the degree effect in self-relevance: Neural correlates. *Biological Psychology, 87*(2), 290-295.

Chen, Q., Kong, Y., Gao, W., & Mo, L. (2018). Effects of socioeconomic status, parent-child relationship, and learning motivation on reading ability. *Frontiers in Psychology, 9*, 1297.

Chen, Y., Mark, G., & Ali, S. (2016). Promoting positive affect through smartphone photography. *Psychology of Well Being, 6*, 8.

Chishima, Y., & Wilson, A. E. (2021). Conversation with a future self: A letter-exchange exercise enhances student self-continuity, career planning, and academic thinking. *Self and Identity, 20*(5), 646-671.

Chiu Loke, I. C., Evans, A. D., & Lee, K. (2011). The neural correlates of reasoning about prosocial-helping decisions: An event-related brain potentials study. *Brain Research, 1369*, 140-148.

Chu, K. H. L. (2008). A factorial validation of work value structure: Second-order confirmatory factor analysis and its implications. *Tourism Management, 29*(2), 320-330.

Cochran, D. B., Wang, E. W., Stevenson, S. J., Johnson, L. E., & Crews, C. (2011). Adolescent occupational aspirations: Test of Gottfredson's theory of circumscription and compromise. *The Career Development Quarterly, 59*(5), 412-427.

Cohen, S., & Wills, T. A. (1985). Stress, social support, and the buffering hypothesis. *Psychological Bulletin, 98*(2), 310-357.

Cole, D. A., & Maxwell, S. E. (2003). Testing mediational models with longitudinal data: Questions and tips in the use of structural equation modeling. *Journal of Abnormal Psychology, 112*(4), 558-577.

Coleman, J. S. (1990). *Foundations of Social Theory.* Cambridge: Belknap Press.

D'Argembeau, A., Feyers, D., Majerus, S., Collette, F., Van der Linden, M., Maquet, P., & Salmon, E. (2008). Self-reflection across time: cortical midline structures differentiate between present and past selves. *Social Cognitive and Affective Neuroscience, 3*(3), 244-252.

D'Argembeau, A., Ruby, P., Collette, F., Degueldre, C., Balteau, E., Luxen, A., Maquet, P., & Salmon, E. (2007). Distinct regions of the medial prefrontal cortex are associated with self-referential processing and perspective taking. *Journal of Cognitive Neuroscience, 19*(6), 935-944.

D'Argembeau, A., Stawarczyk, D., Majerus, S., Collette, F., Van der Linden, M., & Salmon, E. (2010). Modulation of medial prefrontal and inferior parietal cortices when thinking about past, present, and future selves. *Social Neuroscience, 5*(2), 187-200.

Dainer-Best, J., Trujillo, L. T., Schnyer, D. M., & Beevers, C. G. (2017). Sustained engagement of attention is associated with increased negative self-referent processing in major depressive disorder. *Biological Psychology, 129*, 231-241.

Dalton, P. S., Ghosal, S., & Mani, A. (2016). Poverty and aspirations failure. *The Economic Journal, 126*(590), 165-188.

Davydov, D. M., Stewart, R., Ritchie, K., & Chaudieu, I. (2010). Resilience and mental health. *Clinical Psychology Review, 30*(5), 479-495.

Dawes, R. M. (1980). Social dilemmas. *Annual Review of Psychology, 31*, 169-193.

De Houwer, J. (2003). The extrinsic affective Simon task. *Experimental Psychology, 50*(2), 77-85.

Deutsch, R., Gawronski, B., & Strack, F. (2006). At the boundaries of automaticity: Negation as reflective operation. *Journal of Personality and Social Psychology, 91*(3), 385-405.

DeVellis, R. F. (2016). *Scale Development: Theory and Applications* (4th ed.). Thousand Oaks:

Sage Publications.

Diener, E. (1984). Subjective well-being. *Psychological Bulletin*, *95*(3), 542-575.

Diener, E., Oishi, S., & Lucas, R. E. (2003). Personality, culture, and subjective well-being: Emotional and cognitive evaluations of life. *Annual Review of Psychology*, *54*(1), 403-425.

Domino, G. (1970). Identification of potentially creative persons from the adjective check list. *Journal of Consulting & Clinical Psychology*, *35*(1), 48-51.

Dovidio, J. F., Piliavin, J. A., Schroeder, D. A., & Penner, L. A. (2017). *The Social Psychology of Prosocial Behavior*. New York: Psychology Press.

Dubois, D., Rucker, D. D., & Galinsky, A. D. (2015). Social class, power, and selfishness: When and why upper and lower class individuals behave unethically. *Journal of Personality and Social Psychology*, *108*(3), 436-449.

Duijf, H. (2018). Responsibility voids and cooperation. *Philosophy of the Social Sciences*, *48*(4), 434-460.

Dunton, B. C., & Fazio, R. H. (1997). An individual difference measure of motivation to control prejudiced reactions. *Personality and Social Psychology Bulletin*, *23*(3), 316-326.

Eisenberg, N., & Fabes, R. A. (1998). Prosocial development. In W. Damon, & N. Eisenberg (Eds.), *Handbook of Child Psychology: Social, Emotional and Personality Development* (pp. 701-778). Hoboken: John Wiley & Sons.

Eizen, D., & Desivilya, H. S. (2003). Conflict management in work teams: The role of social self-efficacy and group identification. *International Journal of Conflict Management*, *16*(2), 298-302.

Ersner-Hershfield, H., Garton, M., Ballard, K., Samanez-Larkin, G. R., & Knutson, B. (2009). Don't stop thinking about tomorrow: Individual differences in future self-continuity account for saving. *Judgment and Decision Making*, *4*(4), 280-286.

Falk, A., Fehr, E., & Fischbacher, U. (2003). On the nature of fair behavior. *Economic Inquiry*, *41*(1), 20-26.

Fan, Y., & Han, S. (2008). Temporal dynamic of neural mechanisms involved in empathy for pain: An event-related brain potential study. *Neuropsychologia*, *46*(1), 160-173.

Fang, L., Sun, R. C. F., & Yuen, M. (2016). Acculturation, economic stress, social relationships and school satisfaction among migrant children in urban China. *Journal of Happiness Studies*, *17*(2), 507-531.

Fazio, R. H., & Olson, M. A. (2003). Implicit measures in social cognition research: Their meaning and use. *Annual Review of Psychology*, *54*(1), 297-327.

Fehr, E., & Fischbacher, U. (2003). The nature of human Altruism. *Nature*, *425*, 785-791.

Festinger, L. (1954). A theory of social comparison processes. *Human Relations*, *7*(2), 117-140.

Fieulaine, N., & Apostolidis, T. (2015). Precariousness as a time horizon: How poverty and social insecurity shape individuals' time perspectives. In M. Stolarski, N. Fieulaine, & W. Van Beek (Eds.), *Time Perspective Theory*: Review, Research and Application (pp. 213-228). Cham: Springer International Publishing.

Fischler, I., & Bradley, M. (2006). Event-related potential studies of language and emotion: Words, phrases, and task effects. *Progress in Brain Research*, *156*, 185-203.

Fleischhauer, M., Strobel, A., Diers, K., & Enge, S. (2014). Electrophysiological evidence for early perceptual facilitation and efficient categorization of self-related stimuli during an implicit association test measuring neuroticism. *Psychophysiology*, *51*(2), 142-151.

Fleiss, J. L. (1986). *The Design and Analysis of Clinical Experiment*. New York: John Wiley & Sons.

Folstein, J. R., & Van Petten, C. (2008). Influence of cognitive control and mismatch on the N2 component of the ERP: A review. *Psychophysiology*, *45*(1), 152-170.

Forgas, J. P., Haselton, M., & Von Hippel, W. (2007). *Evolution and the Social Mind*: Evolutionary Psychology and Social Cognition . New York: Psychology Press.

Foti, D., Hajcak, G., & Dien, J. (2009). Differentiating neural responses to emotional pictures: Evidence from temporal-spatial PCA. *Psychophysiology*, *46*(3), 521-530.

Fredrickson, B. L. (2001). The role of positive emotions in positive psychology: The broaden-and-build theory of positive emotions. *The American Psychologist*, *56*(3), 218-226.

Fredrickson, B. L. (2004). The broaden-and-build theory of positive emotions. *Philosophical Transactions of the Royal Society of London. Series B*: Biological Sciences, *359*(1449), 1367-1377.

Fredrickson, B. L. (2009). *Positivity*: Top-Notch Research Reveals the 3-to-1 Ratio that will Change Your Life. New York: Random House.

Fu, H., & Liu, X. (2017). Research on the phenomenon of Chinese residents' spiritual contagion for the reuse of recycled water based on SC-IAT. *Water*, *9*(11), 846.

Fu, X., Padilla-Walker, L. M., & Brown, M. N. (2017). Longitudinal relations between adolescents' self-esteem and prosocial behavior toward strangers, friends and family. *Journal of Adolescence, 57*, 90-98.

Gabrenya, W. K., & Hwang, K. K. (1996). Chinese social interaction: Harmony and hierarchy on the good earth. In M. H. Bond (Ed.), *The Handbook of Chinese Psychology* (pp. 309-321). New York: Oxford University Press.

Gallo, L. C., Bogart, L. M., Vranceanu, A. M., & Matthews, K. A. (2005). Socioeconomic status, resources, psychological experiences, and emotional responses: A test of the reserve capacity model. *Journal of Personality and Social Psychology, 88*(2), 386-399.

Gambetta, D. (1988). *Trust: Making and Breaking Cooperative Relations*. Oxford: Basil Blackwell.

Garcia, D., Granjard, A., Lundblad, S., & Archer, T. (2017). A dark past, a restrained present, and an apocalyptic future: Time perspective, personality, and life satisfaction among anorexia nervosa patients. *Peer J, 5*, e3801.

Garland, E., Gaylord, S., & Park, J. (2009). The role of mindfulness in positive reappraisal. *Explore, 5*, 37-44.

Garmezy, N. (1991). Resiliency and vulnerability to adverse developmental outcomes associated with poverty. *American Behavioral Scientist, 34*(4), 416-430.

Gatignon, H. (2014). *Statistical Analysis of Management Data* (3rd ed.). New York: Springer Science Business Media.

Gawronski, B., & Bodenhausen, G. V. (2006). Associative and propositional processes in evaluation: An integrative review of implicit and explicit attitude change. *Psychological Bulletin, 132*(5), 692-731.

Gray, H. M., Ambady, N., Lowenthal, W. T., & Deldin, P. (2004). P300 as an index of attention to self-relevant stimuli. *Journal of Experimental Social Psychology, 40*(2), 216-224.

Greenberg, J., Solomon, S., & Arndt, J. (2008). A basic but uniquely human motivation: Terror management. In J. Shah & W. Gardner (Eds.), *Handbook of Motivation Science* (pp. 114-134). New York: Guilford Press.

Greenhouse, S. W., & Geisser, S. (1959). On methods in the analysis of profile data. *Psychometrika, 24*(2), 95-112.

Greenwald, A. G., & Banaji, M. R. (1995). Implicit social cognition: Attitudes, self-esteem, and stereotypes. *Psychological Review, 102*(1), 4-27.

Greenwald, A. G., & Farnham, S. D. (2000). Using the implicit association test to measure self-esteem and self-concept. *Journal of Personality and Social Psychology, 79*(6), 1022-1038.

Greenwald, A. G., Banaji, M. R., Rudman, L. A., Farnham, S. D., Nosek, B. A., & Mellott, D. S. (2002). A unified theory of implicit attitudes, stereotypes, self-esteem, and self-concept. *Psychological Review, 109*(1), 3-25.

Greenwald, A. G., McGhee, D. E., & Schwartz, J. L. K. (1998). Measuring individual differences in implicit cognition: The implicit association test. *Journal of Personality and Social Psychology, 74*(6), 1464-1480.

Griskevicius, V., Tybur, J. M. Delton, A. W., & Robertson, T. E. (2011). The influence of mortality and socioeconomic status on risk and delayed rewards: A life history theory approach. *Journal of Personality and Social Psychology, 100*(6), 1015-1026.

Grossmann, I., & Varnum, M. E. (2015). Social structure, infectious diseases, disasters, secularism, and cultural change in America. *Psychological Science, 26*, 311-324.

Grundy, J. G., Benarroch, M. F. F., Lebarr, A. N., & Shedden, J. M. (2015). Electrophysiological correlates of implicit valenced self-processing in high vs. low self-esteem individuals. *Social Neuroscience, 10*(1), 100-112.

Guinote, A., Cotzia, I., Sandhu, S., & Siwa, P. (2015). Social status modulates prosocial behavior and egalitarianism in preschool children and adults. *Proceedings of the National Academy of Sciences, 112*(3), 731-736.

Guo, T., Ji, L. J., Spina, R., & Zhang, Z. (2012). Culture, temporal focus, and values of the past and the future. *Personality and Social Psychology Bulletin, 38*(8), 1030-1040.

Hamamura, T. (2012). Are cultures becoming individualistic? A cross-temporal comparison of individualism-collectivism in the United States and Japan. *Personality and Social Psychology Review, 16*(1), 3-24.

Hamilton, W. D. (1964). The genetical evolution of social behaviour. II. *Journal of Theoretical Biology, 7*(1), 17-52.

Han, R., Shu, L., & Shi, J. N. (2008). The territorial prior-residence effect and children's behavior in social dilemmas. *Environment and Behavior, 41*(5), 644-657.

Harris, A., Hare, T., & Rangel, A. (2013). Temporally dissociable mechanisms of self-control: Early attentional filtering versus late value modulation. *Journal of Neuroscience, 33*(48),

18917-18931.

Hart, D., & Edelstein, W. (1992). The relationship of self-understanding in childhood to social class, community type, and teacher-rated intellectual and social competence. *Journal of Cross-cultural Psychology, 23*(3), 353-365.

Haushofer, J., & Fehr, E. (2014). On the psychology of poverty. *Science, 344*(6186), 862-867.

Henrich, J., & Henrich, N. (2006). Culture, evolution and the puzzle of human cooperation. *Cognitive Systems Research, 7*(2-3), 220-245.

Hershfield, H. E. (2011). Future self-continuity: How conceptions of the future self transform intertemporal choice. *Annals of the New York Academy of Sciences, 1235*(1), 30-43.

Hershfield, H. E., Cohen, T. R., & Thompson, L. (2012). Short horizons and tempting situations: Lack of continuity to our future selves leads to unethical decision making and behavior. *Organizational Behavior and Human Decision Processes, 117*(2), 298-310.

Hershfield, H. E., Garton, M. T., Ballard, K., Samanez-Larkin, G. R., & Knutson, B. (2009). Don't stop thinking about tomorrow: Individual differences in future self-continuity account for saving. *Judgment and Decision Making, 4*(4), 280-286.

Hershfield, H. E., Goldstein, D. G., Sharpe, W. F., Fox, J., Yeykelis, L., Carstensen, L. L., & Bailenson, J. N. (2011). Increasing saving behavior through age-progressed renderings of the future self. *Journal of Marketing Research, 48*, 23-37.

Hildebrandt, L. K., McCall, C., Engen, H. G., & Singer, T. (2016). Cognitive flexibility, heart rate variability, and resilience predict fine-grained regulation of arousal during prolonged threat. *Psychophysiology, 53*(6), 880-890.

Hilgard, J., Bartholow, B. D., Dickter, C. L., & Blanton, H. (2015). Characterizing switching and congruency effects in the Implicit Association Test as reactive and proactive cognitive control. *Social Cognitive and Affective Neuroscience, 10*(3), 381-388.

Hill, P. L., Sumner, R., & Burrow, A. L. (2014). Understanding the pathways to purpose: Examining personality and well-being correlates across adulthood. *The Journal of Positive Psychology, 9*, 227-234.

Hobfoll, S. E. (1989). Conservation of resources: A new attempt at conceptualizing stress. *The American Psychologist, 44*(3), 513-524.

Hofstede, G. (1980). *Culture's Consequences, International Differences in Work-Related Values*. Beverly Hills: Sage Publications.

Holroyd, C. B., Hajcak, G., & Larsen, J. T. (2006). The good, the bad and the neutral: Electrophysiological responses to feedback stimuli. *Brain Research*, *1105*(1), 93-101.

Hong, E. K., Sedikides, C., & Wildschut, T. (2022). How does nostalgia conduce to global self-continuity? The roles of identity narrative, associative links, and stability. *Personality and Social Psychology Bulletin*, *48*(5), 735-749.

Hu, L. T., & Bentler, P. M. (1999). Cutoff criteria for fit indexes in covariance structure analysis: Conventional criteria versus new alternatives. *Structural Equation Modeling: A Multidisciplinary Journal*, *6*(1), 1-55.

Huang, Y. X., & Luo, Y. J. (2006). Temporal course of emotional negativity bias: An ERP study. *Neuroscience Letters*, *398*(1), 91-96.

Huang, Z., Wang, Z., & Qu, W. (2021). Influence of cost and self-control on individual donation behavior: The promoting effect of self-affirmation. *Psychology Research and Behavior Management*, *14*, 1339-1358.

Hui, B. P., Ngai, P., Qiu, J. L., & Koo, A. (2020). Having less but giving more: Work experience and prosocial behavior of Chinese working-class youth. *Youth & Society*, *52*(8), 1582-1601.

Imbir, K., Spustek, T., Bernatowicz, G., Duda, J., & Żygierewicz, J. (2017). Two aspects of activation: Arousal and subjective significance-behavioral and event-related potential correlates investigated by means of a modified emotional stroop task. *Frontiers in Human Neuroscience*, *11*, 608.

Ito, T. A., & Urland, G. R. (2003). Race and gender on the brain: Electrocortical measures of attention to the race and gender of multiply categorizable individuals. *Journal of Personality and Social Psychology*, *85*(4), 616-626.

James, W. (1890). *The Principles of Psychology*. New York: Henry Holt & Company.

Jin, C. C., Zou, H., & Hou, K. (2011). The influences of emotional intelligence and parents' social support on social adaptation of delinquent adolescents: Direct effects or buffer effects? *Psychological Science*, *34*(6), 1353-1359.

Johnson, M. K., Raye, C. L., Mitchell, K. J., Touryan, S. R., Greene, E. J., & Nolen-Hoeksema, S. (2006). Dissociating medial frontal and posterior cingulate activity during self-reflection. *Social Cognitive and Affective Neuroscience*, *1*(1), 56-64.

Jordan, C. H., Spencer, S. J., Zanna, M. P., Hoshino-Browne, E., & Correll, J. (2003). Secure and defensive high self-esteem. *Journal of Personality and Social Psychology*, *85*(5), 969-978.

Joshi, P. D., & Fast, N. J. (2013). Power and reduced temporal discounting. *Psychological Science*, *24*(4), 432-438.

Kanten, A. B., & Teigen, K. H. (2008). Better than average and better with time: Relative evaluations of self and others in the past, present, and future. *European Journal of Social Psychology*, *38*(2), 343-353.

Karpinski, A., & Steinman, R. B. (2006). The single category implicit association test as a measure of implicit social cognition. *Journal of Personality and Social Psychology*, *91*(1), 16-32.

Kenemans, J. L., Kok, A., & Smulders, F. T. Y. (1993). Event-related potentials to conjunctions of spatial frequency and orientation as a function of stimulus parameters and response requirements. *Electroencephalography and Clinical Neurophysiology*, *88*(1), 51-63.

Keyes, C. L. M. (1998). Social well-being. *Social Psychology Quarterly*, *61*(2), 121-140.

King, L. A., & Hicks, J. A. (2021). The science of meaning in life. *Annual Review of Psychology*, *72*, 561-584.

Kline, R. B. (2005). *Principles and Practice of Structural Equation Modeling* (3rd ed.). New York: Guilford Press.

Klineberg, S. L. (1968). Future time perspective and the preference for delayed reward. *Journal of Personality and Social Psychology*, *8*(3), 253-257.

Knack, S., Keefer, P. (1997). Does social capital have an economic payoff? A cross-country investigation. *The Quarterly Journal of Economics*, *112*(4), 1251-1288.

Koenig, H. G., & Al-Zaben, F. N. (2020). Moral injury from war and other severe trauma. *Asia-Pacific Psychiatry*, *12*(2), e12378.

Kollock, P. (1998). Social dilemmas: The anatomy of cooperation. *Annual Review of Sociology*, *24*(1), 183-214.

Korndörfer, M., Egloff, B., & Schmukle, S. C. (2015). A large scale test of the effect of social class on prosocial behavior. *PLoS One*, *10*(7), e0133193.

Kosse, F., Deckers, T., Pinger, P., Schildberg-Hörisch, H., Falk, A. (2020). The formation of prosociality: Causal evidence on the role of social environment. *Journal of Political Economy*, *128*(2), 434-467.

Kramer, R. M. (1999). Trust and distrust in organizations: Emerging perspectives, enduring questions. *Annual Review of Psychology*, *50*(1), 569-598.

Kraus, M. W., & Callaghan, B. (2016). Social class and prosocial behavior: The moderating role of public versus private contexts. *Social Psychological and Personality Science*, *7*(8), 769-777.

Kraus, M. W., & Stephens, N. M. (2012). A road map for an emerging psychology of social class. *Social and Personality Psychology Compass*, *6*(9), 642-656.

Kraus, M. W., Piff, P. K., Mendoza-Denton, R., Rheinschmidt, M. L., Keltner, D. (2012). Social class, solipsism, and contextualism: How the rich are different from the poor. *Psychological Review*, *119*(3), 546-572.

Kraus, M. W., Tan, J. J. X., & Tannenbaum, M. B. (2013). The social ladder: A rank-based perspective on social class. *Psychological Inquiry*, *24*(2), 81-96.

Laghi F, Pallini S, Baumgartner E, & Baiocco R. (2016). Parent and peer attachment relationships and time perspective in adolescence: Are they related to satisfaction with life? *Time & Society*, *25*(1), 24-39.

Landau, M. J., Greenberg, J., Sullivan, D., Routledge, C., & Arndt, J. (2009). The protective identity: Evidence that mortality salience heightens the clarity and coherence of the self-concept. *Journal of Experimental Social Psychology*, *45*(4), 796-807.

Le, B. M., Impett, E. A., Lemay, E. P., Muise, A., & Tskhay, K. O. (2018). Communal motivation and well-being in interpersonal relationships: An integrative review and meta-analysis. *Psychological Bulletin*, *144*(1), 1-25.

Lewicki, R. J., & Brinsfield, C. (2017). Trust repair. *Annual Review of Organizational Psychology and Organizational Behavior*, *4*(1), 287-313.

Li, M., Li, J., Li, H., Zhang, G., Fan, W., & Zhong, Y. (2022a). Interpersonal distance modulates the influence of social observation on prosocial behaviour: An event-related potential (ERP) study. *International Journal of Psychophysiology*, *176*, 108-116.

Li, M., Li, J., Tan, M., Li, H., & Zhong, Y. (2021). Exposure to money modulates the processing of charitable donation: An event-related potentials study. *Neuroscience Letters*, *765*, 136277.

Li, X., Wang, C., Lyu, H., Worrell, F. C., & Mello, Z. R. (2022b). Psychometric properties of the Chinese version of the Zimbardo time perspective inventory. *Current Psychology*, *42*, 13547-13559.

Li, X., Zhang, X., & Lyu, H. (2023). The longitudinal relationship between future time perspective and life satisfaction among Chinese adolescents. *Personality and Individual Differences*, *202*, 111998.

Liberman, N., & Trope, Y. (2014). Traversing psychological distance. *Trends in Cognitive Sciences*, *18*(7), 364-369.

Lindsay, E. K., & Creswell, J. D. (2014). Helping the self help others: Self-affirmation increases self-compassion and pro-social behaviors. *Frontiers in Psychology*, *5*, 421.

Lou, Y., Lei, Y., Astikainen, P., Peng, W., Otieno, S., & Leppänen, P. H. T. (2021). Brain responses of dysphoric and control participants during a self-esteem implicit association test. *Psychophysiology*, *58*(4), e13768.

Luo, P., Wang, J., Jin, Y., Huang, S., Xie, M., Deng, L., Li, Y. (2015). Gender differences in affective sharing and self-other distinction during empathic neural responses to others' sadness. *Brain Imaging and Behavior*, *9*(2), 312-322.

Luo, Y., Huang, X., Chen, Y., Jackson, T., & Wei, D. (2010). Negativity bias of the self across time: An event-related potentials study. *Neuroscience Letters*, *475*(2), 69-73.

Luthans, F., Avey, J. B., Avolio, B. J., Norman, S. M., & Combs, G. M. (2006). Psychological capital development: Toward a micro-intervention. *Journal of Organizational Behavior*, *27*(3), 387-393.

Luthans, F., Youssef, C. M., & Avolio, B. J. (2007). Psychological capital: Developing the human competitive edge. *Journal of Asian Economics*, *8*(2), 315-332.

Lyu, H., Du, G., & Rios, K. (2019). The relationship between future time perspective and self-esteem: A cross-cultural study of Chinese and American college students. *Frontiers in Psychology*, *10*, 1518.

Mani, A., Mullainathan S., Shafir, E., & Zhao, J. Y. (2013). Poverty impedes cognitive function. *Science*, *341*(6149), 976-980.

Manstead, A. S. (2018). The psychology of social class: How socioeconomic status impacts thought, feelings, and behaviour. *British Journal of Social Psychology*, *57*(2), 267-291.

Maqsud, M., & Rouhani, S. (1991). Relationships between socioeconomic status, locus of control, self-concept, and academic achievement of Batswana adolescents. *Journal of Youth and Adolescence*, *20*, 107-114.

Mariano, J. M., & Savage, J. (2009). Exploring the language of youth purpose: References to positive states and coping styles by adolescents with different kinds of purpose. *The Journal of Research in Character Education*, *7*, 1-24.

Mariano, J. M., & Vaillant, G. E. (2012). Youth purpose among the 'greatest generation'. *The*

*Journal of Positive Psychology, 7*, 281-293.

Martin, L. E., & Potts, G. F. (2004). Reward sensitivity in impulsivity. *NeuroReport, 15*(9), 1519-1522.

Martinsson, P., Villegas-Palacio, C., Wollbrant, C. (2015). Cooperation and social classes: Evidence from Colombia. *Social Choice and Welfare, 45*(4), 829-848.

Marwell, G., & Ames, R. E. (1979). Experiments on the provision of public goods. I. Resources, interest, group size, and the free-rider problem. *American Journal of Sociology, 84*, 1335-1360.

Matsuba, M. K., Hart, D., & Atkins, R. (2007). Psychological and social-structural influences on commitment to volunteering. *Journal of Research in Personality, 41*(4), 889-907.

Matsumoto, Y., Yamagishi, T., Li, Y., & Kiyonari, T. (2016). Prosocial behavior increases with age across five economic games. *PLoS One, 11*(7), e0158671.

McAllister, D. J. (1995). Affect-and cognition-based trust as foundations for interpersonal cooperation in organizations. *Academy of Management Journal, 38*(1), 24-59.

McKnight, P. E., & Kashdan, T. B. (2009). Purpose in life as a system that creates and sustains health and well-being: An integrative, testable theory. *Review of General Psychology, 13*(3), 242-251.

McLachlan, J. F. (1976). A short adjective check list for the evaluation of anxiety and depression. *Journal of Clinical Psychology, 32*(1), 195-197.

Metcalfe, J., & Mischel, W. (1999). A hot/cool-system analysis of delay of gratification: Dynamics of willpower. *Psychological Review, 106*(1), 3-19.

Miao, M., & Gan, Y. (2019). How does meaning in life predict proactive coping? The self-regulatory mechanism on emotion and cognition. *Journal of Personality, 87*(3), 579-592.

Miao, M., Zheng, L., & Gan, Y. (2017). Meaning in life promotes proactive coping via positive affect: A daily diary study. *Journal of Happiness Studies, 18*(6), 1683-1696.

Molden, D. C., Hui, C. M., & Scholer, A. A. (2016). Understanding self-regulation failure: A motivated effort-allocation account. In E. R. Hirt, J. J. Clarkson, & L. Jia (Eds.), *Self-Regulation and Ego Control* (pp. 425-459). San Diego: Academic Press.

Morean, M. E., DeMartini, K. S., Leeman, R. F., Pearlson, G. D., Anticevic, A., Krishnan-Sarin, S., ... O'Malley, S. S. (2014). Psychometrically improved, abbreviated versions of three classic measures of impulsivity and self-control. *Psychological Assessment, 26*(3),

1003-1020.

Moreno-Maldonado, C., Rivera, F., Ramos, P., & Moreno, C. (2018). Measuring the socioeconomic position of adolescents: A proposal for a composite index. *Social Indicators Research, 136*(2), 517-538.

Naumann, E., Bartussek, D., Diedrich, O., & Laufer, M. E. (1992). Assessing cognitive and affective information processing functions of the brain by means of the late positive complex of the event-related potential. *Journal of Psychophysiology, 63*(2), 285-298.

Nia, H. S., Shafipour, V., Allen, K. A., Heidari, M. R., Yazdani-Charati, J., & Zareiyan, A. (2019). A second-order confirmatory factor analysis of the moral distress scale-revised for nurses. *Nursing Ethics, 26*(4), 1199-1210.

Nicholls, A. R., Polman, R. C. J., Levy, A. R., & Backhouse, S. H. (2008). Mental toughness, optimism, pessimism, and coping among athletes. *Personality and Individual Differences, 44*, 1182-1192.

Nieuwenhuis, S., Aston-Jones, G., & Cohen, J. D. (2005). Decision making, the P3, and the locus coeruleus-norepinephrine system. *Psychological Bulletin, 131*(4), 510-532.

Northoff, G., & Bermpohl, F. (2004). Cortical midline structures and the self. *Trends in Cognitive Sciences, 8*(3), 102-107.

Nosek, B. A., & Banaji, M. R. (2001). The go/no-go association task. *Social Cognition, 19*(6), 625-666.

Nowak, M. A. (2006). Five rules for the evolution of cooperation. *Science, 314*(5805), 1560-1563.

Oettingen, G. (2012). Future thought and behaviour change. *European Review of Social Psychology, 23*(1), 1-63.

Ottsen, C. L., & Berntsen, D. (2015). Prescribed journeys through life: Cultural differences in mental time travel between Middle Easterners and Scandinavians. *Consciousness and Cognition, 37*, 180-193.

Patalano, A. L., Lolli, S. L., & Sanislow, C. A. (2018). Gratitude intervention modulates P3 amplitude in a temporal discounting task. *International Journal of Psychophysiology, 133*, 202-210.

Patel, V., & Kleinman, A. M. (2003). Poverty and common mental disorders in developing countries. *Bulletin of the World Health Organization, 81*(8), 609-15.

Patrick, R. B., Bodine, A. J., Gibbs, J. C., & Basinger, K. S. (2018). What accounts for prosocial behavior? Roles of moral identity, moral judgment, and self-efficacy beliefs. *Journal of Genetic Psychology, 179*(5), 231-245.

Peetz, J., & Wilson, A. E. (2008). The temporally extended self: The relation of past and future selves to current identity, motivation, and goal pursuit. *Social and Personality Psychology Compass, 2*(6), 2071-2176.

Peetz, J., Jordan, C. H., & Wilson, A. E. (2014). Implicit attitudes toward the self over time. *Self and Identity, 13*(1), 100-127.

Pennebaker, J. W., & Seagal, J. D. (1999). Forming a story: The health benefits of narrative. *Journal of Clinical Psychology, 55*(10), 1243-1254.

Penner, L. A., Dovidio, J. F., Piliavin, J. A., & Schroeder, D. A. (2005). Prosocial behavior: Multilevel perspectives. *Annual Review of Psychology, 56*, 365-392.

Perunovic, W. Q. E., & Wilson, A. E. (2008). Subjective proximity of future selves: Implications for current identity, future appraisal, and goal pursuit motivation. In K. Markman, W. M. P. Klein, & J. Suhr (Eds.), *Handbook of Imagination and Mental Simulation*. New York: Psychology Press.

Pfabigan, D. M., Seidel, E. M., Sladky, R., et al. (2014). P300 amplitude variation is related to ventral striatum BOLD response during gain and loss anticipation: An EEG and fMRI experiment. *NeuroImage, 96*, 12-21.

Pfeifer, J. H., Lieberman, M. D., & Dapretto, M. (2007). "I know you are but what am I?!": Neural bases of self- and social knowledge retrieval in children and adults. *Journal of Cognitive Neuroscience, 19*(8), 1323-1337.

Pietroni, D., & Hughes, S. V. (2016). Nudge to the future: Capitalizing on illusory superiority bias to mitigate temporal discounting. *Mind and Society, 15*(2), 247-264.

Piff, P. K. (2014). Wealth and the inflated self: Class, entitlement, and narcissism. *Personality and Social Psychology Bulletin, 40*(1), 34-43.

Piff, P. K., & Moskowitz, J. P. (2018). Wealth, poverty, and happiness: Social class is differentially associated with positive emotions. *Emotion, 18*(6), 902-905.

Piff, P. K., & Robinson, A. R. (2017). Social class and prosocial behavior: Current evidence, caveats, and questions. *Current Opinion in Psychology, 18*, 6-10.

Piff, P. K., Kraus, M. W., & Keltner, D. (2018). Unpacking the inequality paradox: The psychological roots of inequality and social class. *Advances in Experimental Social*

Psychology, 57, 53-124.

Piff, P. K., Kraus, M. W., Côté, S., Cheng, B. H., & Keltner, D. (2010). Having less, giving more: The influence of social class on prosocial behavior. *Journal of Personality and Social Psychology, 99*(5), 771-784.

Piff, P. K., Stancato, D. M., Côté, S., Mendoza-Denton, R., & Keltner, D. (2012). Higher social class predicts increased unethical behavior. *Proceedings of the National Academy of Sciences, 109*(11), 4086-4091.

Pizzolato, J. E., Brown, E. L., & Kanny, M. A. (2011). Purpose plus: Supporting youth purpose, control, and academic achievement. *New Directions for Youth Development, 132*, 75-88.

Polich, J. (2007). Updating P300: An integrative theory of P3a and P3b. *Clinical Neurophysiology, 118*(10), 2128-2148.

Ponomarev, V. A., Pronina, M. V., & Kropotov, Y. D. (2019). Latent components of event-related potentials in a visual cued Go/NoGo task. *Human Physiology, 45*(5), 474-482.

Price M, Higgs S, & Lee M. (2017). Self-control mediates the relationship between time perspective and BMI. *Appetite, 108*, 156-160.

Pronin, E. (2008). How we see ourselves and how we see others. *Science, 320*(5880), 1177-1180.

Pronin, E., & Ross, L. (2006). Temporal differences in trait self-ascription: When the self is seen as an other. *Journal of Personality and Social Psychology, 90*(2), 197-209.

Rao, T., Yang, S., Yu, F., Xu, B., & Wei, J. (2021). Perception of class mobility moderates the relationship between social class and prosocial behaviour. *Asian Journal of Social Psychology, 25*(1), 88-102.

Roca, C. P., & Helbing, D. (2011). Emergence of social cohesion in a model society of greedy, mobile individuals. *Proceedings of the National Academy of Sciences, 108*(28), 11370-11374.

Rosenberg, M. (1965). *Society and the Adolescent Self-Image.* Princeton: Princeton University Press.

Ross, M. W., & Wilson, A. E. (2002). It feels like yesterday: Self-esteem, valence of personal past experiences, and judgments of subjective distance. *Journal of Personality and Social Psychology, 82*(5), 792-803.

Ross, M. W., Wilson, A. E. (2003). Autobiographical memory and conceptions of self: Getting better all the time. *Current Directions in Psychological Science, 12*(3), 66-69.

Rotter, J. (1967). A new scale for the measurement of interpersonal trust. *Journal of Personality,*

*35*(4), 651-665.

Rozental, A., & Carlbring, P. (2014). Understanding and treating procrastination: A review of a common self-regulatory failure. *Psychology*, *5*(13), 1488-1502.

Rubin, D. C., Deffler, S. A., Ogle, C. M., Dowell, N. M., Graesser, A. C., & Beckham, J. C. (2016). Participant, rater, and computer measures of coherence in posttraumatic stress disorder. *Journal of Abnormal Psychology*, *125*(1), 11-25.

Rutchick, A. M., Slepian, M. L., Reyes, M. O., Pleskus, L. N., & Hershfield, H. E. (2018). Future self-continuity is associated with improved health and increases exercise behavior. *Journal of Experimental Psychology: Applied*, *24*(1), 72-80.

Ryan, R. M., & Deci, E. L. (2000). Self-determination theory and the facilitation of intrinsic motivation, social development, and well-being. *The American Psychologist*, *55*(1), 68-78.

Ryan, R. M., & Deci, E. L. (2001). On happiness and human potentials: A review of research on hedonic and eudaimonic well-being. *Annual Review of Psychology*, *52*(1), 141-166.

Ryff, C. D. (1989). Happiness is everything, or is it? Explorations on the meaning of psychological well-being. *Journal of Personality and Social Psychology*, *57*(6), 1069-1081.

Sadeh, N., & Karniol, R. (2012). The sense of self-continuity as a resource in adaptive coping with job loss. *Journal of Vocational Behavior*, *80*(1), 93-99.

Samuel, N., & Violet, K. (2003). Perceived discrimination and depression: Moderating effects of coping, acculturation, and ethnic support. *American Journal of Public Health*, *93*(2), 232-238.

Santo, J. B., Martin-Storey, A., Recchia, H., & Bukowski, W. M. (2018). Self-continuity moderates the association between peer victimization and depressed affect. *Journal of Research on Adolescence*, *28*(2), 875-887.

Santos, H. C., Varnum, M. E., & Grossmann, I. (2017). Global increases in individualism. *Psychology Science*, *28*, 1228-1239.

Schaefer, S. M., Boylan, J. M, Van Reekum, C. M., Lapate, R. C., Norris, C. J., Ryff, C. D., & Davidson, R. J. (2013). Purpose in life predicts better emotional recovery from negative stimuli. *PLoS One*, *8*(11), e80329.

Schulenberg, S. E., & Melton, A. M. J. (2010). A confirmatory factor-analytic evaluation of the purpose in life test: Preliminary psychometric support for a replicable two-factor model. *Journal of Happiness Studies*, *11*, 95-111.

Sedikides, C., & Wildschut, T. (2018). Finding meaning in nostalgia. *Review of General Psychology*, *22*(1), 48-61.

Seligman, M. E. P. (2012). *Flourish: A Visionary New Understanding of Happiness and Well-Being*. New York: Free Press.

Shafir, E. (2017). Decisions in poverty contexts. *Current Opinion in Psychology*, *18*, 131-136.

Shah, A. K., Mullainathan, S., & Shafir, E. (2012). Some consequences of having too little. *Science*, *338*(6107), 682-685.

Shestyuk, A. Y., & Deldin, P. J. (2010). Automatic and strategic representation of the self in major depression: Trait and state abnormalities. *American Journal of Psychiatry*, *167*(5), 536-544.

Simpson, B., & Willer, R. (2015). Beyond altruism: Sociological foundations of cooperation and prosocial behavior. *Annual Review of Sociology*, *41*(1), 43-63.

Slagter, H. A., Prinssen, S., Reteig, L. C., & Mazaheri, A. (2016). Facilitation and inhibition in attention: Functional dissociation of pre-stimulus alpha activity, P1, and N1 components. *NeuroImage*, *125*, 25-35.

Smith, P. B. (2015). To lend helping hands: in-group favoritism, uncertainty avoidance, and the national frequency of prosocial behaviors. *Journal of Cross Cultural Psychology*, *46*(6), 759-771.

Sobol-Kwapinska, M. (2013). Hedonism, fatalism and 'Carpe Diem': Profiles of attitudes towards the present time. *Time and Society*, *22*(3), 371-390.

Sokol, Y., & Serper M. (2017). Temporal self appraisal and continuous identity: Associations with depression and hopelessness. *Journal of Affective Disorders*, *208*, 503-511.

Sokol, Y., & Serper, M. (2019). Experimentally increasing self-continuity improves subjective well-being and protects against self-esteem deterioration from an ego-deflating task. *Identity*, *19*(2), 157-172.

Sokol, Y., & Serper, M. (2020). Development and validation of a future self-continuity questionnaire: A preliminary report. *Journal of Personality Assessment*, *102*(5), 677-688.

Sokol, Y., Conroy, A. K, & Weingartner, K. M. (2017). The cognitive underpinnings of continuous identity: Higher episodic memory recall and lower heuristic usage predicts highest levels of self-continuity. *Identity*, *17*(2), 84-95.

Sowislo, J. F., & Orth, U. (2013). Does low self-esteem predict depression and anxiety? A meta-analysis of longitudinal studies. *Psychological Bulletin*, *139*(1), 213-240.

Spencer, B., & Castano, E. (2007). Social class is dead. Long live social class! Stereotype threat among low socioeconomic status individuals. *Social Justice Research, 20*(4), 418-432.

Stamos, A., Lange, F., Huang, S. C., & Dewitte, S. (2020). Having less, giving more? Two preregistered replications of the relationship between social class and prosocial behavior. *Journal of Research in Personality, 84*, 103902.

Steger, M. F. (2009). Meaning in life. In S. J. Lopez (Ed.), *Encyclopedia of Positive Psychology* (pp. 605-610). New York: Oxford University Press.

Steger, M. F., & Kashdan, T. B. (2007). Stability and specificity of meaning in life and life satisfaction over one year. *Journal of Happiness Studies, 8*(2), 161-179.

Steger, M. F., Mann, J. R., Michels, P., & Cooper, T. C. (2009). Meaning in life, anxiety, depression, and general health among smoking cessation patients. *Journal of Psychosomatic Research, 67*(4), 353-358.

Steger, M. F., Oishi, S., & Kashdan, T. B. (2009). Meaning in life across the life span: Levels and correlates of meaning in life from emerging adulthood to older adulthood. *The Journal of Positive Psychology, 4*(1), 43-52.

Steger, M. F., Shim, Y., Barenz, J., & Shin, J. Y. (2014). Through the windows of the soul: A pilot study using photography to enhance meaning in life. *Journal of Contextual Behavioral Science, 3*(1), 27-30.

Stellar, J. E., Manzo, V. M., Kraus, M. W., Keltner, D. (2012). Class and compassion: socioeconomic factors predict responses to suffering. *Emotion, 12*(3), 449-459.

Stephens, N. M., Markus, H. R., & Fryberg, S. A. (2012). Social class disparities in health and education: Reducing inequality by applying a sociocultural self model of behavior. *Psychological Review, 119*(4), 723-744.

Steptoe, A., & Marmot, M. (2002). The role of psychobiological pathways in socio-economic inequalities in cardiovascular disease risk. *European Heart Journal, 23*(1), 13-25.

Stevens, J. (2002). *Applied Multivariate Statistic for the Social Sciences* (4th ed.). Mahwah: Lawrence Erlbaum.

Stevens, J. R., & Hauser, M. D. (2004). Why be nice? Psychological constraints on the evolution of cooperation. *Trends in Cognitive Sciences, 8*(2), 60-65.

Stolarski, M., & Matthews, G. (2016). Time perspectives predict mood states and satisfaction with life over and above personality. *Current Psychology, 35*(4), 516-526.

Stürmer, S., Siem, B. (2017). A group-level theory of helping and altruism within and across group boundaries. In E. Van Leeuwen, & H. Zagefka (Eds). *Intergroup Helping* (pp. 103-127). Cham: Springer International Publishing.

Suh, E. M., Diener, E., Oishi, S., & Triandis, H. C. (1998). The shifting basis of life satisfaction judgments across cultures: Emotions versus norms. *Journal of Personality and Social Psychology, 74*(2), 482-493.

Sumbuloglu, K., & Akdag, B. (2009). *Ileri Biyoistatistiksel Yöntemler(Advanced Bio-Statistical Methods)(Birinci Baskı)*. Ankara: Hatipog˘lu.

Tabachnick, B. G., & Fidell, L. S. (2007). *Using Multivariate Statistics* (5th ed.). Needham Heights: Allyn and Bacon.

Tafarodi, R. W., Marshall, T. C., & Milne, A. B. (2003). Self-esteem and memory. *Journal of Personality and Social Psychology, 84*(1), 29-45.

Tanjitpiyanond, P., Jetten, J., & Peters, K. (2022). How economic inequality shapes social class stereotyping. *Journal of Experimental Social Psychology, 98*, 104248.

Taylor, M. (1987). *The Possibility of Cooperation*. Cambridge: Cambridge University Press.

Thielmann, I., Spadaro, G., Balliet, D. (2020). Personality and prosocial behavior: A theoretical framework and meta-analysis. *Psychological Bulletin, 146*(1), 30-90.

Toumbourou, J. W. (2016). Beneficial action within altruistic and prosocial behavior. *Review of General Psychology, 20*(3), 245-258.

Travagin, G., Margola, D., & Revenson, T. A. (2015). How effective are expressive writing interventions for adolescents? A meta-analytic review. *Clinical Psychology Review, 36*, 42-55.

Trope, Y., & Liberman, N. (2003). Temporal construal. *Psychological Review, 110*(3), 403-421.

Tsang, J. (2006). The effects of helper intention on gratitude and indebtedness. *Motivation and Emotion, 30*(3), 198-204.

Valentine, J. C., DuBois, D. L., & Cooper, H. (2004). The relation between self-beliefs and academic achievement: A meta-analytic review. *Educational Psychologist, 39*(2), 111-133.

Van de Vliert, E., Yang, H. D., Wang, Y. L., & Ren, X. P. (2013). Climato- economic imprints on Chinese collectivism. *Journal of Cross-Cultural Psychology, 44*(4), 589-605.

Van Doesum, N. J., Tybur, J. M., & Van Lange, P. A. (2017). Class impressions: Higher social class elicits lower prosociality. *Journal of Experimental Social Psychology, 68*, 11-20.

Van Doesum, N. J., Van Lange, P. A., Tybur, J. M., Leal, A., Van Dijk, E. (2021). People from lower social classes elicit greater prosociality: Compassion and deservingness matter. *Group Processes and Intergroup Relations, 25*(4), 1064-1083.

Van Nunspeet, F., Ellemers, N., Derks, B., & Nieuwenhuis, S. (2012). Moral concerns increase attention and response monitoring during IAT performance: ERP evidence. *Social Cognitive and Affective Neuroscience, 9*(2), 141-149.

Van-Gelder, J. L., Hershfield, H. E., & Nordgren, L. F. (2013). Vividness of the future self predicts delinquency. *Psychological Science, 24*(6), 974-980.

Varnum, M. E., Blais, C., Hampton, R. S., & Brewer, G. A. (2015). Social class affects neural empathic responses. *Culture and Brain, 3*(2), 122-130.

Vera, E. M., Shin, R. Q., Montgomery, G. P., Mildner, C., & Speight, S. L. (2004). Conflict resolution styles, self-efficacy, self-control, and future orientation of urban adolescents. *Professional School Counseling, 8*, 73-80.

Vuillier, L., Bryce, D., Szücs, D., & Whitebread, D. (2016). The maturation of interference suppression and response inhibition: ERP analysis of a cued go/nogo task. *PLoS One, 11*(11), e0165697.

Wakslak, C. J., Nussbaum, S., Liberman, N., & Trope, Y. (2008). Representations of the self in the near and distant future. *Journal of Personality and Social Psychology, 95*(4), 757-773.

Wang, Y., Chen, X. J., Cui, J. F., & Liu, L. L. (2015). Testing the Zimbardo time perspective inventory in the Chinese context. *PsyCh Journal, 4*(3), 166-175.

Watkins, P. C., Mathews, A., Williamson, D. A., & Fuller, R. D. (1992). Mood-congruent memory in depression: Emotional priming or elaboration? *Journal of Abnormal Psychology, 101*(3), 581-586.

Wei, H., Zhou, Z. K., Zhang, Y. X., & Ding, Q. (2018). The relationship between stress and internet addiction: The moderating effect of family and friend support. *Psychological and Behavioral Research, 16*(2), 124-129.

Weininger, E. B., & Lareau, A. (2009). Paradoxical pathways: An ethnographic extension of Kohn's findings on class and childrearing. *Journal of Marriage and Family, 71*(3), 680-695.

Wilson, A. E., & Ross, M. (2000). The frequency of temporal-self and social comparisons in people's personal appraisals. *Journal of Personality and Social Psychology, 78*(5), 928-942.

Wilson, A. E., & Ross, M. (2001). From chump to champ: People's appraisals of their earlier and present selves. *Journal of Personality and Social Psychology, 80*(4), 572-584.

Wilson, A. E., Buehler, R., Lawford, H., Schmidt, C., & Yong, A. G. (2012). Basking in projected glory: The role of subjective temporal distance in future self-appraisal. *European Journal of Social Psychology, 42*(3), 342-353.

Wilson, T. D., Lindsey, S., & Schooler, T. Y. (2000). A model of dual attitudes. *Psychological Review, 107*(1), 101-126.

Wolff, L. S., Subramanian, S. V., Acevedogarcia, D., Weber, D., & Kawachi, I. (2010). Compared to whom? Subjective social status, self-rated health, and referent group sensitivity in a diverse US sample. *Social Science and Medicine, 70*(12), 2019-2028.

Xiao, F., Zheng, Z., Wang, Y., Cui, J., & Chen, Y. (2015). Conflict monitoring and stimulus categorization processes involved in the prosocial attitude implicit association test: Evidence from event-related potentials. *Social Neuroscience, 10*(4), 408-417.

Xie, Y., & Zhou, X. (2014). Income inequality in today's China. *Proceedings of the National Academy of Sciences, 111*(19), 6928-6933.

Xu, J., & Ou, L. (2014). Resilience and quality of life among Wenchuan earthquake survivors: The mediating role of social support. *Public Health, 128*(5), 430-437.

Yamagishi, T., & Yamagishi, M. (1994). Trust and commitment in the United States and Japan. *Motivation and Emotion, 18*, 129-166.

Yang, J., Li, H., Qiu, J., & Zhang, Q. L. (2007). Effects of self evaluation on late ERP components. *Progress in Natural Science-Materials International, 17*, 106-109.

Yang, K. S. (1996). The psychological transformation of the Chinese people as a result of societal modernization. In M. H. Bond (Ed.), *The Handbook of Chinese Psychology* (pp. 479-498). New York: Oxford University Press.

Yang, Q., Zhao, Y., Guan, L., & Huang, X. (2017). Implicit attitudes toward the self over time in Chinese undergraduates. *Frontiers in Psychology, 8*, 1914.

Yeager, D. M., & Bundick, M. (2009). The role of purposeful work goals in promoting meaning in life and in schoolwork during adolescence. *Journal of Adolescent Research, 24*(4), 423-452.

Yuan, J., Zhang, J., Zhou, X., Yang, J., Meng, X., Zhang, Q., & Li, H. (2011). Neural mechanisms underlying the higher levels of subjective well-being in extraverts: Pleasant bias and unpleasant resistance. *Cognitive, Affective, & Behavioral Neuroscience, 12*(1), 175-192.

Yue, T., Fu, A., Xu, Y., & Huang, X. (2022). The rank of a value in the importance hierarchy of